纳米多孔环境材料

袁宁　著

本书数字资源

北　京
冶　金　工　业　出　版　社
2025

内容提要

本书系统阐述了纳米多孔环境材料的概念内涵、制备方法、表征技术与应用，主要介绍了以典型大宗固废为原料制备不同类型的纳米多孔材料，包括常规的沸石分子筛与介孔二氧化硅，以及新兴的金属有机框架材料，重点介绍了制备的纳米多孔材料在吸附水中污染物方面的应用；此外，系统总结了煤基固废基纳米多孔材料的研究进展。

本书可供从事多孔材料、水处理与固废资源化利用等领域的科技工作者参考，也适合高等院校化学、化学工程与技术、材料科学与工程、环境科学与工程等学科的师生阅读。

图书在版编目（CIP）数据

纳米多孔环境材料 / 袁宁著. -- 北京 : 冶金工业出版社, 2025. 4. -- ISBN 978-7-5240-0140-9

Ⅰ. TB383

中国国家版本馆 CIP 数据核字第 2025EH3724 号

纳米多孔环境材料

出版发行 冶金工业出版社　**电　话** (010)64027926
地　址 北京市东城区嵩祝院北巷 39 号　**邮　编** 100009
网　址 www. mip1953. com　**电子信箱** service@ mip1953. com

责任编辑 于昕蕾　美术编辑 吕欣童　版式设计 郑小利
责任校对 梁江凤　责任印制 禹 蕊
北京印刷集团有限责任公司印刷
2025 年 4 月第 1 版，2025 年 4 月第 1 次印刷
710mm × 1000mm 1/16；12. 5 印张；245 千字；192 页
定价 88. 00 元

投稿电话 (010)64027932　投稿信箱 tougao@cnmip. com. cn
营销中心电话 (010)64044283
冶金工业出版社天猫旗舰店 yjgycbs. tmall. com
（本书如有印装质量问题，本社营销中心负责退换）

前　　言

纳米多孔材料（nanoporous materials）是一种由相互贯通或封闭的纳米尺寸的孔洞构成的具有网络结构的多孔材料，其典型代表是传统的沸石分子筛、有序介孔二氧化硅及新兴的金属有机框架材料等，目前已被广泛应用于环境、能源、医药等诸多领域。生态环境材料是指同时具有满意的使用性能和优良的环境协调性，或者能改善环境的材料，它包含环境意识材料与环境工程材料两种内涵。近年来，利用各类固体废弃物制备纳米多孔材料，并用于污染物处理与控制，具有环境效益与成本效益，对于实现可持续发展具有重要意义，因而吸引了研究人员的广泛关注。

尽管利用固废制备纳米多孔材料并用于环境应用的研究已经取得了长足进步，但多数研究仅限于某一特定类型纳米多孔材料的制备与应用，尚未形成较为系统的研究总结。有鉴于此，作者不揣浅陋，在归纳与总结近年来作者在该领域的研究成果基础上撰写了本书，以供相关领域的科学研究与工程技术人员参考。本书将由各类废弃物衍生并用于环境净化与修复的纳米多孔材料称为纳米多孔环境材料（nanoporous ecomaterials）。作为多年来作者研究成果的总结，本书提出了纳米多孔环境材料的概念，系统介绍了其典型代表，即沸石分子筛环境材料、介孔二氧化硅环境材料与金属有机框架环境材料的设计、制备及性能。希望通过本书，能够推动纳米多孔环境材料领域的研究与应用水平。

本书内容分为6章，第1章介绍了纳米多孔材料、生态环境材料、纳米多孔环境材料的内涵以及固废资源化利用等，第2章归纳了纳米多孔环境材料的表征与性能分析方法，第3、4、5章分别论述了沸石分子筛环境材料、介孔二氧化硅环境材料与金属有机框架环境材料的合成、表征与性能，第6章综述了煤气化渣基纳米多孔材料的制备及其在废水处理领域的研究进展。

本书的研究工作与出版得到了国家重点研发计划与中央高校基本科研业务费等项目的支持；中国矿业大学（北京）袁宁策划与组织全

书的撰写、修改与定稿，作者研究团队成员马惠颖、宁坤蕾、刘田、刘妍君、孙礼成、张新玲、赵艾靖、胡泽凯、徐昊、黄麒、韩鲁佳、蔡慧、谭恺祺等参与了部分实验研究与资料整理工作；本书在写作过程中参考了国内外同行公开发表的诸多相关研究成果，在此一并表示诚挚的感谢！

由于纳米多孔环境材料的研究跨越化学、环境、材料、化工、纳米技术等多个学科领域，涉及的专业知识较广，新的研究成果又不断涌现，加之作者水平有限与成书时间仓促，书中难免有舛误与疏漏之处，恳请广大读者与专家学者不吝指正。

作　者

2024 年 7 月于北京

目 录

1　纳米多孔环境材料概论

本章在回顾与概述生态环境材料、纳米多孔材料的概念与内涵的基础上，提出纳米多孔环境材料的概念。结合固废资源化利用与环境应用，重点论述煤基固废衍生纳米多孔材料的制备与应用进展。

1.1　生态环境材料

材料对推动经济社会发展和提升物质文化水平具有重要作用，可作为标志人类文明发展的里程碑。历史学家往往依据人类使用的材料，将文明史划分为石器、青铜和铁器时代等。然而，人们在开采矿物以及制作、加工、使用与废弃材料的过程中，消耗大量能源与资源，并排放有害废气、废水与废渣等污染物，这不仅对生态环境造成了破坏，还使地球资源日趋枯竭[1]。因此，重新审视材料对环境的消极作用，评价材料生命周期对环境的影响，并开发环境友好型新型材料，具有深远而重要的现实意义。

为保护生态环境与自然资源，发展低碳经济、倡导节能减排、调整能源结构、建立循环经济，已逐渐成为人们的共识。1992 年，在巴西里约热内卢召开的联合国环境与发展会议制定了《21 世纪议程》，使可持续发展理念得以在全世界范围内普及和实施[2]。同年，日本东京大学山本良一（Ryoichi Yamamoto）教授率先提出 Ecomaterials 的概念[3-4]，由词冠 Eco 与 Materials（材料）组合而成；词冠 Eco 包含 Environment Conscious（环境意识的）、Ecological（生态的）或 Economic（经济的）等含义，不仅包含环境意识或生态学内涵，也考虑到经济性与制造成本[5]。由于对该概念的不同理解，国内学者将其译为生态材料、环境材料、生态环境材料、环境意识材料、环境协调材料、绿色材料等[1]。1998 年，在中国科学技术部等联合召开的中国生态环境材料研究战略研讨会上，与会专家将 Ecomaterials 的不同译名统一为“生态环境材料”，并给出了推荐定义：生态环境材料是指同时具有满意的使用性能和优良的环境协调性，或者能改善环境的材料。根据该定义，生态环境材料包含环境意识材料与环境工程材料两种解释。前者强调材料应该具有先进使用性、环境协调性和舒适性；后者是指具有净化或修复环境的功能材料[1,6]。尽管有专家称具有环境协调性的材料才是严格意义上的环境材料，但是广义的生态环境材料包含环境工程材料。

生态环境材料的研究内容包含两方面：材料的环境协调性评价技术以及生态环境材料的设计、研制与开发。生态环境材料涉及四种类型材料：原料无害化材料、绿色环境过程材料、可循环利用材料与高资源生产率材料[7]。可见，生态环境材料具有三个特征：良好的使用性能、较高的资源利用率、对生态环境无副作用或对环境影响甚小。

尽管生态环境材料的概念在20世纪90年代初才被提出，但是其理念在古代就已经被实践。典型的案例是奥斯曼苏丹苏莱曼一世于1557年修建的横跨内雷特瓦河（Neretva River）的莫斯塔尔桥（Mostar Bridge），该古桥在1993年的波斯尼亚战争中被摧毁，战后负责重建的工程师发现古桥的建筑材料包含各种矿物材料以及由马毛、蛋壳组成的砂浆，这些废弃物原料赋予桥梁以非凡的耐久性[8]。

作为材料科学与环境科学领域的交叉学科，生态环境材料契合可持续发展与低碳经济的要求，自提出以来便受到各国研究者的高度关注，其学术研究日趋活跃，相关产业也逐渐兴起，在生态建筑、汽车制造、日用产品等领域均有广泛应用。国内先后成立了相关专业学术组织，如中国材料研究学会环境材料分会（2004年）、中国建筑材料联合会生态环境建材分会（2005年）、中国硅酸盐学会固废与生态材料分会（2015年）等。值得说明的是，生态环境材料不是独立的材料品种，而是顺应时代发展的产物，其概念和内涵是动态变化的。在现存的传统材料中引入环境意识，加以改造而赋予其良好环境协调性，即可称之为生态环境材料。因此，当环境协调性作为材料的属性之一时，生态环境材料也就失去了其独立存在的价值，这也是材料研究学者追求的目标[5]。

1.2　纳米多孔材料

纳米多孔材料（nanoporous materials）是一种由相互贯通或封闭的纳米尺寸的孔洞构成网络结构的多孔材料[9-10]。按照国际纯粹与应用化学联合会（International Union of Pure and Applied Chemistry，IUPAC）定义，依据孔径大小的不同，多孔材料可以分为微孔（孔径小于2 nm）、介孔（孔径2～50 nm）和大孔（孔径大于50 nm）材料[11]。纳米多孔材料（简称纳孔材料）的孔径小于100 nm，主要是指微孔和介孔材料，如图1-1所示。纳孔材料的种类繁多，从天然沸石、人工合成沸石与有序介孔材料一系列无机纳孔框架，以及金属有机框架（metal-organic frameworks，MOFs）与共价有机框架（covalent organic frameworks，COFs）等多孔有机框架材料。在过去的三十年中出现的诸如此类纳孔材料，由于其丰富多变的孔结构，被广泛应用于医学、生物、化工、环境、建筑等各个领域。纳米多孔材料的孔道可以是有序或者无序结构，本书主要关注沸石分子筛、有序介孔二氧化硅与 MOFs 等几类典型有序纳米多孔材料。

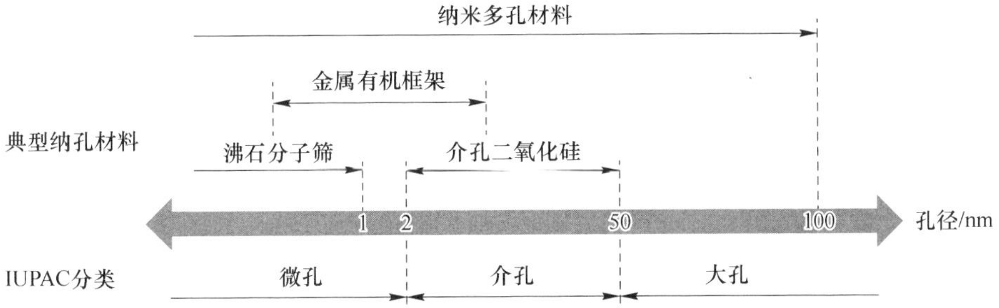

图 1-1 纳米多孔材料及其典型种类

1.2.1 沸石分子筛

微孔材料的典型代表是沸石分子筛。沸石分子筛属于铝硅酸盐晶体，是由 $[AlO_4]^{5-}$ 和 $[SiO_4]^{4-}$ 四面体通过共用 O 原子连接成的骨架结构。沸石（zeolite）的字面含义即沸腾的石头，源于希腊语 zeo（沸腾）和 lithos（石头）[12-13]。迄今，国际沸石协会（International Zeolite Association，IZA）共收录 256 种沸石结构类型（截至 2024 年 7 月）。

1756 年，瑞典矿物学家 A. F. Cronstedt 最早发现微孔的天然硅铝酸盐，即天然沸石。目前世界各地已发现了大量的天然沸石资源，在对质量要求不高的情况下，天然沸石由于价格低廉而适用较广。然而，天然沸石种类有限且存在杂质，无法充分满足工业需求，人们开始尝试人工合成沸石。20 世纪 40 年代末，以 R. M. Barrer 等人为首的一批科学家就开始了人工沸石的合成工作[14]。世界各地的研究学者为分子筛家族增添了许多新成员，从沸石分子筛发展到各类磷酸铝分子筛、微孔分子筛、介孔分子筛和多（等）级孔材料。

最广为人知的沸石包括 A、X、Y 型沸石以及 ZSM-5、β 沸石与 SAPO-34 等。由于其独特孔道结构、良好热稳定性以及选择性，沸石已广泛用作吸附剂、离子交换剂与多相催化剂等[15]。一些在工业上具有重要价值沸石的简化结构如图 1-2 所示。

1.2.2 有序介孔二氧化硅

有序介孔材料的出现源于 1992 年 Mobil 公司的报道，Kresge 等人将硅酸盐、表面活性剂和碱按照一定比例混合，成功制造出 M41S 系列介孔分子筛[16-17]。该系列介孔分子筛包括六方的 MCM-41、立方的 MCM-48 与层状的 MCM-50（见图 1-3），其中最受关注的是 MCM-41 介孔分子筛；因其孔径均匀，具有六方有序的

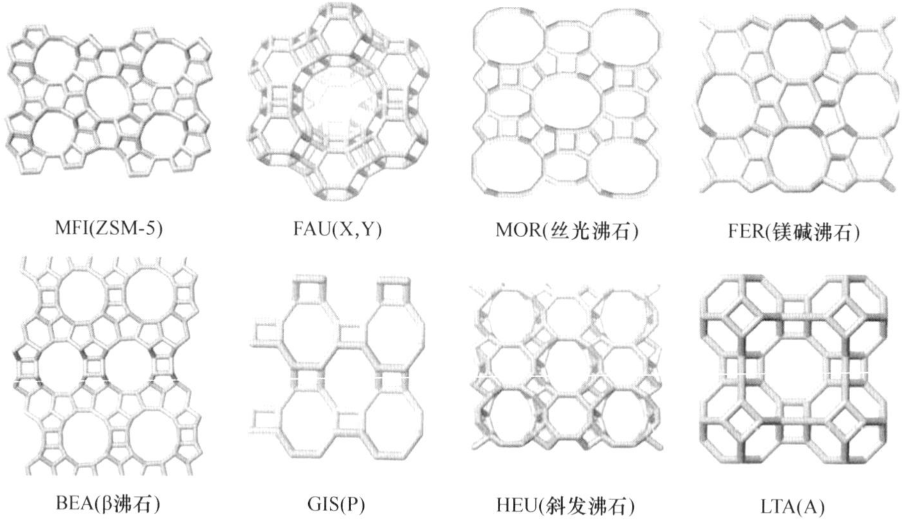

图 1-2 工业上具有重要价值沸石的孔道结构示意图[13]

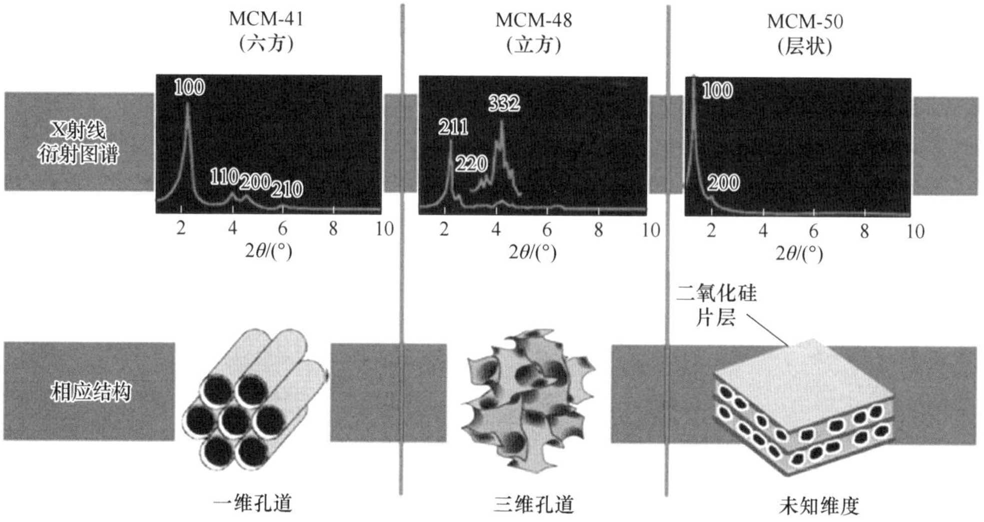

图 1-3 M41S 系列介孔分子筛的 XRD 图与孔道结构示意图[17]

孔道结构，且比表面积高，故吸附能力大[18]。MCM-41 介孔分子筛吸附性能优于活性炭，同时其表面还含有硅醇基团，便于化学改性，可进一步提高其吸附性能。随着科学研究的深入，MCM-41 型介孔分子筛已被应用于越来越多的领域，不仅局限于化工领域，而且在色谱载体、吸附、分离、催化、纳米反应器、光电、磁性、传感元件和生物医学等领域都具有良好的发展前景[19]。作为一种新型的吸附材料，MCM-41 型介孔分子筛具有选择性强、吸附性能高、操作简单、重现性强等优点。

迄今，各种类型的有序介孔二氧化硅被开发出来，包括 MCM 系列（如 MCM-41、MCM-48）、SBA 系列（如 SBA-15、SBA-16）、KIT 系列（如 KIT-5、KIT-6）等[20]。合成此类材料的方法依据模板不同主要有两种，分别是软模板法和硬模板法。软模板法主要包括：阴离子表面活性剂、非离子表面活性剂、混合模板剂与嵌段共聚物等，硬模板法通常用于合成不能直接用软模板法合成的介孔材料结构。通常使用的模板是普遍具有 3D 孔道结构的介孔材料，这将确保在去除模板后新的骨架不会坍塌。迄今为止，探究出的介孔分子筛制备方法有很多种，主要包括水热合成方法、室温合成方法、微波辐射合成方法、超声波合成方法、非水体系合成方法、溶胶凝胶法、碱熔法等。目前已提出了一些合成机理用来解释这种有序排列的介孔结构形成过程，包括液晶模板机理、电荷匹配机理、棒状自组装机理、协同作用机理、折叠层状结构模型与真液晶模板机理[21-22]。

由于介孔分子筛具有很大的比表面积、表面有容易修饰的硅羟基、易于脱附等优势，因而在生物医药、废水处理、多相催化、CO_2 捕集方面具有很好的发展前景[23]。

1.2.3 金属有机框架材料

金属有机框架（MOFs）是由有机配体和金属离子或团簇通过配位键自组装形成的具有分子内孔隙的有机-无机杂化材料[24]。MOFs 与沸石材料的孔隙结构相近，但是 MOFs 的骨架要比沸石更加坚韧柔软，因此 MOFs 又被称为“软沸石”材料。1990 年初，美国 Yaghi 课题组选择对苯二甲酸（H_2BDC）作为配体，与 $Zn(NO_3)_2 \cdot 4H_2O$ 在 85～105 ℃下设计合成出 MOF-n 材料系列中最典型的材料，即 MOF-5（IRMOF-1）[25]。自此以来，MOFs 的研究进入飞速发展的阶段，种类繁多、功能性强、孔隙率和比表面积较大、孔尺寸可调、具有仿生催化和生物相容性等特点的 MOFs 材料不断出现，如图 1-4 所示。

MOFs 材料拥有由金属和有机配位形成的特定框架结构，这种结构不仅具有金属的活性，同时也获得了有机配体的柔性、官能团的选择性和其他物理化学性能，还有配位形成的特殊空间结构。这三种有利因素的完美结合，为 MOFs 材料的广泛应用提供了基础条件[27]。随着近几十年来 MOFs 的飞速发展，MOFs 的键合不仅指配位键，还包括氢键、范德华力和芳香环中的 π-π 相互作用等其他作用力，这些丰富的作用力使 MOFs 的结构和功能更加多样化[28-30]。MOFs 材料主要的合成方法有水（溶剂）热法、扩散法、搅拌法、微波法等，现阶段最常用的合成方法是水（溶剂）热法。所谓水（溶剂）热法，通常是指直接将金属盐与有机桥连配体在特定的溶剂（如水或有机溶剂）中混合，放入密闭的耐高压金

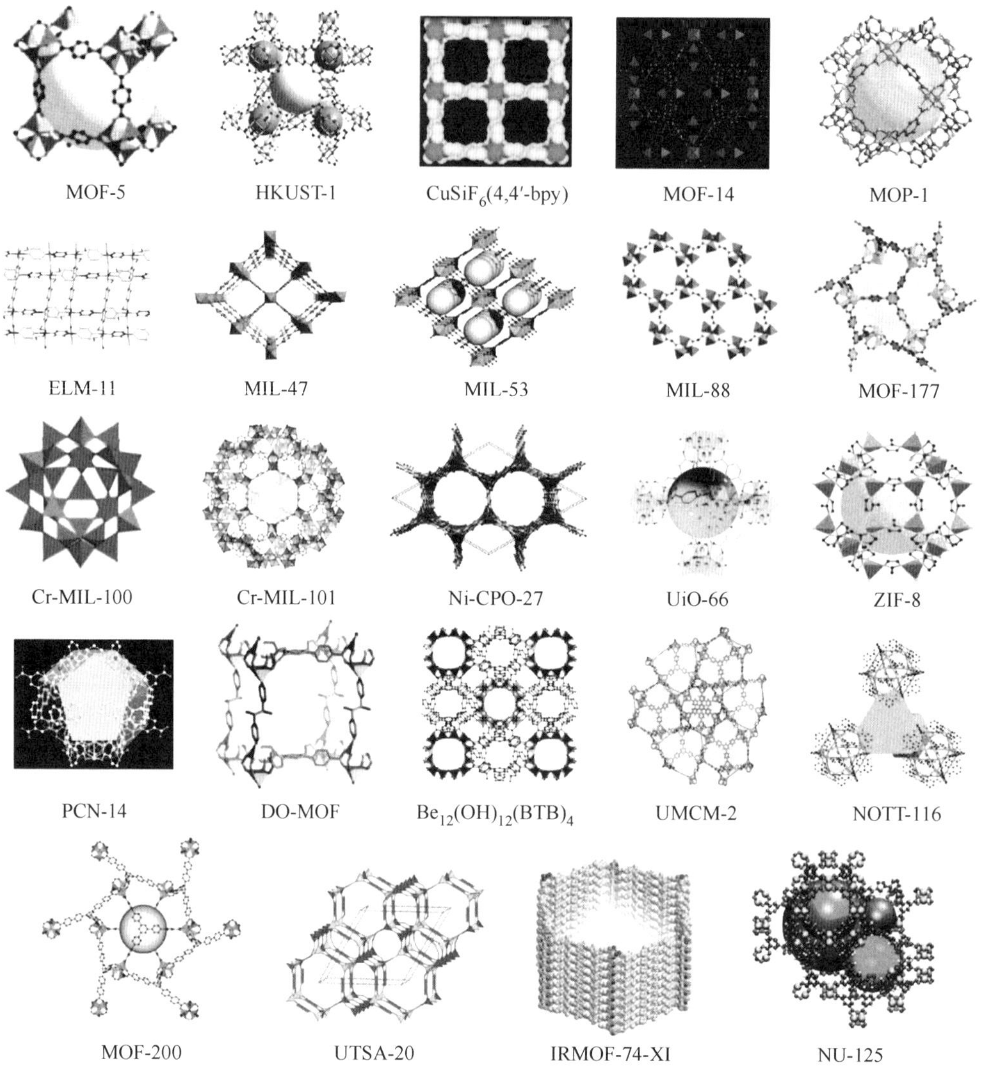

图 1-4　典型 MOFs 及其结构示意图[26]

图 1-4 彩图

属容器；通过加热，反应物在体系的自产生压力下进行反应。对 MOFs 而言，反应及晶化温度通常在 80～200 ℃之间。选择水（溶剂）热法，可以通过控制合理的反应条件达到对晶体尺寸的调控。

迄今，MOFs 材料的应用研究涉及许多方向。在储能领域中，人们将不同类型的 MOFs 材料用于超级电容器和金属电池中，探索其电化学能量存储机理、电极材料稳定性、电荷传输途径、质量传递和电化学反应[31-34]；在催化领域中，由于主客体识别效应、空间限域效应、框架内多个催化活性位点的协同效应等，

MOFs 材料可拥有优异的催化性能[35-37]；在吸附领域中，MOFs 材料可用于甲烷储存、二氧化碳捕捉、脱硫脱氮等气相与液相的分离与吸附[38-40]。

1.3　纳米多孔环境材料

在生态环境材料涉及的研究领域中，废弃物资源化利用与环境净化材料是重要研究方向。利用各类固体废弃物制备纳米多孔材料，并用于污染物处理与控制，具有环境效益与成本效益，对于实现可持续发展具有重要意义。在本书中，将由各类废弃物衍生并用于环境净化与修复的纳孔材料定义为纳米多孔环境材料（nanoporous ecomaterials）。由于采用各类无机或有机废弃物为原料，不仅可以有效促进循环经济发展，而且产生的纳米多孔材料结构中存在一定缺陷及更多的活性位点，因而在环境应用领域表现出增强的性能。本节首先简要介绍几种典型工业固废的理化性质与利用途径，然后重点述评煤矸石、粉煤灰与气化渣等煤基固废制备纳米多孔环境材料的研究进展。

1.3.1　几种典型工业固废

1.3.1.1　粉煤灰

粉煤灰（coal fly ash，CFA）是燃煤副产物，其性质受燃烧原煤性质、燃烧条件和人为条件的影响而产生一定差异。粉煤灰宏观外形与水泥相近，颜色一般介于乳白色与灰黑色之间，这取决于粉煤灰中未燃烧的碳含量。粉煤灰的细度也与碳燃烧量有关，一般粉煤灰碳含量越高，粉煤灰颜色越深、粒度越细。粉煤灰类似于人工合成的火山灰混合物，其颗粒大小、形状不一，主要为椭球形。作为一种混合物，粉煤灰中的矿物种类多，但基本可分为晶体矿物相与无定形矿物相，可以通过 X 射线衍射（XRD）分析确定。一般包含莫来石、石英、金属氧化物、玻璃体、无定形碳及次生褐铁矿等，且粉煤灰中具有一半以上的玻璃体为无定形矿相，该物相含有较高的化学内能和良好的反应活性，为粉煤灰的利用提供一定基础。粉煤灰的基本化学组成为氧化铝、二氧化硅、氧化铁、氧化钙及少量的氧化镁、氧化钠及二氧化硫等，它们具体的含量受原煤种类差别与利用情况不同而产生差异[41]。一般可根据粉煤灰化学组成的含量差异，将粉煤灰分成多个种类，且种类的划分并无统一的界限。

粉煤灰属于燃煤发电厂主要工业固体废弃物，若采用露天堆积的处理方式会造成土地资源的浪费，且粉煤灰颗粒质量体积小，容易产生扬尘飞灰，对周围环境及人体健康带来极大危害。我国粉煤灰资源化利用途径主要在建筑行业，用于水泥和混凝土生产、道路基础建设等应用[42-43]。然而，这些应用虽减少了固体废弃物的数量，但并未充分开发利用这一丰富资源的潜在用途[44-45]。因此，近年来一直在开发利用粉煤灰生产附加值更高产品的方法。

1.3.1.2　煤气化渣

煤气化渣（coal gasification slag，CGS）是煤气化过程产生的废渣。煤气化技术是一种煤炭清洁高效利用方式，具体是煤与气化剂在气化炉内部发生各种化学反应，进而产生所需产品和废渣的过程[46]。煤气化技术常被用来生产煤制油、煤制烯烃和煤制替代天然气的合成气等[47]。中国是世界上最大的煤气化市场，气化炉早已被大规模运用，气化过程中会产生大量的废渣。据研究报道，目前煤气化渣的处理方式主要是填埋和堆存，暂无大规模工业化利用的方式，因此造成了严重的土地资源浪费和大气污染。另外，其渗滤液会对土壤、水体造成严重污染。这对煤化工企业的可持续发展造成了不利影响，煤气化渣的处理迫在眉睫。

煤气化渣可分为粗渣（气化炉渣）和细渣（黑水滤饼）两部分[48]。粗渣和细渣均含水，粗渣经煤颗粒在高温高压下熔化、冷却、冷凝后，由气化炉底部的锁斗排出，也称为底渣。气化炉顶部粗气携带的细渣是经初步洗净、沉淀后得到。煤气化粗渣和细渣都富含无机矿物质，主要化学组分是 SiO_2、Al_2O_3、CaO 与 Fe_2O_3，主要矿物组成是石英、莫来石、方铁矿和方解石。此外，粗渣的孔表面和内孔中存在大量的聚集无机矿物[49]。目前，国内煤气化渣年排放量超过 3000 万吨，但是综合利用率低（约 8%）。国内外对煤气化渣的资源化利用研究主要聚焦在：制备建筑材料（作为骨料或胶凝材料），制备多孔材料（沸石分子筛、活性炭与碳硅复合材料），提取有用组分（硅、铝与残碳）以及修复生态环境[50]。

1.3.1.3　赤泥

赤泥（red mud，RM）是含 Al_2O_3 的铝土矿精炼过程中产生的强碱性固体废弃物，因 Fe_2O_3 含量高而呈现红色。用于提取 Al_2O_3 的铝土矿类型和生产过程直接影响赤泥的产量，平均每生产 1 t Al_2O_3 就会产生 1.0～1.8 t 赤泥。赤泥的主要化学成分是 Fe_2O_3、Al_2O_3、CaO、TiO_2、Na_2O 与 SiO_2 以及一些微量元素[51]。

由于中国生产的 Al_2O_3 数量巨大，赤泥产量远远超过了其他大多数国家[52]，这就导致了赤泥的大量堆积，给环境带来了极大的危害。由于赤泥的高碱性，在储存赤泥的过程中，其中的碱渗入地下，因此会造成土壤污染和地下水污染。裸露的赤泥容易形成灰尘被风吹走，造成大气污染。这种污染严重破坏了生态环境，并对人类、动物和植物的生存造成了不利影响。随着越来越多的赤泥堆积，同样危及 Al_2O_3 工业的发展并给人类社会造成持续的伤害[53]。据统计，2023 年我国赤泥产量 1.07 亿吨，利用量逾 1000 万吨，综合利用率为 9.8%[54]。由于赤泥的特性，目前尚无经济效益较好的消纳方法。现有的赤泥综合利用方式包括铁、钪、钛、稀土等有价金属回收，制备砖、水泥、陶瓷等结构材料，用于废气处理、废水净化、土壤修复等环境修复领域[51]。

1.3.2 煤基固废衍生纳米多孔环境材料

煤炭是我国重要的战略资源。我国煤炭主要用于发电、煤制甲醇等领域，同时产生了大量的煤基固体废弃物，包括粉煤灰、煤矸石、煤气化渣等[55]。大量煤基固废长期侵占土地、破坏环境，因而全面推进煤基固废的资源化利用成为煤电化工业可持续发展的重要途径。目前，煤基固废资源化利用的主要领域是建筑材料、土壤改良以及化工提取等[56-57]。利用煤基固废制备纳米多孔材料尽管起步较早，但是目前仍未实现工业化。

目前在纳米多孔材料中，硅基材料占据重要地位，在硅基材料中引入纳孔结构的方法也已较成熟，由于原材料相对昂贵，使得越来越多的研究者利用各种价格低廉的原料来制备此类材料。煤基固废，例如粉煤灰、煤矸石、煤气化渣等通常具有较高的硅铝含量，SiO_2 和 Al_2O_3 质量占比可达 60%～90%，为煤基固废制备硅基和铝基纳孔材料提供了理论依据。利用煤基工矿废弃物制备分子筛，不仅可以高效利用其中廉价的硅源和铝源，降低合成成本，还可以减少污染与浪费，提高经济效益。

自 Höller 等人[58]利用粉煤灰制备沸石以来，将此类煤基固废转化为具有较高比表面积的纳孔材料，已经在现有的文献中得到了广泛报道，特别是对大宗煤基固废粉煤灰和煤矸石进行提纯，并利用其中间产物合成多种纳孔材料的技术相对成熟。通常需预先对煤基固废原料进行除杂和活化等预处理，活化处理方式大致可分为物理活化和化学活化。常见的物理活化有机械粉磨、微波辐照和热活化等。机械研磨使得颗粒更加细小均匀，增大比表面积，同时也可弱化物料表面晶体结构；热活化主要是通过高温煅烧，使原料内形成热力学不稳定的玻璃相结构，另外也可去除或活化残碳；微波辐照则是依靠溶剂分子偶极子旋转和离子传导等原理，使溶剂迅速升温，加快反应速率，常与化学活化联用。化学活化一般是指经酸浸、碱熔等过程，使不易形成分子筛的硅铝氧化物转化为分子筛前体，即硅铝酸盐[59-60]。制备纳孔材料过程中，往往需要控制一定的硅铝比来定向地制备某一纳孔材料，需添加一些额外的硅源或铝源[61]。在晶化过程中，加入分子筛模板剂或晶种，前者可为纳孔材料的形成提供模板和导向作用，同时填充并稳定其结构，提高结晶度，使反应条件范围变宽；后者则可提供适量微晶，形成分子筛的核，可以缩短分子筛的成核时间[62]，常用的晶化方法有水热合成法、超声波合成法、微波辅助法、气相转化法等[63]。

本节总结了先前研究人员利用不同煤基固体废弃物制备纳孔材料的方式、反应原理、反应过程、工艺参数和矿相转化，总结合成纳孔材料的孔结构和性能等。将以废治废理念应用到煤基固废制备纳孔材料领域，筛选出可用作制备纳孔材料的几种常见固体废弃物，并反映了将其作为纳孔材料制备原料的可行性及应用能力，如图 1-5 所示。最后指出目前尚待研究之处，探究其可资源化利用潜力，为煤基固废资源化利用的实施提供参考。

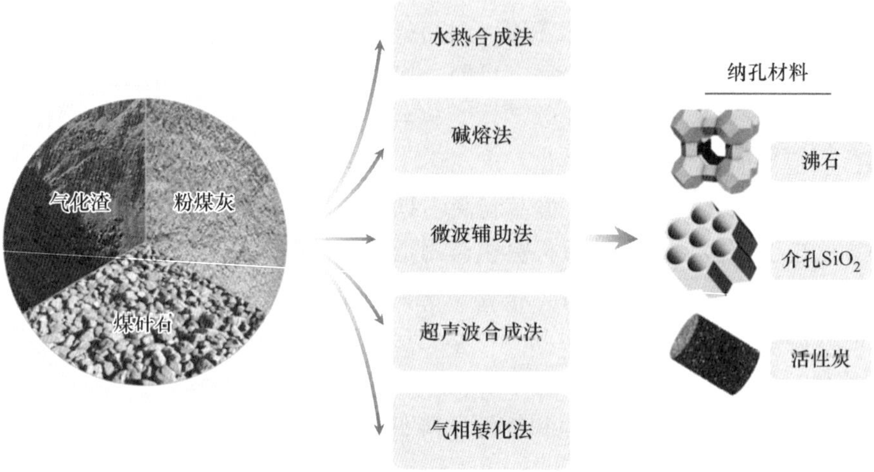

图 1-5　煤基固废制备纳孔材料示意图

1.3.2.1　粉煤灰制备纳孔材料

在现阶段，利用含铝硅酸盐的粉煤灰制备纳孔材料的实验室技术已趋于成熟，所制备的分子筛品质也较好。迄今，基于粉煤灰制备的纳孔材料种类较多，大致可以分为微孔沸石和介孔二氧化硅两大类。前者包括 A 型、P 型、X 型、Y 型和 ZSM-5 型等，后者则可分为有序（如 MCM-41、SBA-15）和无序介孔材料。李侠等人[64]以粉煤灰为原料，利用碱熔-水热法合成了 4A 沸石，在 500 ℃下碱熔活化原料后，于晶化反应过程中加入晶化导向剂，在较低温度和较短时间下合成了结晶度良好的 4A 沸石分子筛。以体系碱度（Na_2O 与 SiO_2 摩尔比）、晶化温度、晶化时间为变量，设计了三因素三水平正交实验，得出最佳合成条件：$n(SiO_2)/n(Al_2O_3)=2.1$，$n(Na_2O)/n(SiO_2)=2.2$，晶化温度为 50 ℃，反应时间为 30 h。在最佳合成条件下的沸石分子筛粒径约为 2.00 μm，对 Ca^{2+} 的吸附能力为 310 mg/g。

为提高制备纳孔材料的效率，超声波辅助水热法被运用到制备过程中。超声波可以加速硅铝的溶解，提高结晶相成核速率和质量。Sivalingam 等人[65]使用这一方法用粉煤灰合成了纳米 NaX 沸石，他们使用来自 7 个不同地方的粉煤灰经过煅烧活化、盐酸除杂、碱熔、超声水热合成、洗涤干燥制备出了纳米 NaX 沸石，样品标记为 ZS1 ~ ZS7，并对 Zn^{2+}、Cu^{2+}、Pb^{2+} 等金属离子以及亚甲基蓝、结晶紫、靛红和刚果红等染料进行了吸附实验。其中，ZS1 对 Cu^{2+} 和 Pb^{2+} 的单位吸附量分别达188.41 mg/g和194.26 mg/g，在所有材料中较为突出；ZS5对亚甲基蓝的单位吸附量最大，为193.45 mg/g。所有合成沸石的吸附性能均远高于市售NaX沸石对比样品，具有实时废水处理潜力。

除了沸石分子筛，基于粉煤灰的介孔二氧化硅材料也有报道。袁宁等人[66]以三嵌段共聚物P123为结构导向剂，在不添加额外硅源的情况下利用粉煤灰成功制备了介孔二氧化硅材料，标记为CFA-MS。氮气吸附-脱附测试表明，CFA-MS比表面积为497 m^2/g，孔体积为0.49 cm^3/g。采用CFA-MS从水溶液中去除亚甲基蓝，吸附量随吸附时间的增加而增加，最佳pH值为10。实验最大吸附量为316.8 mg/g，接近理论最大染料吸附量323.62 mg/g，该值比以前报道的对应值要高得多。由于CFA-MS具有良好的吸附能力，吸附过程相对较快（90 min），可以作为一种高效的亚甲基蓝吸附剂。

此外，也有学者使用气相转化法将粉煤灰制备为纳孔材料。徐洁明等人[67]将粉煤灰经煅烧处理后，再将其与氟化钙、浓硫酸按比例混合，置于自制水解槽内，在一定温度压力下，将产生的气体导入含表面分散剂的水解溶液中，表面分散剂选用乙醇。最后，将白色粉末颗粒过滤干燥，得到无定形纳米二氧化硅，即白炭黑；制备出的材料粒径在10～20 nm之间，颗粒大小均匀，纯度达99.95%。

1.3.2.2 煤矸石制备纳孔材料

煤矸石是一种在成煤过程时与煤层伴生的一种碳含量较低、比煤坚硬的黑灰色岩石。其化学成分与粉煤灰相近，而矿相组成存在较大差异[68]。产地为中国的多数煤矸石的主要矿相是高岭石，其理论化学式为$2SiO_2 \cdot Al_2O_3 \cdot 2H_2O$，硅铝比［$n(SiO_2)/n(Al_2O_3)=1.44\sim2.16$］与4A沸石分子筛［$n(SiO_2)/n(Al_2O_3)=2$］相近，因此目前由煤矸石合成的沸石分子筛，以4A沸石分子筛为主。通常通过直接焙烧或加碱焙烧的方式活化煤矸石，使高岭石脱水转变为偏高岭石（$2SiO_2 \cdot Al_2O_3$）。由于偏高岭石的分子排列不规则，呈现热力学介稳状态，因此其化学活性较高。活化后得到的偏高岭石获得更易于参与沸石分子筛合成的中间产物$NaAlO_2$和Na_2SiO_3。不过，煤矸石中含有一定量的Fe_2O_3，在碱处理时会影响产品纯度，因此需选择性对煤矸石进行除铁处理，常见的除铁方法有NH_4Cl除铁和盐酸除铁。

以煤矸石为物料，使用传统的碱熔-水热法制备沸石分子筛已有相当多的报道。例如，Ge等人[69]利用这一方法制备了NaX型沸石，通过平行实验测得最佳反应条件：NaOH/煤矸石质量比1.25，在850 ℃下熔融2 h，90 ℃水热条件下晶化时间12 h。在此条件下，制得的NaX沸石纳孔材料含SiO_2 48.73%、Al_2O_3 28.57%、Na_2O 18.97%，元素摩尔比Na：Al：Si＝1.09：1：1.45，这与NaX型沸石（$Na_2Al_2Si_{3.3}O_{10.6} \cdot 7H_2O$）的理论摩尔比十分接近。用最佳条件下制取的沸石对$Pb^{2+}$进行吸附实验，吸附容量达457 mg/g。

为了比较传统水热晶化和微波辅助晶化对沸石分子筛合成的影响，陈亿琴等人[70]以煤矸石为原料，用两种不同的方法分别合成了4A型与P型沸石分子筛。水热晶化得到的NaX沸石具有较微波晶化法得到的沸石更明显的特征峰，微波晶化过程可能产生了较多副产物，导致杂质较水热法的更高。扫描电镜分析结果表明，水热晶化得到的沸石颗粒较大且团聚明显，而微波晶化处理的沸石颗粒粒度较小且呈圆球形，排列更规整，形态更均匀，粒径分布较小。结合微波晶化可提高反应速率、降低沸石团聚程度，在具体制备中可先使用水热法初步晶化，再利用微波辅助晶化。

在合成纳孔材料时，预处理的步骤和工艺参数也可能导致产物的种类和形态不同。Chen等人[71]通过实验考察了使用不同预处理方法下的煤矸石制备NaA和NaX型沸石分子筛的情况，着重研究不同酸浸工序、不同碱熔融温度和硅铝摩尔比处理条件对实验结果的影响。煤矸石经过粉碎、研磨和过筛，获得初始煤矸石；将部分初始煤矸石样品在800 ℃下煅烧，用2 mol/L盐酸在70~80 ℃下酸浸3 h，得到预处理煤矸石。将两类煤矸石样品与NaOH以接近1∶1.2的质量比混合并移入马弗炉煅烧，加水搅拌、陈化后获得均质凝胶，而后通过水热反应晶化得到沸石。以此方法，在650 ℃和950 ℃碱熔煅烧下可由初始煤矸石合成不同形态的NaA沸石，使用预处理煤矸石则在600 ℃碱熔条件下最终制备出高结晶度的八面体形态NaX沸石。由于原料中的硅铝比适于合成NaA型沸石分子筛，经高温煅烧、酸浸后部分铝元素溶于溶液，铝元素含量降低，硅铝比提高，从而适合NaX型沸石分子筛的合成。在此基础上，通过添加硅源（$Na_2SiO_3 \cdot 9H_2O$）可调节SiO_2/Al_2O_3摩尔比，所得材料具有不同性能。随着样品的硅铝摩尔比由3.46增加到10，分子筛产品比表面积、外表面积、孔隙体积、结晶率均增大，但考虑到制备成本，硅铝比6为最优制备条件。最优条件下制备的沸石比表面积达676.02 m^2/g，孔隙体积为0.263 cm^3/g，孔径集中分布在0.67~0.83 nm之间。

使用超声波预处理-水热法处理煤矸石，可以使煤矸石与溶液接触更充分，化学反应发生更快更完全，在降低能耗、简化工艺的基础上合成品质较好的纳孔材料，在此方面也有一些报道。在超声能量处理下，一方面均相声化学导致液体中自由基或自由基中间体的形成，加速晶体的成核和生长；另一方面，异质声化学使液体内运动不均匀，加速化学键的断裂从而加速溶解。例如，Han等人[72]用这一方法合成了煤矸石基SSZ-13沸石。实验结果表明，超声波预处理煤矸石时间1 h和硅铝摩尔比为15是最优的反应条件。超声处理后，晶化时间可缩短为18 h，比常规方法节省12 h。合成的SSZ-13沸石孔径约为0.5 nm，比表面积为620~640 m^2/g。

1.3.2.3　煤气化渣制备纳孔材料

煤气化技术是实现煤炭高效清洁利用的重要途径。在一定的温度和压力下，煤炭的可燃部分转化为可燃气体，煤中的灰分以粗渣和细渣两种形式排出。粗渣是指煤炭颗粒在熔融、激冷、凝结后，由气化炉底部排出的残渣，粒径较大；细渣则是一种跟随粗煤气气流排出，被洗涤和沉淀得到的含水渣，碳含量较高，可达30%以上，粒径较小[73]。煤气化渣无论是粗渣还是细渣均含有丰富的二氧化硅、氧化铝、氧化铁，三者含量之和最高可达70%以上，且具有一定的火山灰活性。

针对煤气化渣具有高硅铝含量的特点，一些学者利用煤气化渣制备出纳孔材料。Liu 等人[74]为了更好地收集煤气化渣中的硅元素，将其与 H_2O 混合后强力搅拌，然后引入水力旋流分离器，得到不同粒径和硅含量的粗处理气化渣，后经酸浸工艺处理制备出具有较高比表面积的介孔二氧化硅材料。经平行实验得出，随着盐酸浓度的增加，较大孔（孔径 >6 nm）数目变化不大，小孔（孔径在 2 ~6 nm 之间）的数目增多，有助于减小平均孔径。在最佳酸浸浓度（16%）下，制备的介孔二氧化硅材料比表面积为 364 m^2/g，孔径主要分布在 2 ~6 nm 之间，孔体积为 0.339 cm^3/g。将它用于对亚甲基蓝的吸附，最大吸附容量可达 140.57 mg/g。

为研究不同类型的酸对于气化渣酸浸过程中反应过程与产物的影响，Du 等人[75]分别使用不同浓度的醋酸和盐酸处理气化渣，探究了酸处理气化渣成分和结构的演变。当醋酸浓度较低时，其主要结晶相是钙铝黄长石（$Ca_2Al_2SiO_7$），其次是石英（SiO_2）和赤铁矿（Fe_2O_3）。随着醋酸的浓度从 1 mol/L 增加至 9 mol/L，钙铝黄长石相逐渐消失，游离石英在较高浓度酸的作用下从钙铝黄长石中脱离出来，而赤铁矿的成分变化不大。当醋酸的浓度达到 6 mol/L 时，会产生游离 CaO，遇水及 CO_2 生成 $CaCO_3$，$CaCO_3$ 继续与水和 CO_2 作用生成 $Ca(HCO_3)_2$。Al^{3+} 与醋酸水合作用生成氢氧化醋酸铝［$(CH_3COO)_2Al(OH)$］，铝酸盐离子与 $CaCO_3$ 水合反应生成铝水钙石［$CaAl_2(CO_3)_2(OH)_4 \cdot 3H_2O$］。同时，提高醋酸浓度进行处理有益于结晶度增加，而盐酸处理则产生相反的效果。醋酸和盐酸处理过的材料比表面积最大分别为 105.9 m^2/g 和 450.3 m^2/g，总孔体积分别可达 0.242 cm^3/g 和 0.406 cm^3/g。酸浸使得气化渣的比表面积和孔体积显著增加，并且孔分布集中于介孔。

除采用酸浸法之外，采用碱熔活化法制备气化渣基纳孔材料也有报道。Xu 等人[76]采用 KOH 对煤气化渣进行活化，并控制 KOH/气化渣质量比为 1.5 ~3.5，在 700 ~850 ℃下进行煅烧，冷却后与盐酸充分搅拌洗涤至中性，制备出高度多孔的活性炭材料，并应用于对重金属离子 Pb^{2+} 的吸附。当煅烧温度低于 700 ℃时，KOH 与气化渣中的碳反应生成 K_2CO_3；当温度范围在 700 ~750 ℃时，碳骨架由于钾化合物的侵蚀造成晶格网络不可逆膨胀，为酸洗后的高孔隙率提供条件；当温度为 750 ~800 ℃时，样品的比表面积轻微下降。经平行实验测得最佳反应条件：KOH/气化渣质量比为 3，活化温度 750 ℃，活化时间为 80 min。在最佳条件下制备样品 R3.0T750t80 的比表面积高达 2481 m^2/g、孔体积为 1.71 cm^3/g、孔径分布为 1.2～3.8 nm，其对 Pb^{2+} 的吸附能力达到 141 mg/g。

煤气化渣中的硅、铝元素常以铝硅酸盐的形式存在，其他无机金属离子如铁、钙在铝硅酸盐中均匀分布，难以有效去除；此外，煤气化渣碳含量较高，且与其他杂质离子高度混杂。以上两点对于煤气化渣制备合成条件较为苛刻的纳孔材料存在不利影响。类似于粉煤灰和煤矸石，可以通过对煤气化渣进行合理的活化和除杂，制得较为纯净、结晶度高以及性能优良的有序介孔硅基材料。Li 等人[77]使用非水热溶胶-凝胶法，利用盐酸对煤气化渣进行酸浸预处理，取酸浸渣与 NaOH 按 1∶1.1 质量比混合煅烧，将碱熔产物用水溶解后与十六烷基三甲基溴化铵和氨水按照一定比例混合，调节溶液 pH 值后在常温下搅拌晶化，获得 MCM-41 有序介孔硅基材料，它的比表面积可达 1347 m^2/g，孔体积为 0.83 cm^3/g，平均孔径为 3.98 nm。

1.3.2.4　结论

煤基固废的堆存不仅占据大量的土地资源，还会对环境造成一定的危害。迄今，研究者已利用煤基固废制备出了沸石与介孔二氧化硅等多种纳孔材料，并在吸附与催化等领域展现出一定的应用前景。但是，仍存在许多不足之处，主要表现在：

(1) 目前的研究大多处在实验室研究阶段，尚未实现工业化生产。与此同时，合成过程中存在的沸石分子筛产品纯度低、工艺复杂、能耗高、药品消耗大、成本高以及环境污染等问题尚未得到有效解决。

(2) 煤基固废的物理化学成分和矿相皆因产地和工艺而异，导致合成纳米多孔材料的工艺种类和路线极其多样，难以找到相对普适的方法，合成机理也有待进一步探究。

(3) 尽管学者对粉煤灰、煤矸石等煤基固废衍生的纳孔材料进行了比较充分的研究，但是仍缺乏利用煤气化渣或者数种煤基固废协同制备沸石分子筛等纳孔材料的报道。

今后，在传统煤基固废初级利用研究趋于饱和的形势下，以廉价煤基固体废弃物合成高值化纳孔材料这一方向极具研究价值和潜力。未来研究可集中于：寻找更加经济、简便的活化和后续处理方法，以提高纳孔材料的纯度和固体原料转化率；缩短工艺流程，减少药品消耗，降低合成成本，实现工业化生产；提高纳孔材料的性能，如增大比表面积和孔隙体积等；开发多种煤基固废协同作用制备工艺，探究协同机理，以求优势互补。

参考文献

[1] 杨伟楠，王书墨. 环境材料的概念、特点与评判依据初探 [J]. 世界环境，2019 (2):

58-60.
[2] 联合国环境与发展会议. 21 世纪议程 [EB/OL]. https://www.un.org/zh/node/181627.
[3] HALADA K. Progress of ecomaterials toward a sustainable society [J]. Current Opinion in Solid State and Materials Science, 2003, 7 (3): 209-216.
[4] HALADA K, YAMADA K, IJIMA K, et al. Analysis of the current status of ecomaterials in Japan [J]. Materials Transactions, 2003, 44 (7): 1237-1243.
[5] 王天民, 郝维昌, 王莹, 等. 生态环境材料——材料及其产业可持续发展的方向 [J]. 中国材料进展, 2011, 30 (8): 8-16.
[6] 王洪涛, 翁端. 环境材料研究的基本理论问题 [J]. 材料导报, 2006, 20 (4): 1-3.
[7] 王程, 施惠生, 李艳. 生态环境材料与可持续发展 [J]. 中国非金属矿工业导刊, 2009 (6): 22-24.
[8] SMITH A, EL HAFIANE Y, EL KHESSAIMI Y, et al. Some examples of mineral eco-materials [J]. Journal of the European Ceramic Society, 2019, 39 (12): 3408-3415.
[9] POLARZ S, SMARSLY B. Nanoporous materials [J]. Journal of Nanoscience and Nanotechnology, 2002, 2 (6): 581-612.
[10] 赵艾靖, 袁宁, 黄麒, 等. 煤基固废制备纳米多孔材料研究进展 [J]. 煤质技术, 2021, 36 (2): 1-6.
[11] THOMMES M, KANEKO K, NEIMARK A V, et al. Physisorption of gases, with special reference to the evaluation of surface area and pore size distribution (IUPAC Technical Report) [J]. Pure and Applied Chemistry, 2015, 87 (9/10): 1051-1069.
[12] EREN S, TURK F N, ARSLANOGLU H. Synthesis of zeolite from industrial wastes: A review on characterization and heavy metal and dye removal [J]. Environmental Science and Pollution Research, 2024, 31 (29): 41791-41823.
[13] PÉREZ-BOTELLA E, VALENCIA S, REY F. Zeolites in adsorption processes: State of the art and future prospects [J]. Chemical Reviews, 2022, 122 (24): 17647-17695.
[14] BARRER R M, JENKINS R G, PEETERS G. Silanation of zeolites [M]//Washington: American Chemical Society, 1977: 258-270.
[15] LIAQUAT I, MUNIR R, ABBASI N A, et al. Exploring zeolite-based composites in adsorption and photocatalysis for toxic wastewater treatment: Preparation, mechanisms, and future perspectives [J]. Environmental Pollution, 2024, 349: 123922.
[16] KRESGE C T, LEONOWICZ M E, ROTH W J, et al. Ordered mesoporous molecular sieves synthesized by a liquid-crystal template mechanism [J]. Nature, 1992, 359: 710-712.
[17] KRESGE C T, ROTH W J. The discovery of mesoporous molecular sieves from the twenty year perspective [J]. Chemical Society Reviews, 2013, 42 (9): 3663-3670.
[18] KHAN D, SHAILY. Synthesis and catalytic applications of organo-functionalized MCM-41 catalyst: A review [J]. Applied Organometallic Chemistry, 2023, 37 (3): e7007.
[19] COSTA J A S, DE JESUS R A, SANTOS D O, et al. Recent progresses in the adsorption of organic, inorganic, and gas compounds by MCM-41-based mesoporous materials [J]. Microporous and Mesoporous Materials, 2020, 291: 109698.

[20] MARTÍNEZ-EDO G, BALMORI A, PONTÓN I, et al. Functionalized ordered mesoporous silicas (MCM-41): Synthesis and applications in catalysis [J]. Catalysts, 2018, 8 (12): 617.

[21] ALOTHMAN Z. A Review: Fundamental aspects of silicate mesoporous materials [J]. Materials, 2012, 5 (12): 2874-2902.

[22] LI W, ZHAO D. An overview of the synthesis of ordered mesoporous materials [J]. Chemical Communications, 2013, 49 (10): 943-946.

[23] HAN Y, ZHANG L, YANG W. Synthesis of mesoporous silica using the sol-gel approach: Adjusting architecture and composition for novel applications [J]. Nanomaterials, 2024, 14 (11): 903.

[24] BATTEN S R, CHAMPNESS N R, CHEN X, et al. Coordination polymers, metal-organic frameworks and the need for terminology guidelines [J]. CrystEngComm, 2012, 14 (9): 3001-3004.

[25] YAGHI O M, LI G, LI H. Selective binding and removal of guests in a microporous metal-organic framework [J]. Nature, 1995, 378: 703-706.

[26] SILVA P, VILELA S M F, TOMÉ J P C, et al. Multifunctional metal-organic frameworks: From academia to industrial applications [J]. Chemical Society Reviews, 2015, 44 (19): 6774-6803.

[27] HOWARTH A J, LIU Y, LI P, et al. Chemical, thermal and mechanical stabilities of metal-organic frameworks [J]. Nature Reviews Materials, 2016, 1 (3): 15018.

[28] MENG Y, ZHANG C, JI M, et al. Hydrogen bonding and coordination bonding in the electronically excited states of $Cu_2(L)_2$(L=5-(4-pyridyl) tetrazole) MeOH: A TDDFT study [J]. Spectrochimica Acta Part A: Molecular and Biomolecular Spectroscopy, 2013, 109: 14-22.

[29] LI F, WANG D, XING Q, et al. Design and syntheses of MOF/COF hybrid materials via postsynthetic covalent modification: An efficient strategy to boost the visible-light-driven photocatalytic performance [J]. Applied Catalysis B: Environmental, 2019, 243: 621-628.

[30] QIN J, YUAN S, ZHANG L, et al. Creating well-defined hexabenzocoronene in zirconium metal-organic framework by postsynthetic annulation [J]. Journal of the American Chemical Society, 2019, 141 (5): 2054-2060.

[31] ZHENG Y, ZHENG S, XUE H, et al. Metal-organic frameworks for lithium-sulfur batteries [J]. Journal of Materials Chemistry A, 2019, 7 (8): 3469-3491.

[32] YUAN N, SUN W, YANG J, et al. Multifunctional MOF-based separator materials for advanced lithium-sulfur batteries [J]. Advanced Materials Interfaces, 2021, 8 (9): 2001941.

[33] YUAN N, DENG Y, WANG S, et al. Towards superior lithium-sulfur batteries with metal-organic frameworks and their derivatives [J]. Tungsten, 2022, 4 (4): 269-283.

[34] ASGHAR A, GHALY W A, AWAJI M Y, et al. Review—recent progress on MOFs-based electrode materials for supercapacitor [J]. Journal of the Electrochemical Society, 2024, 171 (3): 30526.

[35] LIU J, ZHU D, GUO C, et al. Design strategies toward advanced MOF-derived electrocatalysts for energy-conversion reactions [J]. Advanced Energy Materials, 2017, 7 (23): 1700518.

[36] LIN H, XU Y, WANG B, et al. Postsynthetic modification of metal-organic frameworks for photocatalytic applications [J]. Small Structures, 2022, 3 (5): 2100176.

[37] YAN J, GUO R, YU L, et al. Recent progress and outlook of metal-organic framework materials used for CO_2 electrocatalytic reduction [J]. Energy & Fuels, 2023, 37 (20): 15453-15475.

[38] AN J, ROSI N L. Tuning MOF CO_2 adsorption properties via cation exchange [J]. Journal of the American Chemical Society, 2010, 132 (16): 5578-5579.

[39] MARCO-LOZAR J P, JUAN-JUAN J, SUÁREZ-GARCÍA F, et al. MOF-5 and activated carbons as adsorbents for gas storage [J]. International Journal of Hydrogen Energy, 2012, 37 (3): 2370-2381.

[40] YUAN N, GONG X, SUN W, et al. Advanced applications of Zr-based MOFs in the removal of water pollutants [J]. Chemosphere, 2021, 267: 128863.

[41] 陈毅, 陈佳琦, 李良葵, 等. 粉煤灰沸石的合成及其应用进展 [J]. 硅酸盐通报, 2018, 37 (11): 3454-3459.

[42] BASU M, PANDE M, BHADORIA P B S, et al. Potential fly-ash utilization in agriculture: A global review [J]. Progress in Natural Science, 2009, 19 (10): 1173-1186.

[43] HEMALATHA T, RAMASWAMY A. A review on fly ash characteristics—Towards promoting high volume utilization in developing sustainable concrete [J]. Journal of Cleaner Production, 2017, 147: 546-559.

[44] AHMARUZZAMAN M. A review on the utilization of fly ash [J]. Progress in Energy and Combustion Science, 2010, 36 (3): 327-363.

[45] YAO Z T, JI X S, SARKER P K, et al. A comprehensive review on the applications of coal fly ash [J]. Earth-Science Reviews, 2015, 141: 105-121.

[46] 程晓磊, 张鑫. 现代煤气化技术现状及发展趋势综述 [J]. 煤质技术, 2021, 36 (1): 1-9.

[47] LIU S, QI C, JIANG Z, et al. Mineralogy and geochemistry of ash and slag from coal gasification in China: A review [J]. International Geology Review, 2018, 60 (5/6): 717-735.

[48] 傅博, 马梦凡, 申旺, 等. 气化渣对硅酸盐水泥强度和微观结构的影响研究 [J]. 硅酸盐通报, 2020, 39 (8): 2523-2527.

[49] WU S, HUANG S, JI L, et al. Structure characteristics and gasification activity of residual carbon from entrained-flow coal gasification slag [J]. Fuel, 2014, 122: 67-75.

[50] 吴彬, 刘春, 郭小凤. 煤气化灰渣综合利用研究进展 [J]. 陕西煤炭, 2024, 43 (3): 104-108.

[51] 杨慧, 房辉, 程志远, 等. 赤泥资源化综合利用研究进展 [J]. 中国资源综合利用, 2023, 41 (6): 109-115.

[52] MUKIZA E, ZHANG L, LIU X, et al. Utilization of red mud in road base and subgrade materials: A review [J]. Resources, Conservation and Recycling, 2019, 141: 187-199.

[53] WANG S, JIN H, DENG Y, et al. Comprehensive utilization status of red mud in China: A critical review [J]. Journal of Cleaner Production, 2021, 289: 125136.

[54] 孟跃辉, 张喜刚. 2023 年赤泥绿色利用十大进展 [J]. 资源再生, 2024 (1): 17-19.

[55] 唐岳松，张令非，吕华永. 煤基固废制备充填材料配比优化试验研究 [J]. 矿业科学学报，2019，4 (4)：327-336.
[56] 刘雷，毛燕东，李克忠. 煤气化灰渣资源化利用分析 [J]. 电力与能源进展，2018，6 (6)：173-180.
[57] 郭彦青. 新形势下的粉煤灰综合利用分析 [J]. 能源与节能，2020 (7)：191-192.
[58] HÖLLER H，WIRSCHING U. Zeolite formation from fly ash [J]. Fortschritte der Mineralogie，1985 (62)：21-43.
[59] 李阳，郭盼，刘正宁. 高铝粉煤灰提取氧化铝技术方法及工业化研究进展 [J]. 东方电气评论，2019，33 (4)：11-15.
[60] 公明明. 微波强化盐酸浸取粉煤灰工艺过程研究 [D]. 上海：华东理工大学，2011.
[61] 王琦旗. 以粉煤灰为铝源纳米级 ZSM-5 分子筛的合成调控 [D]. 沈阳：东北石油大学，2018.
[62] 李天文，周国成，林朝阳，等. 模板剂在分子筛合成中的作用 [J]. 化工中间体，2006 (11)：16-19.
[63] 王思阳. 赤峰地区煤矸石合成 X 型沸石及其对铜、汞离子吸附性能的研究 [D]. 包头：内蒙古师范大学，2019.
[64] 李侠，范雯阳，周珊，等. 粉煤灰碱融-水热晶化合成 4A 分子筛 [J]. 硅酸盐通报，2015，34 (11)：3148-3152.
[65] SIVALINGAM S，SEN S. Rapid ultrasound assisted hydrothermal synthesis of highly pure nanozeolite X from fly ash for efficient treatment of industrial effluent [J]. Chemosphere，2018，210：816-823.
[66] YUAN N，CAI H，LIU T，et al. Adsorptive removal of methylene blue from aqueous solution using coal fly ash-derived mesoporous silica material [J]. Adsorption Science & Technology，2019，37 (3/4)：333-348.
[67] 徐洁明，谢吉民，朱建军. 粉煤灰气相法制备纳米白炭黑研究 [J]. 无机盐工业，2006，38 (7)：54-56.
[68] 陈建龙. 煤矸石合成 NaA 和 NaX 型分子筛及其对重金属废水的吸附研究 [D]. 西安：陕西师范大学，2015.
[69] GE Q，MOEEN M，TIAN Q，et al. Highly effective removal of Pb^{2+} in aqueous solution by Na-X zeolite derived from coal gangue [J]. Environmental Science and Pollution Research，2020，27 (7)：7398-7408.
[70] 陈亿琴，訾昌毓，彭昭霞，等. 煤矸石微波辅助合成沸石分子筛的研究 [J]. 煤化工，2019，47 (1)：56-60.
[71] CHEN J，LU X. Synthesis and characterization of zeolites NaA and NaX from coal gangue [J]. Journal of Material Cycles and Waste Management，2018，20 (1)：489-495.
[72] HAN J，HA Y，GUO M，et al. Synthesis of zeolite SSZ-13 from coal gangue via ultrasonic pretreatment combined with hydrothermal growth method [J]. Ultrasonics Sonochemistry，2019，59：104703.
[73] 温龙英. 低温固相法活化煤气化细渣及其综合利用制备二氧化硅介孔材料 [D]. 呼和浩

特：内蒙古大学，2015.
[74] LIU S, CHEN X, AI W, et al. A new method to prepare mesoporous silica from coal gasification fine slag and its application in methylene blue adsorption [J]. Journal of Cleaner Production, 2019, 212: 1062-1071.
[75] DU M, HUANG J, LIU Z, et al. Reaction characteristics and evolution of constituents and structure of a gasification slag during acid treatment [J]. Fuel, 2018, 224: 178-185.
[76] XU Y, CHAI X. Characterization of coal gasification slag-based activated carbon and its potential application in lead removal [J]. Environmental Technology, 2018, 39 (3): 382-391.
[77] LI C, QIAO X, YU J. Large surface area MCM-41 prepared from acid leaching residue of coal gasification slag [J]. Materials Letters, 2016, 167: 246-249.

2 纳米多孔环境材料的表征技术

本章重点介绍纳米多孔环境材料的典型结构表征技术与吸附性能分析方法，包括常见的组分表征（红外光谱、X 射线光电子能谱、X 射线衍射与热重分析）、孔结构分析、形貌表征（扫描电子显微镜与透射电子显微镜）、吸附实验与分析方法（标准曲线的绘制、吸附量与去除率计算、吸附等温线、吸附动力学与吸附热力学）等。在此，简要地介绍各种表征技术的基本原理与方法，具体的表征结果与分析请参见后续各章节内容。

2.1 组 分 表 征

2.1.1 红外光谱

红外光谱（infrared spectroscopy，IR）是指在电磁辐射作用下，分子中的能级发生跃迁时产生的分子吸收光谱。通过解析红外光谱能了解分子结构信息，识别分子中的化学键或官能团，可用于定性或定量鉴定物质结构，现已广泛应用于化工、环境、材料、地质、矿业等领域。当具有连续波长的红外光照射到物质上时，红外光含有的能量正好满足物质中分子的振动或转动能级跃迁需要的能量，同时分子的偶极矩发生改变，红外光会被分子吸收，这一过程反映到图像上就是产生不同类型的吸收峰。分子吸收红外光，发生能级跃迁是一个量化过程，需要遵守一定的规则；红外辐射频率需与分子的自然振动频率相匹配，且分子的电偶极改变不为零。

红外光谱反映了物质中的分子结构，光谱中的吸收峰对应于分子及其基团的各种振动形式。红外光谱可以分成基频区和指纹区两部分，基频区的振动属于特征基团，因此也叫做官能团区，其范围是 1350 ~ 4000 cm^{-1}，基频区的振动频率与分子基团的关系基本可以确定；指纹区（1350 cm^{-1}以下）的吸收谱带数量很多，各种振动方式及相互作用复杂，除少数振动模式外，很难对该区的谱带进行明确的归属。对结构相似的分子，该区域的振动频率有一定的差异（正如人的指纹），可以据此鉴别化合物的构型信息。傅里叶变换红外光谱仪（fourier transform infrared spectrometer，FT-IR）主要由光源、迈克尔逊干涉仪、检测器和计算机数据处理系统组成，具有较高的分辨率（0.005 cm^{-1}）和测量精度以及扫描速率快和灵敏度高等优点，因而被广泛应用于现代检测领域[1-2]。

2.1.2 X 射线光电子能谱

X 射线光电子能谱（X-ray photoelectron spectroscopy，XPS）是以 X 射线为激发光源辐照样品而产生的光电子能谱，通过测定电子结合能用于鉴定样品表面的元素组成与价态等信息。在 X 射线辐射下，样品中原子或分子的内层电子或价电子受激而发射出来，被光子激发出来的电子称为光电子；通过测量光电子的能量和数量，作出光电子能谱图，从而获得待测样品的信息。对同种原子而言，其内层电子的结合能是特征性的，不会因为分子的差异而改变，但是随着化学环境改变，光电子的峰会存在化学位移，通过测量被激发出的光电子能量可绘制光电子能谱图。谱图通常以结合能为横坐标，以光电子的计数为纵坐标。XPS 可用于物质表面的定性、定量与结构分析，适用于检测除 H 和 He 以外的所有元素。与红外光谱相比，XPS 谱图较为简单直观，通常易于识别；但是，需要根据谱峰的位置、形状、强度及间距，正确识别谱图，判断谱峰归属[1-2]。

2.1.3 X 射线衍射

X 射线衍射（X-ray diffraction，XRD）技术是一种基于 X 射线与物质间相互作用的常规结构表征手段，常用于物相分析、结晶度与晶粒大小测定等。固态物质按照内部结构排列的有序程度可以分为晶体与无定形，二者的区别在于原子或分子的空间排列是否具有长程有序性。X 射线衍射一般分为单晶衍射与多晶（粉末）衍射两种。通过 X 射线作用于单晶产生衍射现象，可以测定晶胞参数及原子的类型和分布情况；粉末 X 射线衍射（powder X-ray diffraction，PXRD）则是对多晶或粉末样品进行单色 X 射线辐照，其产生的衍射图样与单晶不同。除有序介孔材料的表征外，本书中涉及的 XRD 分析一般从 5°开始，采用 Cu 靶 $K\alpha$ 射线辐射，衍射波长 λ 为 0.015418 nm，工作电流为 40 mA，工作电压为 40 kV。根据入射角大小和衍射强度来鉴定不同类型的晶体结构，如果测试谱图上只有峰形钝且面积大的峰，则表明没有晶体形成；相反，若衍射峰形尖锐且强度高，则证明样品的结晶度良好。对于一般的定性物相分析，可将测试谱图与已知标准谱图进行对比分析，即可获取样品中的物相种类信息。

2.1.4 热重分析

热重分析法（thermogravimetry，TG）是一种在纳米多孔材料研究中常用的表征技术，通过分析不同温度区间的质量损失分数，可获得样品的热稳定性、组分含量等信息。在程序控温下，观测待测样品的质量与温度之间的对应关系，并绘出该过程中的曲线，即得到热重曲线。影响热重分析结果的因素很多，即使对于相同的样品，不同实验室的测试结果也可能有所不同，这些因素包括测量仪器、坩埚种类、温控程序、吹扫气体以及样品因素（用量、粒度、预处理情况）等。本书涉及的热重实验均在氮气气氛下进行，加热速率为 10 ℃/min。此外，利用热重实验结果估算固废衍生金属有机框架环境材料中 MIL-53 相的含量，详见本书第 5 章内容。

2.2 孔结构分析

材料的比表面积与孔径分析采用物理吸附仪测定，测量时保证温度一定，改变压力记录材料对气体的吸附量，常用的被吸附气体是氮气，因为它与大多数固体表面能发生较强的相互作用。在本书的研究工作中，一般称量 30 ~ 100 mg 样品，升温至 120 ℃，再用真空泵排尽空气，以纯度为 99.99% 的液氮为吸附介质，从而使得温度始终保持在 77 K 下，最后进行吸脱附测试得到氮气吸附-脱附曲线。对获取的等温吸附曲线应用不同的模型进行分析，比表面积一般用 Brunauer-Emmett-Teller（BET）方程确定，介孔的孔径分布可采用 Barrett-Joyner-Halenda（BJH）模型，全孔的孔径分布可使用 Non-Local Density Functional Theory（NLDFT）模型。

2.3 形貌表征

2.3.1 扫描电子显微镜

扫描电子显微镜（scanning electron microscope，SEM）可用于观察纳米多孔材料的形貌和粒度，照射到样品上的高能电子束会与样品中的原子发生相互作用，产生二次电子、背散射电子与 X 射线等各种信号；这些信号被接收器接收并用于调制显像管的亮度，即可得到扫描电镜图。用于扫描电镜的样品制备方法比较简单，对于导电性好的样品，将待测样品放置在导电胶上，黏在样品座上即可直接观察；对于导电性差的样品，在测试时需进行喷金处理。扫描电镜具有放大倍数范围宽、景深大、图像立体感强等特点，可以很好地反映纳米多孔材料的形貌特征[3]。

2.3.2 透射电子显微镜

透射电子显微镜（transmission electron microscope，TEM）采用电子束照射样品，透过样品的电子束经过电子透镜放大成像，进而获得透射电镜图，应用透射电子显微镜可得到样品精细结构的信息。将研磨后的粉末分散在无水乙醇溶液里并超声分散成悬浮液，用滴管滴于铜网上，干燥后即为 TEM 观察用的测试样品。

该技术具有分辨率高的特点，可以直接观察到纳米多孔材料的孔道结构与晶体缺陷等，是研究材料微观结构的有力工具[3]。

2.4 吸附性能

2.4.1 标准曲线

本书研究工作涉及的有机污染物包括亚甲基蓝（MB）、孔雀石绿（MG）、甲基橙（MO）、刚果红（CR）和罗丹明 B（RhB），分子结构式如图 2-1 所示。采用紫外分光光度法检测有机污染物的浓度。首先需要获得标准曲线，以便利用吸光度准确判断浓度。分别配制一系列浓度梯度的上述有机物溶液，使用紫外-可见分光光度计分别在 664 nm（MB）、618 nm（MG）、497 nm（CR）、460 nm（MO）和 554 nm（RhB）最大吸收波长下测量吸光度，以吸光度对浓度绘制得到拟合曲线。

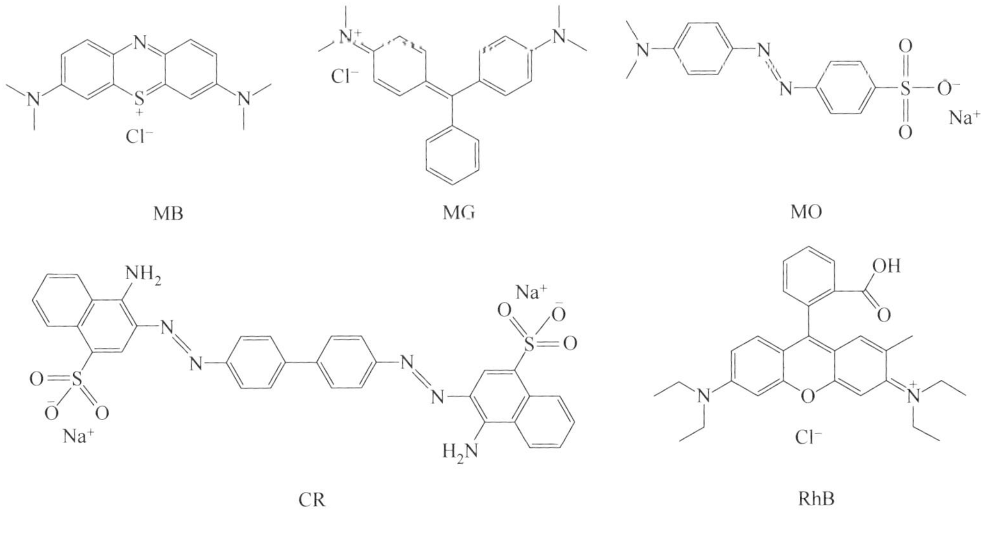

图 2-1 本书研究工作中涉及的有机污染物分子结构式

本书还研究了金属有机框架环境材料对氟离子的吸附去除性能。选用氟离子选择电极法测定溶液中氟离子的浓度，测定方法参考了中华人民共和国国家标准 GB 7484—87 中水质氟化物的测定。

（1）氟离子溶液的配制。以 100 mg/L 氟离子溶液为例，先称取 0.2210 g 预先干燥的氟化钠，加入 1000 mL 容量瓶中定容，配制所得溶液储存需放置于聚氯乙烯塑料瓶中。

（2）总离子缓冲溶液（TISAB）的配制。称取柠檬酸钠粉末 10 g、氯化钠粉末 58 g 置于烧杯中加入适量去离子水充分搅拌溶解，再量取 57 mL 冰醋酸加入烧杯中，用质量浓度为 40% 的氢氧化钠溶液调节溶液 pH 值在 5 ~ 6 的范围，最后移入 1000 mL 容量瓶定容获得离子缓冲溶液。

（3）标准曲线的绘制。使用移液管，分别吸取 1.00 mL、2.00 mL、3.00 mL、4.00 mL 与 5.00 mL 氟离子溶液（100 mg/L），转移至 50 mL 容量瓶中定容，获得 2 mg/L、4 mg/L、6 mg/L、8 mg/L、10 mg/L 氟离子标液，加入缓冲溶液使用离子选择电极对标液进行测量，记录不同浓度标液的对应电势，获得溶液中氟离子浓度与电极电势值的关系。

2.4.2　吸附量与去除率

称取一定质量的样品于 100 mL 锥形瓶（或聚乙烯塑料瓶）中，量取并加入 25 mL 一定浓度的模拟污染物溶液，放入恒温水浴振荡器中在 200 r/min 下振动，定期量取部分溶液，通过 0.45 μm 亲水过滤头过滤，在 10000 r/min 转速下离心分离。使用紫外-可见分光光度计或氟离子选择电极测量，得出溶液中模拟污染物的浓度。

材料对模拟污染物吸附量（q_e，mg/g）和去除率（R，%）用以下公式分别计算：

$$q_e = \frac{c_0 - c_e}{m} V \tag{2-1}$$

$$R = \frac{c_0 - c_t}{c_0} \times 100\% \tag{2-2}$$

式中　c_0——模拟污染物溶液的初始浓度，mg/L；

c_e——模拟污染物溶液的吸附后平衡浓度，mg/L；

V——反应时模拟污染物溶液体积，L；

m——吸附剂材料添加质量，g；

c_t——时间 t 时的模拟污染物浓度。

评估潜在因素是否以及如何影响材料对模拟污染物的吸附能力，设计以下实验进行探究，其中包括：吸附剂用量、溶液初始浓度、溶液 pH 值、反应温度以及溶液中共存阴离子的影响。

（1）吸附材料的剂量：称取 0 ~ 0.8 g/L 吸附材料，间隔剂量为 0.1 g/L 或 0.2 g/L，分别加入 20 mg/L 模拟污染物溶液中（pH 值：7，反应温度：298 K），以评价合成材料剂量的影响。

（2）初始溶液中模拟污染物浓度：设计三组浓度分别为 20 mg/L、50 mg/L 和 100 mg/L 溶液中加入 0.4 g/L 的吸附材料（pH 值：7，反应温度：298 K）。

（3）溶液中的 pH 值：设置了 6 组 20 mg/L 模拟污染物溶液，调节溶液 pH

值为 1 ~ 11（吸附剂用量：0.4 g/L，反应温度：298 K），以探究溶液中 pH 值的影响。

（4）反应温度：设计三组反应温度分别为 298 K、308 K 和 318 K（pH 值：7；初始模拟污染物浓度，每组浓度为 20 mg/L、50 mg/L、80 mg/L、100 mg/L、150 mg/L、200 mg/L；吸附剂用量：0.4 g/L），以探讨反应温度与浓度的影响。

（5）溶液中共存阴离子的影响：配制含有 100 mg/L Cl^-、SO_4^{2-}、CO_3^{2-}、NO_3^- 和 CH_3COO^- 的 20 mg/L 模拟污染物溶液，加入 0.4 g/L 吸附剂，研究溶液中共存阴离子的影响（pH 值：7，反应温度：298 K）。

以上为计算吸附量与去除率以及研究不同影响因素对吸附性能的典型过程，可根据具体情况作相应调整。

2.4.3 吸附等温线

为了评估等温吸附过程，应用 Langmuir［式（2-3）与式（2-4）］、Freundlich［式（2-5）］、Temkin［式（2-6）］、Dubinin-Radushkevich［式（2-7）~式（2-9）］等吸附等温模型分析实验数据[4-5]。

$$\frac{c_e}{q_e} = \frac{1}{K_L q_m} + \frac{c_e}{q_m} \tag{2-3}$$

$$R_L = \frac{1}{1 + K_L c_0} \tag{2-4}$$

$$\ln q_e = \ln K_F + \frac{1}{n}\ln c_e \tag{2-5}$$

$$q_e = \frac{RT}{b_T}\ln c_e + \frac{RT}{b_T}\ln K_T \tag{2-6}$$

$$\ln q_e = \ln q_m^{D\text{-}R} - \beta\varepsilon^2 \tag{2-7}$$

$$\varepsilon = RT\ln\left(1 + \frac{1}{c_e}\right) \tag{2-8}$$

$$E = \frac{1}{\sqrt{2\beta}} \tag{2-9}$$

式中 c_e——吸附平衡时溶液中的污染物浓度，mg/L；

q_m——最大吸附容量，mg/g；

K_L——Langmuir 等温线常数，L/mg；

R_L——分离因子；

K_F——Freundlich 等温线常数，$(mg/g)/(mg/L)^{1/n}$；

n——表面异质性因子；

K_T——Temkin 等温线常数，L/g；

b_T——吸附热相关常数，J/mol；

q_m^{D-R}——D-R 吸附容量，mg/g；

ε——Polanyi 势，kJ/mol；

β——D-R 常数，mol^2/kJ^2；

E——吸附平均自由能，kJ/mol。

2.4.4　吸附动力学

为了研究合成材料吸附水中污染物的吸附动力学，应用伪一阶动力学模型［式（2-10）］和伪二阶动力学模型［式（2-11）］拟合实验数据。

$$\ln(q_e - q_t) = \ln q_e - k_1 t \tag{2-10}$$

$$\frac{t}{q_t} = \frac{1}{k_2 q_e^2} + \frac{t}{q_e} \tag{2-11}$$

式中　q_t——时间 t 时的吸附容量，mg/g；

q_e——吸附平衡时的吸附容量，mg/g；

t——吸附时间，min；

k_1——伪一阶动力学吸附速率常数，min^{-1}；

k_2——伪二阶动力学吸附速率常数，g/(mg · min)。

2.4.5　吸附热力学

采用以下热力学模型描述合成材料在吸附过程中的吸附特性：

$$K = \frac{q_e}{c_e} \tag{2-12}$$

$$\ln K = -\frac{\Delta H^{\ominus}}{RT} + \frac{\Delta S^{\ominus}}{R} \tag{2-13}$$

$$\Delta G^{\ominus} = \Delta H^{\ominus} - T\Delta S^{\ominus} \tag{2-14}$$

式中　K——平衡常数，L/mg；

R——理想气体常数，8.314 J/(mol · K)；

T——吸附过程中的绝对温度，K；

$\Delta G^{\ominus}$——吸附过程中的标准吉布斯自由能变化，kJ/mol；

$\Delta H^{\ominus}$——吸附过程中的标准焓变，kJ/mol；

$\Delta S^{\ominus}$——吸附过程中的标准熵变，J/(mol · K)。

参 考 文 献

［1］赵瑶兴，孙祥玉. 有机分子结构光谱鉴定［M］. 北京：科学出版社，2003.

［2］王颖，齐海燕，韩爽. 谱学原理及应用［M］. 哈尔滨：哈尔滨工业大学出版社，2015.

［3］翟秀静，周亚光. 现代物质结构研究方法［M］. 2 版. 合肥：中国科学技术大学出版社，2014.

[4] FOO K Y, HAMEED B H. Insights into the modeling of adsorption isotherm systems [J]. Chemical Engineering Journal, 2020, 156: 2-10.

[5] SAADI R, SAADI Z, FAZAELI R, et al. Monolayer and multilayer adsorption isotherm models for sorption from aqueous media [J]. Korean Journal of Chemical Engineering, 2015, 32 (5): 787-799.

3 沸石分子筛环境材料

近年来，如何有效处理煤基固废等大宗固体废弃物是一个广受社会关注的问题。煤基固废成分复杂，但其无机组分富含 Si 和 Al 等化学元素，与沸石相似，因此可以利用煤基固废作为原料合成沸石分子筛。沸石的优异性能使得它在环境治理领域表现优异，然而天然沸石产量有限，已经逐渐不能满足市场需求。但是，人工合成沸石主要是用纯的化学试剂来合成，在合成的过程中造成大量浪费和污染。因此，采用煤基固废为原料合成沸石的策略，既可以消纳硅铝酸盐基煤基固废，减少环境污染，又可以大大降低沸石的生产成本。

3.1 CGFS 基超低硅铝比多级孔 ZSM-5 沸石的合成及吸附性能

3.1.1 概述

我国能源结构以煤炭为主，具有富煤、贫油、少气的特点。目前，中国的清洁煤技术主要利用煤气化、液化等，其中煤气化技术是指通过气化过程将煤转化为合成气[1]，是一种高效、可靠、环保的煤炭转化技术。近几十年来，在国家支持下煤化工行业蓬勃发展，煤气化技术更加成熟，但也带来了一些问题，在煤气化过程中会产生大量副产物，即煤气化渣（CGS）。煤渣在高温高压下熔化、冷却、冷凝后，气化粗渣（CGCS）由气化炉底部排出，而气化细渣（CGFS）由气化炉顶部排出[2]。CGCS 和 CGFS 中都含有大量的无机矿物，CGCS 是一种致密的玻璃状粗固体，碳含量低，粒径主要在 1.13 ~5.16 mm 之间，通常可用于建筑行业的打磨石、路面涂料和混凝土掺和料[3]；CGFS 的残碳含量较高[4]，粒径小于 1.13 mm，不适用于建筑材料行业。这些气化渣往往被堆积或填埋，导致土地浪费和环境污染[5]，对煤化工企业的成长造成了很大的阻力[6]。因此，对煤气化炉渣的妥善处理变得十分重要，必须尽快找到一种安全和充分利用气化渣的方式。

沸石具有比表面积大和多孔的特性，可以将其他微小物质吸附到自身孔中、将较大的物质排除在外，在分子层面上筛选物质。不同的沸石分子筛元素组成主要是硅铝比的不同，而不同类型沸石的微观结构也不相同，导致其孔径大小有所差别。沸石的优异性能使得它在环保领域使用广泛，天然沸石因为产量有限，已经逐渐不能满足近年来市场增长对沸石的需求，因此人工沸石的合成及开发一直受到学者们的重视。但是，实验室中人工沸石的合成需要大量的化学试剂，在使用过程中会产生大量含有酸、碱、模板剂等化学废液，可能会造成大量浪费和污染，因此要找到一种尽量不使用模板剂、少量使用酸碱的沸石合成方法，从而降低制作沸石的成本以及可能产生的环境污染。

CGS 主要由絮凝的未燃烧碳组分和含有各种无机组分的熔融微球组成，其中的无机组分富含 Si、Al 和 Fe 元素[7]。这些条件使得利用气化渣制备沸石分子筛材料成为可能，近年来已报道了相关研究[8-12]。CGS 可用于制备介孔分子筛，也可原位转化为沸石或沸石/多孔碳复合材料。Li 等人使用非水热溶胶-凝胶法，用 CGS 的酸浸残渣合成了高度有序的 MCM-41 介孔分子筛，具有 3.98 nm 的平均孔径和 1347 m^2/g 的高比表面积[8]。Ji 等人使用 CGS 中的无定形二氧化硅和氧化铝作为硅源和铝源，在不添加任何模板的情况下合成了 P 型沸石，并且计算出合成沸石的比表面积为 161.06 m^2/g[10]。尽管在这一研究方向上已经取得了许多成果，但以 CGS 为原料制备 ZSM-5 沸石的研究鲜见报道。

近年来，ZSM-5 沸石已经引起了人们的广泛关注，并在催化和吸附方面得到了应用。四丙基氢氧化铵（TPAOH）能够通过在反应混合物中以四面体配位铝作为结构导向剂和电荷平衡剂的微小铝硅酸盐簇的排列促进沸石样铝位点的形成，并且在诱导 ZSM-5 结构的形成中具有重要作用[13-14]。然而，煤基固体废弃物制备 ZSM-5 具有挑战性。首先，高铝含量将增加 ZSM-5 合成的难度[15]；其次，ZSM-5 沸石的性能在很大程度上取决于合成原料的纯度。但是，除了合成 ZSM-5 所需的硅和铝元素之外，由于技术限制，煤基固体废弃物中经常存在 Fe_2O_3、MgO、CaO、K_2O 和其他组分，这对于沸石的结晶过程是有影响的[16]。目前，已有研究使用粉煤灰或煤矸石作为二氧化硅和铝的来源来制备 ZSM-5[17-18]。对于合成 ZSM-5 的困难，有两种常用的解决方案：一种是添加硅源，以弥补硅铝比，但是这势必将增加经济成本[17]；另一种是提取原料中的硅和铝[18]。

本节研究报道了具有超低 $n(SiO_2)/n(Al_2O_3)$ 比的多级孔 ZSM-5 沸石的制备。首先利用简单的酸浸减少 CGFS 中的 Fe_2O_3、MgO 和 CaO 等杂质，并溶解部分 Al_2O_3 以提高 CGFS 的硅铝比。然后提取硅和铝元素，最后通过水热结晶合成了具有多级孔结构的高纯度 ZSM-5 沸石。通过 X 射线衍射（XRD）、傅里叶变换红外光谱（FT-IR）、N_2 吸附-脱附测试、扫描电子显微镜（SEM）、NH_3 程序升温解吸（NH_3-TPD）等方法表征了产物的组成和孔结构。合成的 ZSM-5 用于从模拟废水中去除典型的染料污染物亚甲基蓝（MB），MB 的吸附效果达到工业 ZSM-5 的吸附水平[19]。此外，还研究了其对废水中其他染料分子的吸附能力，如孔雀石绿（MG）、罗丹明 B（RhB）、刚果红（CR）和甲基橙（MO）。总之，该研究实现了 CGFS 的高附加值利用，并在工业废水处理中提供了潜在的应用。

3.1.2　原材料

本节研究中使用的 CGFS 来自中国宁夏。CGFS 在使用前经过 80 ℃干燥 12 h，表 3-1 列出了 CGFS 的主要化学成分。

表 3-1　CGFS 的化学成分　（质量分数，%）

组成	SiO_2	Al_2O_3	Fe_2O_3	CaO	MgO	K_2O	Na_2O	LOI	其他
含量	37.74	15.20	9.15	9.14	2.89	2.51	1.48	19.18	2.70

3.1.3　材料制备

以 CGFS 为原料，通过酸浸、碱萃取和水热处理后制备了 ZSM-5 沸石。首先，将 5 g CGFS 添加到不同浓度的 50 mL 盐酸溶液中，其中细渣/水的比例为 1∶10（g/mL），将所得混合物在环境温度下搅拌 5 h。过滤后，用水洗涤滤饼，直到滤液的 pH 值为 7。然后将滤饼干燥过夜，并在研磨后表示为 CGS-ALS。其次，将 4 g CGS-ALS 加入 40 mL NaOH 溶液（1～4 mol/L）中，并将混合物在 80 ℃下回流加热 4 h，冷却并过滤后，收集富含硅的滤液。再次，将适量的 TPAOH 水溶液添加到 15 mL 滤液中，SiO_2 与 TPAOH 的摩尔比为 1∶0.25，然后通过缓慢添加浓硫酸将 pH 值调节到 11。混合物在 170 ℃水热 48 h。过滤沉淀物，用水充分洗涤，并在 60 ℃下干燥 24 h。最后，将所得粉末放入氧化铝坩埚中在 550 ℃下煅烧 6 h。反应物已清洗为中性，温度不超过坩埚使用的最高标准，煅烧时间短，以免产生杂质[20]。制备流程示意图如图 3-1 所示。

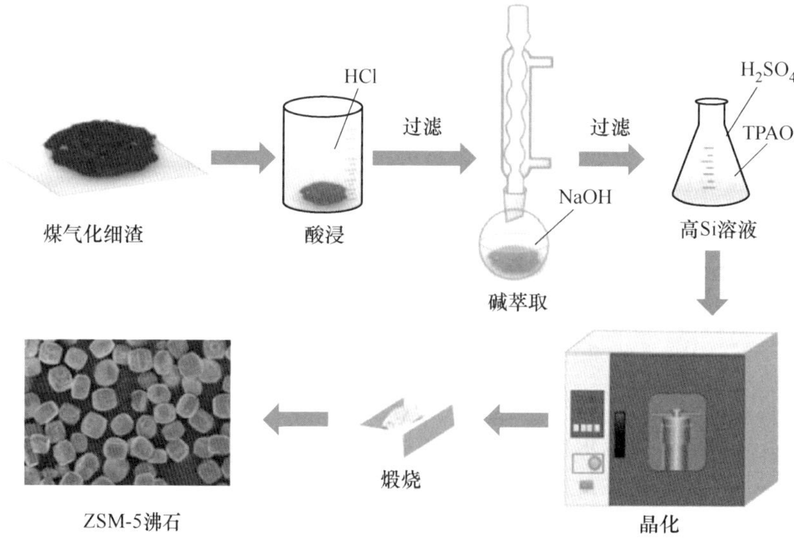

图 3-1　ZSM-5 样品制备流程示意图

3.1.4　不同因素对ZSM-5合成的影响

在ZSM-5合成中，酸浸过程中所使盐酸的浓度是一个重要的影响因素。作为一种复杂原料，CGFS有相对高含量的Fe_2O_3、CaO、MgO和其他组分。这些组分的去除将有利于对硅和铝的提取以及ZSM-5的结晶。一方面，酸浸处理可以提高元素提取的效率。在盐酸溶液的浸泡下，CGFS表面的金属氧化物溶解，促进楔形通道的形成，然后通道逐渐向内扩展[9]。CGFS中的金属氧化物是随机分布的，因此这些组分的缺乏导致通道的不规则连接，并导致树枝状微孔/中孔的形成，这大大提高了细渣颗粒的表面活性，增加了与碱性溶液的接触面积，并且有利于提高碱提取的效率[21]。另一方面，酸浸处理可以有利于优质ZSM-5沸石的生成。CaO的存在会破坏结晶过程中的阴离子骨架结构，并影响沸石结构的转变。最重要的是，ZSM-5属于高硅沸石，合成体系中过量的铝含量通常会导致水热产物中产生无定形二氧化硅或其他杂质晶体[22]。然而，CGFS中SiO_2/Al_2O_3的原始摩尔比约为4.22，而酸浸后的酸浸残渣具有更高的SiO_2/Al_2O_3摩尔比，这有助于随后的硅提取和结晶反应。

因此，探究了盐酸浓度对于合成ZSM-5的影响。将不同浓度的盐酸溶液和CGFS均匀混合，在室温下搅拌5 h后，通过电感耦合等离子体发射光谱法（ICP-OES）测量酸浸溶液中铝和铁的浓度。如图3-2(a)所示，在较低的盐酸浓度下，铝浸出量随着盐酸浓度的增加而增加。当盐酸浓度为15%时，铝的浸出量最高，然后随着盐酸浓度的增加而降低。Fe元素的浸出量与盐酸溶液的浓度成反比。考虑到铝的去除效率和盐酸的用量，选择15%作为最佳酸浸浓度，在此浓度下获得的酸浸渣标记为CGS-ALS-15% HCl。该矿渣和CGFS的对比XRD

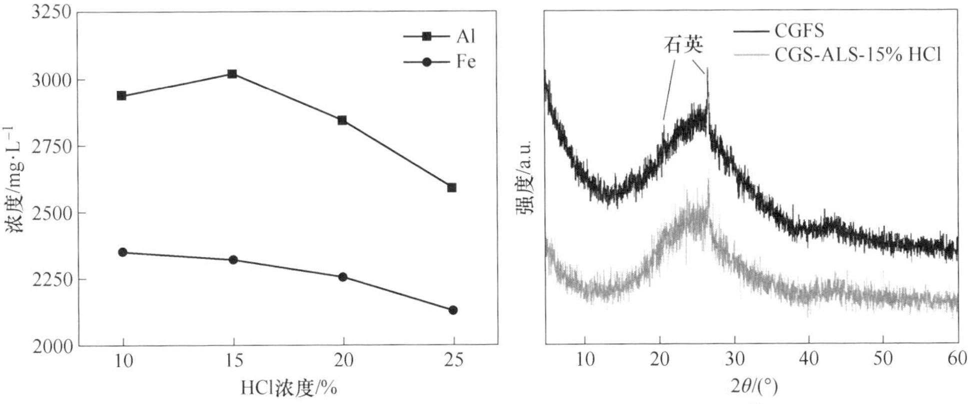

图3-2　酸浸除杂的实验结果

（a）不同浓度盐酸酸浸后酸浸液的铝铁元素浓度；（b）CGFS和CGS-ALS-15% HCl的XRD谱图

谱图如图 3-2(b) 所示。元素含量通过 X 射线荧光光谱（XRF）法测定，结果见表 3-2。CGFS 的主要矿物相为石英，在 12°和 50°处有两个宽峰，表明产物中存在非晶相。酸浸数小时后，CGS-ALS-15% HCl 的晶相没有明显变化，因为石英相很难被盐酸分解，SiO_2/Al_2O_3 的摩尔比增加到约 9.46，SiO_2 的质量分数从 37.74% 增加到 72.99%，Fe_2O_3 和 CaO 的质量分数分别从 9.15% 和 9.14% 减少到 1.50% 和 3.64%。结果表明，酸浸处理对 CGFS 具有良好的杂质去除效果。此外，酸浸溶液可以重复使用，金属离子可以用于合成金属有机框架材料[23-24]。

表 3-2　CGS-ALS-15% HCl 的化学组成　　（质量分数，%）

组成	SiO_2	Al_2O_3	CaO	MgO	Na_2O	K_2O	SO_3	Fe_2O_3
含量	72.99	13.18	3.64	2.26	1.89	1.87	1.52	1.50

对于合成 ZSM-5，碱提取过程中所用氢氧化钠的浓度是另一个重要的影响因素。碱提取溶液的摩尔浓度会影响从酸浸渣中提取硅和铝，使用碱剂 NaOH 会显著增加粗糙度，使表面断裂，并倾向于使基质膨胀，对孔壁施加压力，从而产生额外的空位[25-26]。此外，钠离子的引入对 MFI 分子筛结构的合成有影响[27]。因此，研究不同 NaOH 摩尔浓度下的提取效率有利于后续 ZSM-5 的合成。

碱提取步骤中的原料是通过酸浸获得的 CGS-ALS-15% HCl。从图 3-2(b) 可以观察到酸浸渣中二氧化硅的无定形结构和石英相，结晶相含量不高。通常，无定形二氧化硅具有较高的反应性，因此可以使用碱性溶液水热法从酸浸渣中提取硅。实验结果见表 3-3，随着 NaOH 浓度的增加，硅和铝在碱性提取物中的溶解速率增加，硅的提取速率从 45.71% 增加到 76.70%。硅提取率可通过以下公式计算：

$$\text{提取率} = \frac{\text{提取液中 Si 质量}}{\text{原料中 Si 质量}} \times 100\% \tag{3-1}$$

表 3-3　不同浓度 NaOH 溶液对 CGS-ALS-15% HCl 中硅铝元素的提取结果

NaOH 浓度 /mol · L^{-1}	Si 含量/%	Al 含量/%	$n(Si)/n(Al)$	$n(SiO_2)/n(Al_2O_3)$	Si 的提取率/%
1	1.56	167×10^{-4}	90.32	45.16	45.71
1.5	1.664	368×10^{-4}	43.38	21.69	48.75
2	2.063	503×10^{-4}	39.25	19.63	60.23
3	2.491	927×10^{-4}	25.96	12.98	72.20
4	2.628	1282×10^{-4}	19.79	9.90	76.70

NaOH 含量的增加意味着溶液的碱性增加，这有利于 Si 和 Al 的溶解。同时，由于 Fe^{3+} 和 Ca^{2+} 等杂质难以以离子的形式存在于高 pH 值溶液中，这可以确保获

得的碱性提取物更纯净。此外，NaOH 溶液浓度的增加也导致碱性提取的 SiO_2/Al_2O_3 摩尔比降低，这可以通过 Al_2O_3 和 NaOH 之间的以下反应来解释：

$$Al_2O_3 + 2NaOH \longrightarrow 2NaAlO_2 + H_2O \qquad (3\text{-}2)$$

$$AlO_2^- + 2H_2O \rightleftharpoons Al(OH)_3 + OH^- \qquad (3\text{-}3)$$

碱度的增加会加大对非晶相组分的破坏，并增加了硅和铝的溶解速率，见式（3-2）。同时，反应式（3-3）中的水解平衡倾向于向左移动，减少了 $Al(OH)_3$ 沉淀的形成，减轻了过滤过程中 Al 元素的损失，并进一步增加了 Al 提取量。碱提取后，残留物可作为合成碳硅复合材料的原料[12,21,28-29]。

3.1.5 CGFS 基 ZSM-5 的表征

由 CGFS 合成具有不同 $n(SiO_2)/n(Al_2O_3)$ 的 ZSM-5 沸石的 XRD 谱图如图 3-3 所示。制备的样品命名为 ZSM-5-xM（x = 1、1.5、2、3 和 4），其中 x 表示 NaOH 浓度，M 表示 mol/L，所有样品在 2θ = 7.9°、8.8°、23.2°、23.9°和 24.4°处显示出典型的 ZSM-5 特征衍射峰。除 ZSM-5-4M 外，其他样品具有尖锐的峰形，没有明显的杂质峰，这表明所合成的 ZSM-5 沸石是高纯度的。ZSM-5-4M 的特征峰强度很弱，峰形较弥散，表明其结晶性较差。随着结晶体系中二氧化硅与氧化铝摩尔比的降低，制备的 ZSM-5 特征峰强度逐渐减弱，特征峰在 22.5°和 25°倾向于合并和变宽，结晶度也逐渐降低。在低硅铝比下合成沸石 ZSM-5 通常比较困难，因为合成条件的合适范围相当窄。过高的铝含量导致前驱体提前水解，形成高浓度凝胶，并且产物中容易生成异质晶体相或非晶相的 SiO_2[22]，然而，图 3-3 所示已合成的样品中没有明显的杂质晶体特征峰，并且在低硅铝比条件下，ZSM-5-1.5M 和 ZSM-5-2M 保持了 MFI 结构的尖峰形状和高结晶度。

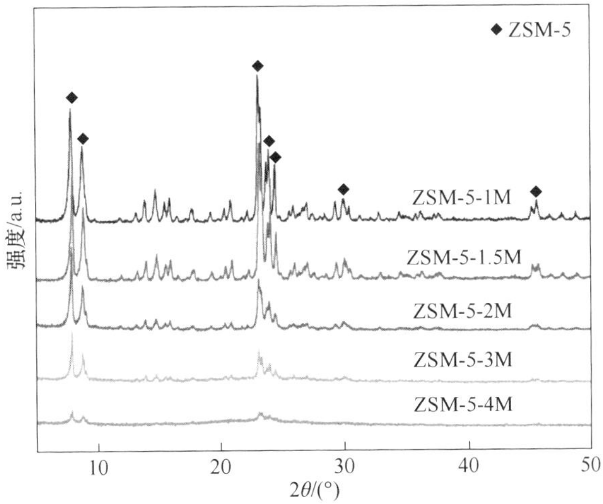

图 3-3 CGFS 制备 ZSM-5 分子筛的 XRD 谱图

FT-IR 用于表征样品中存在的化学键。FT-IR 分析结果如图 3-4 所示，五个样品都显示出与典型 ZSM-5 结构一致的振动峰。在铝硅酸盐和多晶二氧化硅中，通常可以在 950 ~ 1250 cm^{-1}区域观察到强烈振动，1100 ~ 1231 cm^{-1}附近的峰归因于 TO_4 四面体中 T—O—T（T ═ Si 或 Al）键的不对称拉伸振动[30-31]。977 cm^{-1}处的峰值可能归因于沸石表面 O_3Si—OH 结构的 Si—OH 中羟基的拉伸振动[30]。795 cm^{-1}处的峰值对应于 T—O 键的对称拉伸振动[32]。550 cm^{-1}处的吸收带与 ZSM-5 的结构有关，对应于 MFI 沸石六元环和五元环中 T—O—T 键的弯曲振动[33]。

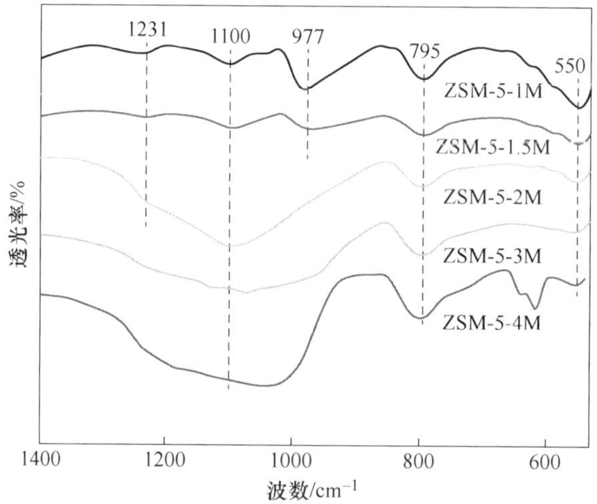

图 3-4　CGFS 基 ZSM-5 分子筛的 FT-IR 谱图

XRF 可用于分析 CGFS 基 ZSM-5 沸石的硅铝比，结果见表 3-4。与原料相比，可以看出最终合成 ZSM-5 样品的实际硅铝比低于原料的硅铝比，这与 Xue 等人的结果一致[34]。这是由于在碱性介质中 Si 元素的利用率低于 Al 元素。所有样品的 SiO_2/Al_2O_3 摩尔比均小于 20，可以认为合成的 ZSM-5 是超低硅铝比的。

表 3-4　CGFS 基 ZSM-5 分子筛的 XRF 结果

样品	Si 含量/%	Al 含量/%	$n(Si)/n(Al)$	$n(SiO_2)/n(Al_2O_3)$
ZSM-5-1M	45. 33	1. 20	36. 82	18. 41
ZSM-5-1. 5M	44. 38	1. 99	21. 51	10. 76
ZSM-5-2M	42. 20	2. 95	13. 83	6. 92
ZSM-5-3M	34. 47	4. 53	7. 34	3. 67
ZSM-5-4M	37. 61	6. 26	5. 79	2. 90

此外，利用 SEM 分析样品的形貌。CGFS 和 ZSM-5 沸石样品的 SEM 图像如

图 3-5 所示。本实验中使用的 CGFS 是灰黑色的细颗粒，其 SEM 图像显示 CGFS 具有球形颗粒和多孔块组分混合在一起的微观形态。细炉渣来自粗合成气中夹带的飞灰，由于高温气化过程，完全熔化的成分呈小球状。此外，粗块来自部分熔化的组分和残余碳颗粒[3,35-36]。

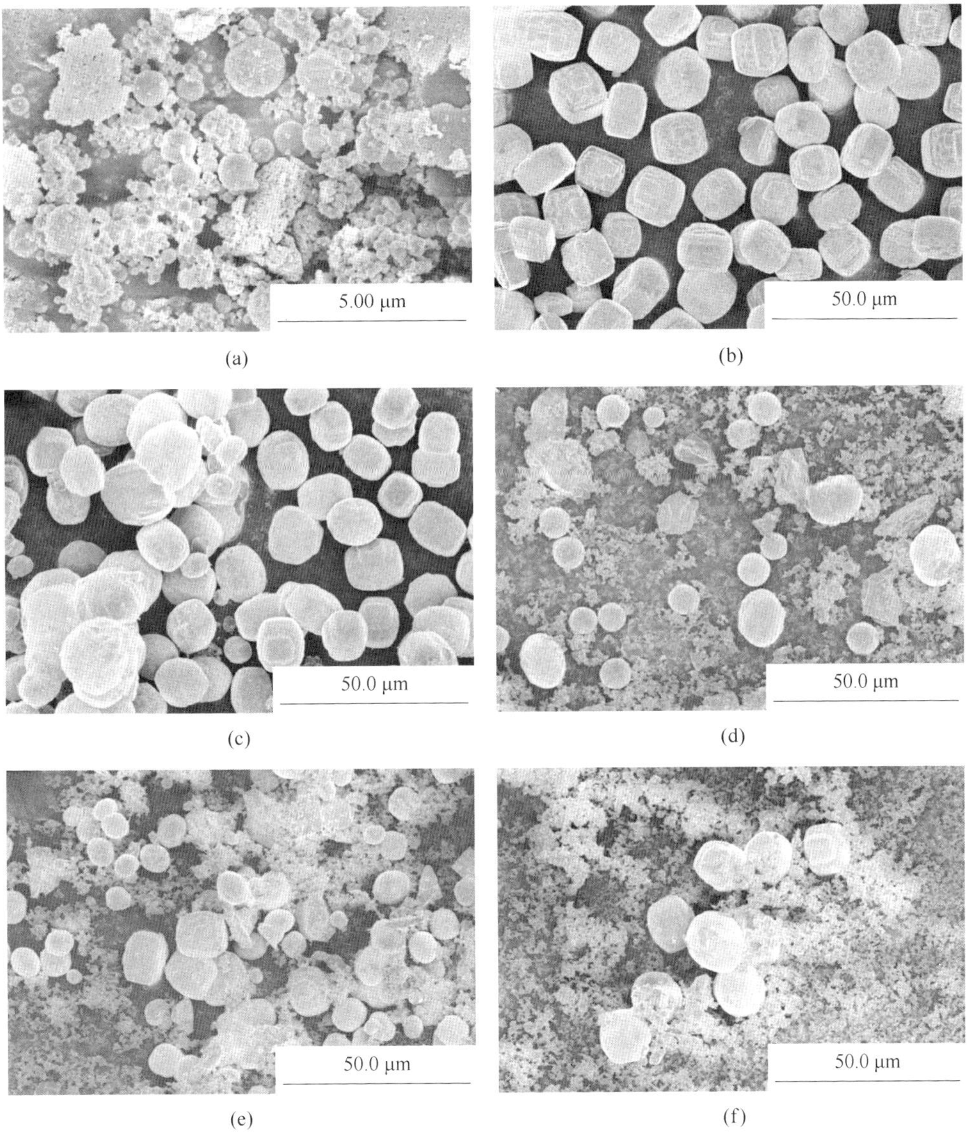

图 3-5 CGFS 及其衍生 ZSM-5 分子筛的 SEM 图像

(a) CGFS；(b) ZSM-5-1M；(c) ZSM-5-1.5M；(d) ZSM-5-2M；
(e) ZSM-5-3M；(f) ZSM-5-4M

对于 ZSM-5 样品，随着 NaOH 溶液浓度的增加，ZSM-5 颗粒的形状和尺寸逐渐变得不规则且分布不均，除 ZSM-5 晶粒外还有更多杂质。其中，ZSM-5-1M 的形态是最规则和最均匀的，由粒径约 13.7 μm 的椭圆形颗粒组成，具有多层结构。ZSM-5-1.5M 也具有相对规则的形态和结构，但粒度分布变得更宽，不同晶粒尺寸的椭球形颗粒和球形颗粒结合在一起。ZSM-5-1.5M 的粒径约为 13.5 μm，并且晶粒数量依然很多。ZSM-5-2M、ZSM-5-3M 和 ZSM-5-4M 的形态主要以 ZSM-5 晶粒、不规则块体和细絮体共存为特征，这可能是因为增加的碱和硅酸盐浓度会导致低温下共熔体的形成，并通过产生碱式硅酸盐而形成团聚[37]。ZSM-5 的晶体尺寸通常小于 ZSM-5-1M，其形状更趋于球形。比较 ZSM-5 晶粒和 ZSM-5-2M 中絮状物的 EDS 能谱结果，可以发现 ZSM-5 晶粒含有 35.82% 的 Si 和 4.32% 的 Al，硅铝比为 7.996，而絮状物含有 36.70% 的 Si 和 1.23% 的 Al，硅铝比为 26.61，因此絮状物中的 Al 元素较少。因为 XRF 收集了整个样品（包括 ZSM-5 和絮状物）的元素组成，所以 XRF 测量的硅铝比高于能量色散光谱仪（EDS）的数据[38-39]。

在 BELSORPMax 上进行了 N_2 吸附-脱附测试，合成 ZSM-5 的相应结果如图 3-6 和表 3-5 所示。孔隙结构的性质随着碱浸浓度（或硅铝比）的变化呈现出一定的规律性。除 ZSM-5-3M 和 ZSM-5-4M 外，其他样品在图 3-6(a) 中显示出相对明显的回滞环，N_2 吸附-脱附曲线符合Ⅳ型等温线，回滞环属于 H4 型，表明材料中存在中孔和微孔[40]。ZSM-5-3M 和 ZSM-5-4M 的行为接近于Ⅰ型物理吸附模式。随着碱浸浓度的增加，样品中的中孔数量减少，同时总孔体积也迅速减少。合成 ZSM-5 的孔径分布如图 3-6(b) 所示，孔径集中在 0.48～0.59 nm 之间，并且在 ZSM-5-1M 和 ZSM-5-1.5M 中存在一些 1～2 nm 之间的微孔。有趣的是，ZSM-5-1M、ZSM-5-1.5M 和 ZSM-5-2M 在 2～4 nm 之间具有一定量的介孔分布，这与 N_2 吸附-脱附等温线的结果一致，中孔的形成可能源于合成系统中高浓度碱性溶液对沸石结构的腐蚀。表 3-5 列出了详细的孔隙结构参数，碱液浓度的增加会导致硅铝比增加，ZSM-5 的结晶度降低，进而也导致产物的比表面积和孔体积降低。在所有样品中，ZSM-5-1M 具有最大的比表面积（299 m^2/g）和中孔体积（0.067 cm^3/g）。

表 3-5　ZSM-5 样品的孔结构表征结果

样品	比表面积 /$m^2 \cdot g^{-1}$	V_{total} /$cm^3 \cdot g^{-1}$	V_{micro} /$cm^3 \cdot g^{-1}$	V_{meso} /$cm^3 \cdot g^{-1}$
ZSM-5-1M	299	0.164	0.097	0.067
ZSM-5-1.5M	285	0.160	0.101	0.059
ZSM-5-2M	188	0.108	0.063	0.045
ZSM-5-3M	111	0.067	0.040	0.027
ZSM-5-4M	35	0.031	0.011	0.020

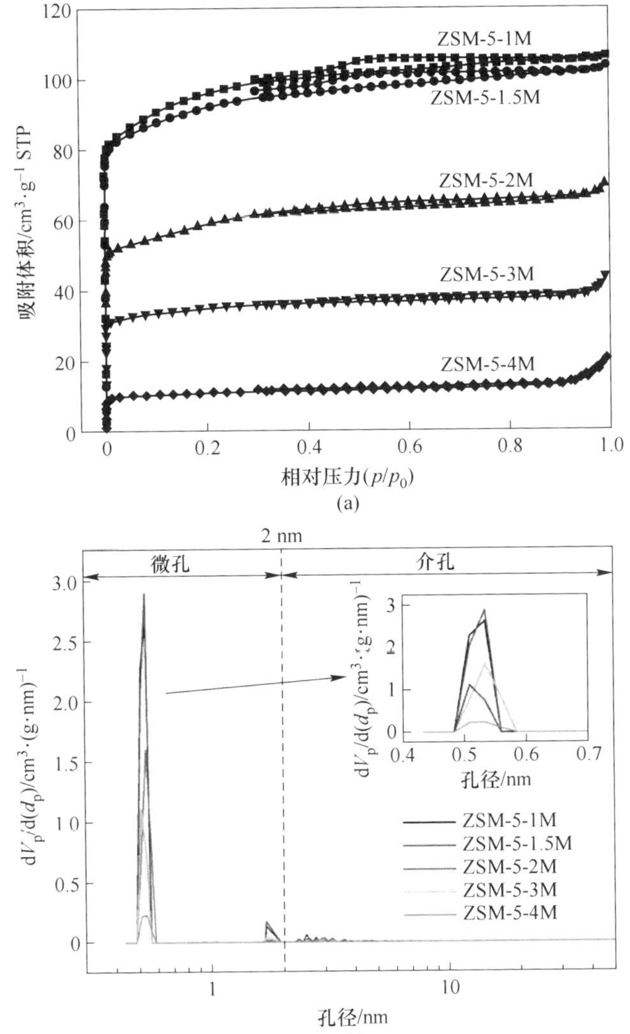

图 3-6 彩图

图 3-6　ZSM-5 样品的 N_2 吸附-脱附等温线（a）和孔径分布（b）

分子筛的酸性位点数量与性质是影响催化反应性能的重要因素。综合考虑产物的结晶度、孔结构和产量等因素，对 ZSM-5-1M/1.5M/2M 三种产物通过 NH_3 程序升温解吸（NH_3-TPD）测试确定材料的酸度，结果如图 3-7 和表 3-6 所示。ZSM-5 的典型 NH_3-TPD 曲线通常显示两个明显的解吸峰：低温下的峰被定义为弱酸位点，高温下的峰是强酸位点[41-43]。NH_3-TPD 曲线可以分为三部分：230 ℃以下的弱酸峰、230～350 ℃的中强酸峰、350～600 ℃处的强酸峰。定量计算具有不同强度的峰面积，结果表明：ZSM-5-1.5M 的总酸、弱酸和中强酸含量最多，强酸含量最少；ZSM-5-2M 具有第二高的总酸量；尽管结晶度最好，但 ZSM-5-1M 的总酸含量最少。对于所有 ZSM-5 样品，随着硅铝比降低，中强酸和强酸峰的峰位置向更高的温度移动，表明酸强度增强。

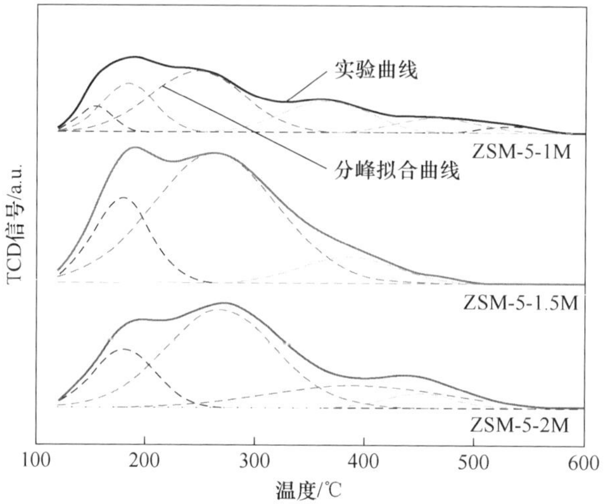

图 3-7　CGFS 基 ZSM-5 的 NH_3-TPD 谱图

表 3-6　ZSM-5 样品的酸性质

样品	酸量/mmol · g^{-1}			
	总酸	弱酸	中强酸	强酸
ZSM-5-1M	0.230	0.059	0.098	0.073
ZSM-5-1.5M	0.451	0.094	0.308	0.049
ZSM-5-2M	0.352	0.064	0.198	0.090

3.1.6　吸附性能

ZSM-5 具有良好的耐酸性、水热稳定性和选择性吸附等优点，因此在吸附和降解污染物方面具有潜在的应用前景。在相同条件下对五种合成的 ZSM-5 沸石进行了 MB 吸附试验，结果如图 3-8 所示。具体步骤是：将 5 mg 的 ZSM-5 样品置于 25 mL 的 20 mg/L MB 溶液中，pH 值为 7，温度为 25 ℃，然后将吸附时间设定为 60 min。达到吸附平衡后，发现 ZSM-5-2M 的 MB 去除率最高，两组的平均值为 25.63%。

溶液的 pH 值是影响吸附效果的关键因素之一，也是评估官能团解离的调节因素[44]。保持温度（25 ℃）在吸附时间（60 min）不变的情况下，将 20 mg 的 ZSM-5-2M 添加到 25 mL 的 20 mg/L MB，但 pH 值不同的溶液中，MB 去除率与

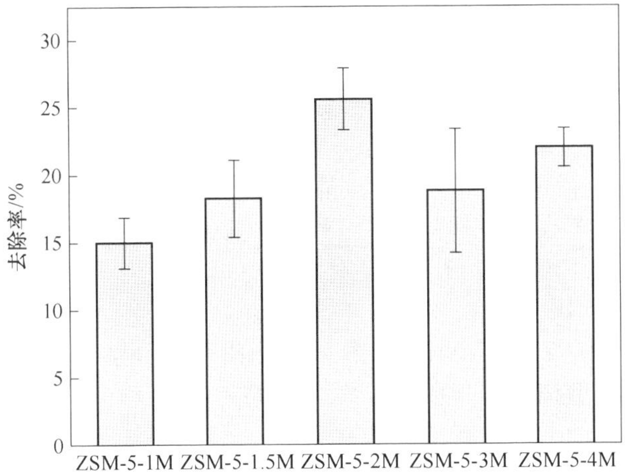

图 3-8 不同合成条件的 ZSM-5 样品对 MB 溶液去除率的影响

达到吸附平衡后 pH 值之间的关系，如图 3-9 所示。当 pH 值小于 9 时，MB 去除率随着 pH 值升高迅速增加，这是由于吸附系统中 H^+ 和 MB 分子之间的竞争关系[45]。pH 值升高后，阳离子染料和沸石之间的静电吸引力增加，从而增加吸附容量。在 pH 值为 9 时，MB 的去除率高达 82.07%，当 pH 值为 11 时，去除率略有下降。此外，测试了 ZSM-5-2M 在不同 pH 值下的 zeta 电荷，如图 3-9 所示，当 pH 值 $\geqslant pH_{pzc}$ 时，阳离子吸附更加显著，而阴离子吸附在 pH 值 $\leqslant pH_{pzc}$ 下占主导地位[44]。根据结果，在碱性 pH 值下，ZSM-5-2M 很容易接受阳离子染料 MB。但当 pH 值大于 7 时，随着 pH 值的增加，溶液中的阴离子 OH^- 增加，反而抑制 MB 的吸附。

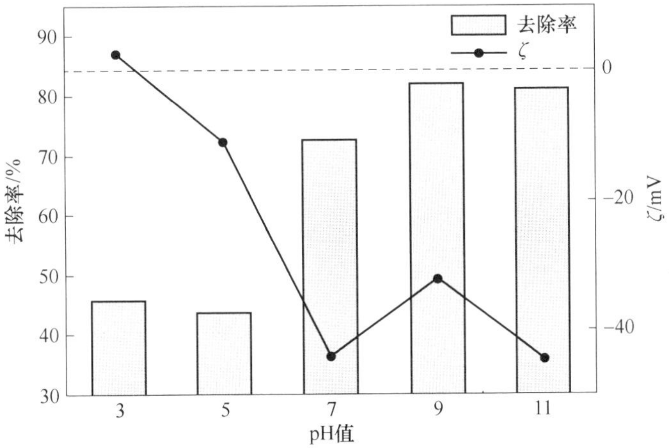

图 3-9 pH 值对 ZSM-5 吸附 MB 吸附率的影响以及 ZSM-5 的 zeta（ζ）电位

为了研究初始 MB 浓度与吸附容量之间的关系，将 20 mg 的 ZSM-5-2M 样品添加到 25 mL 不同浓度的 MB 溶液中，pH 值为 9，温度为 25 ℃，测定了 ZSM-5-2M 在不同吸附时间下的吸附容量和去除率，研究了 ZSM-5-2M 对 MB 的吸附动力学。实验结果如图 3-10(a) 和 (b) 所示，ZSM-5-2M 在 5 min 内达到较高的吸附容量水平，并在 10 min 后吸附容量缓慢增加。随着时间的延长，吸附量上下波动，这是由于存在吸附-解吸动态平衡。初始 MB 浓度的增加提高了平衡吸附容量，并且在较高浓度的 MB 中吸附效果更显著。当 MB 浓度为 70 mg/L 时，吸附容量达到约 42.03 mg/g，显示出良好的去除性能。

为了进一步研究 ZSM-5-2M 对 MB 的吸附机理，分别使用伪一阶动力学模型和伪二阶动力学模型拟合实验数据，拟合结果如图 3-10(c) 和 (d) 以及表 3-7 所示。使用伪二阶动力学方程拟合的 R^2 较高，计算的 q_e 接近实际实验的平衡吸附能力，可以认为 ZSM-5-2M 的吸附过程更符合伪二阶动力学模型。伪二阶动力学方程假设吸附机理包括表面吸附、外部液膜扩散和颗粒内部扩散等过程，这反映了 MB 在 ZSM-5-2M 上的吸附机理[46]。

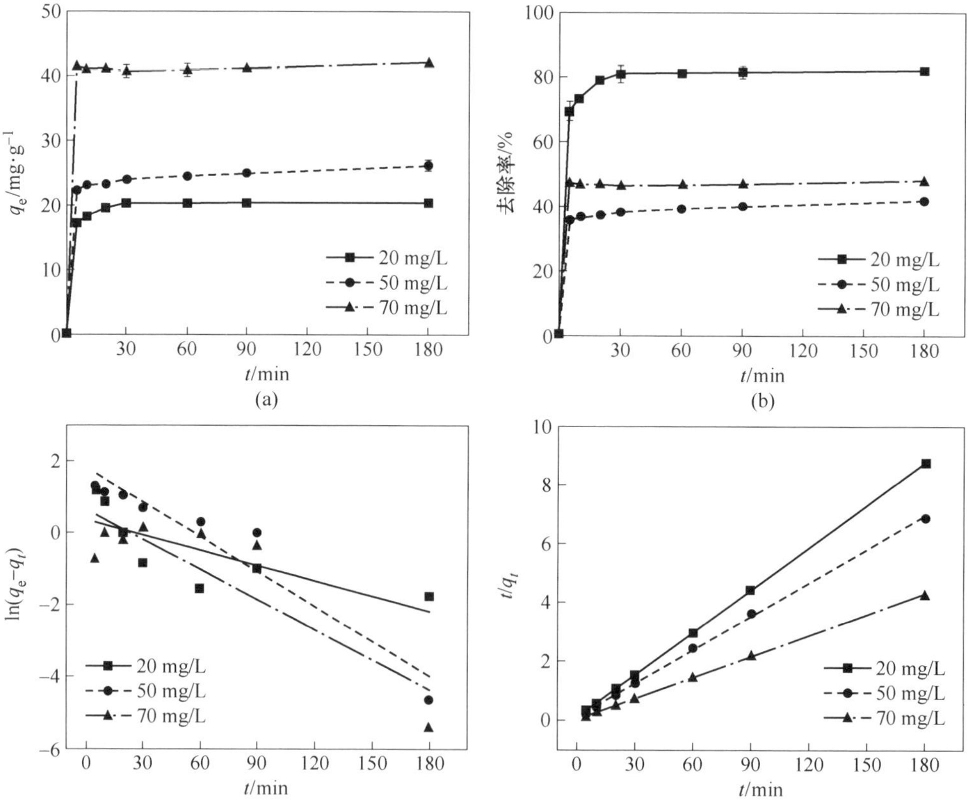

图 3-10　初始 MB 浓度对 ZSM-5-2M 吸附 MB 量的吸附量（a）、去除率（b）、伪一阶（c）和伪二阶（d）吸附动力学拟合结果

表 3-7 ZSM-5-2M 对 MB 的吸附动力学参数

MB 初始浓度 /mg·L^{-1}	伪一阶动力学模型			伪二阶动力学模型		
	q_e /mg·g^{-1}	k_1 /min^{-1}	R^2	q_e /mg·g^{-1}	k_2 /g·(mg·min)$^{-1}$	R^2
20	1.45	0.0144	0.5276	20.62	0.0513	0.99998
50	5.94	0.0321	0.903	26.25	0.0151	0.99915
70	1.81	0.5907	0.68938	42.03	0.0323	0.9998

为了评估等温吸附过程，将 20 mg 的 ZSM-5-2M 加入 25 mL 不同浓度的 MB 溶液中，pH 值为 9，并在不同的吸附温度（298 K、308 K、318 K）下进行平衡吸附。图 3-11(a) 显示了 ZSM-5-2M 在不同温度和不同浓度下的 MB 吸附等温

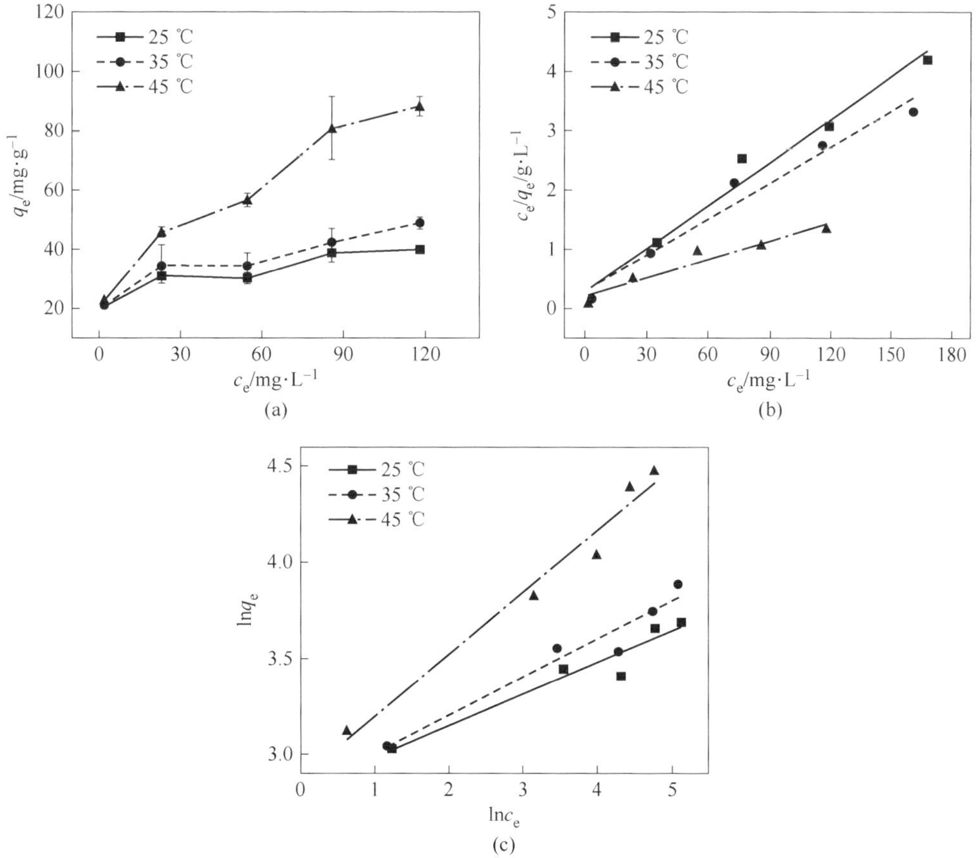

图 3-11 ZSM-5-2M 对 MB 的吸附等温线（a）、Langmuir 模型（b）、Freundlich 模型（c）拟合曲线

线。图 3-11(b) 和 (c) 是通过 Langmuir 和 Freundlich 吸附等温线模型对实验数据的分析，相应的参数列于表 3-8 中。对于 ZSM-5-2M，其吸附容量随初始 MB 浓度和温度的增加而升高。较高的温度可以增强 MB 的吸附，表明材料对 MB 的吸附是一个吸热过程。Langmuir 模型的相关系数 R^2 在较低温度 (298 K 和 308 K) 时更高，而 Freundlich 模型的拟合水平在较高温度下变得更高。Langmuir 模型阐明了吸附剂表面的均匀性和吸附 MB 为单分子层[47]。当温度为 40 ℃时，ZSM-5-2M 的吸附等温线更适合 Freundlich 模型，表明当温度升高时，吸附活性位点可能不均匀[48]。根据 Langmuir 模型，MB 在 ZSM-5-2M 上的最大吸附容量为 97. 66 mg/g。此外，表 3-9 显示了由固体废弃物合成的不同吸附剂对 MB 吸附能力的比较。可见，利用固体废弃物合成的 ZSM-5 具有高比表面积和良好的 MB 吸附性能。然而，目前还没有关于使用 CGFS 合成 ZSM-5 沸石及吸附 MB 的研究，与使用其他固体废弃物合成的 MB 吸附剂相比，本节中制备的 ZSM-5 具有更高的比表面积和 MB 吸附性能[49]。

表 3-8　ZSM-5-2M 对 MB 的吸附等温线参数

T/K	Langmuir 模型			Freundlich 模型		
	q_m /mg · g^{-1}	K_L /L · mg^{-1}	R^2	K_F /(mg/g) · (mg/L)$^{-1/n}$	n /g · L^{-1}	R^2
298	41. 56	0. 0853	0. 97027	16. 80	6. 0968	0. 90053
308	49. 83	0. 0665	0. 9536	16. 44	4. 9958	0. 928331
318	97. 66	0. 0484	0. 90497	17. 68	3. 1000	0. 9621

表 3-9　固体废弃物合成吸附剂的比表面积和 MB 吸附的文献综述

原料	吸附剂	比表面积 /m^2 · g^{-1}	吸附量 /mg · g^{-1}	参考文献
赤泥	ZSM-5	734	270. 72	[50]
班克高岭土	ZSM-5	333	134	[51]
生物质发电厂灰	ZSM-5	250 ~ 320	120 ~ 160	[52]
粉煤灰	沸石	5. 1 ~ 10	23. 70 ~ 50. 51	[53]
煤气化飞灰	NaX 沸石	—	127. 13	[54]
油棕灰	沸石活性炭	615. 406	143. 47	[55]
油棕灰/壳聚糖	沸石/壳聚糖	82. 96	151. 51	[56]
飞灰	NaP1CS 沸石	98. 49	9. 34	[57]
稻壳灰	Y 型沸石	137. 30	133. 1	[58]

续表 3-9

原料	吸附剂	比表面积 /$m^2 \cdot g^{-1}$	吸附量 /$mg \cdot g^{-1}$	参考文献
粉煤灰	SDBS@ FA80	54.3	50.76	[59]
粉煤灰	D-FA	66.39	28.65	[60]
粉煤灰	沸石 X（CZX）	762.9	250.41	[61]
粉煤灰	地质聚合物球体	—	79.7	[62]
煤气化细渣	ZSM-5	299	97.66	本研究

采用热力学公式研究了吸附过程中的吸附特性，相关热力学参数见表 3-10。在 ZSM-5-2M 对 MB 的吸附过程中，$\Delta G^{\ominus}$的值小于零，这意味着吸附过程自发进行。$\Delta H^{\ominus}$为正值表示该吸附过程为吸热的，这与吸附热的结果一致。$\Delta S^{\ominus}$为正值表示在固液界面吸附过程中自由度增加，同时也说明了固液界面吸附的随机性[63]。

表 3-10 ZSM-5-2M 对 MB 的吸附热力学参数

$\Delta H^{\ominus}$/kJ · mol^{-1}	$\Delta S^{\ominus}$/J · $(mol \cdot K)^{-1}$	$\Delta G^{\ominus}$/kJ · mol^{-1}		
		298.15 K	308.15 K	318.15 K
31.022	117.96	−4.147	−5.327	−6.506

由于实际废水中通常含有多种污染物，并非只有一种污染物存在，因此还研究了其他离子对 ZSM-5-2M 对 MB 吸附性能的影响。将其他离子如 F^-、SO_4^{2-}、Cl^-和 CH_3COO^-引入到 MB 溶液中，图 3-12(a) 为不同离子存在下 ZSM-5-2M 对 MB 的吸附去除率。可见，这些添加的离子对吸附有抑制作用。对于 MB 的吸附，抑制作用顺序为：$CH_3COO^- > Cl^- > SO_4^{2-} > F^-$。吸附剂的回收利用对节约成本至关重要。因此，通过再生实验探索 ZSM-5-2M 吸附去除 MB 的可重复使用性。从图 3-12(b) 可以看出，ZSM-5-2M 的吸附效率在四个循环中略有下降，因此制备的 ZSM-5-2M 具有良好的可回收性。此外，还选择了北京小月河、圆明园福海湖和自来水的真实水样，制备了 20 mg/L 的 MB 溶液，对 ZSM-5-2M 进行吸附实验。图 3-12(c) 显示，真实水样的吸附容量低于去离子水，这可能是由于水样中存在竞争性吸附离子，但合成的 ZSM-5-2M 仍具有良好的吸附性能。

通过去除废水中的其他染料分子，考察了 ZSM-5-2M 的吸附选择性。在 25 ℃条件下，进行了不同接触时间下 MG、RhB、CR 和 MO 在 ZSM-5-2M 上的吸附实验。从图 3-12(d) 可以看出，ZSM-5-2M 对 MG 和 RhB 的吸附能力明显高于 CR

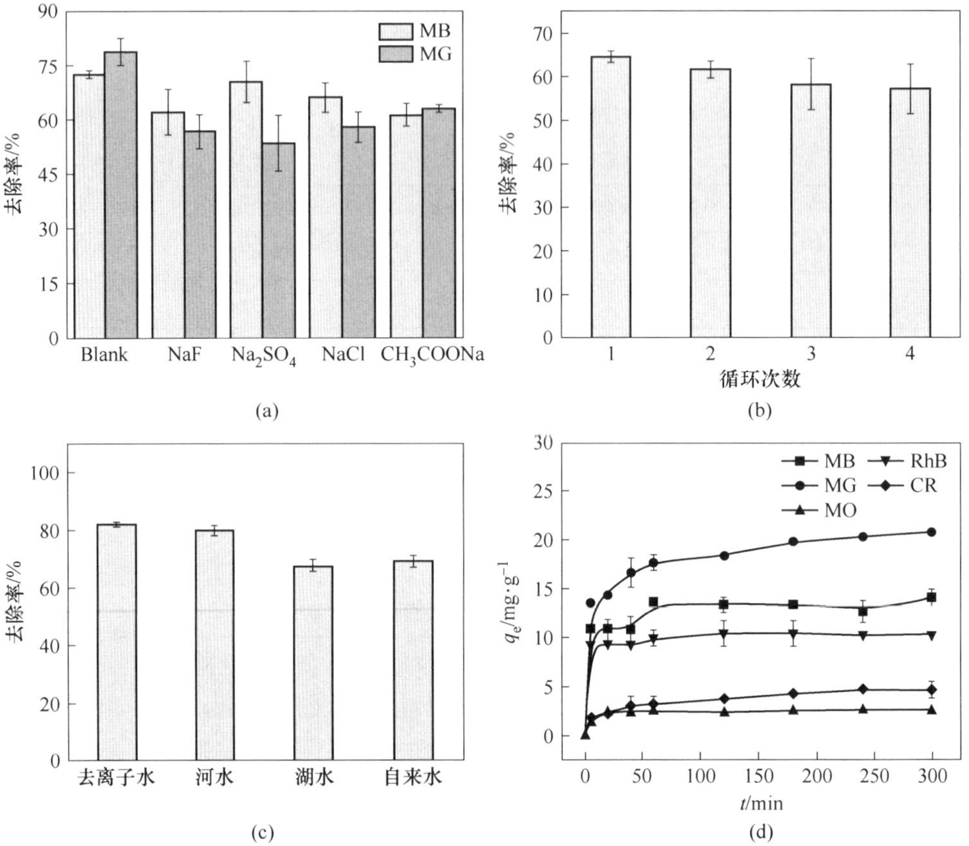

图 3-12　其他离子对 MB 和 MG 吸附的影响（a）、可回收性（b）、MB 在不同水样中的吸附（c）和 ZSM-5-2M（5 mg，20 mg/L）在不同时间对不同染料分子的吸附量（d）

和 MO；此外，在吸附开始时，由于存在大量活性位点，吸附过程非常快。但随着接触时间的延长，吸附位点趋于饱和，吸附速度减慢，最终趋于平衡。MG 和 RhB 具有较好吸附效果的结果与 MB 的吸附结果一致，因为它们是典型的阳离子染料，这可能主要是由于静电相互作用的存在。

3.1.7　吸附机理

为了说明 ZSM-5-2M 从水溶液中吸附 MB 的吸附机理，提供了吸附 MB 前后 ZSM-5-2M 的 XRD、N_2 吸附-脱附、FT-IR，如图 3-13 所示。从图 3-13(a) 中可以看出，ZSM-5-2M 吸附 MB 后，它的 XRD 峰强度减弱。但从衍射图中可以观察到，对应于 ZSM-5-2M 的所有典型 XRD 峰都是完整的，表明在吸附 MB 后，

ZSM-5-2M 的晶体结构没有被破坏[64]。同时，对吸附前后的 ZSM-5-2M 进行了 N_2 吸附-脱附测试［见图 3-13(b)］，ZSM-5-2M 的比表面积显著降低（从 188 m^2/g 降至 135 m^2/g），表明 MB 吸附过程中存在孔隙填充效应[65]。此外，这一结果也可能是由于 MB 分子吸附在 ZSM-5-2M 的表面上，导致测试的比表面积减少。这些结果从侧面证实了 MB 分子被 ZSM-5-2M 吸附。然后，进行 FT-IR 测试以阐明 ZSM-5-2M 和 MB 之间的吸附机理。从图 3-13(c) 可以看出，MB 染料分子在吸附后的 FT-IR 中在 2972 cm^{-1} 和 2925 cm^{-1} 处出现了两个特征峰，分别对应于 MB 中甲基上的 C—H 对称和不对称拉伸峰，这证明 MB 被吸附在材料表面[66-67]。

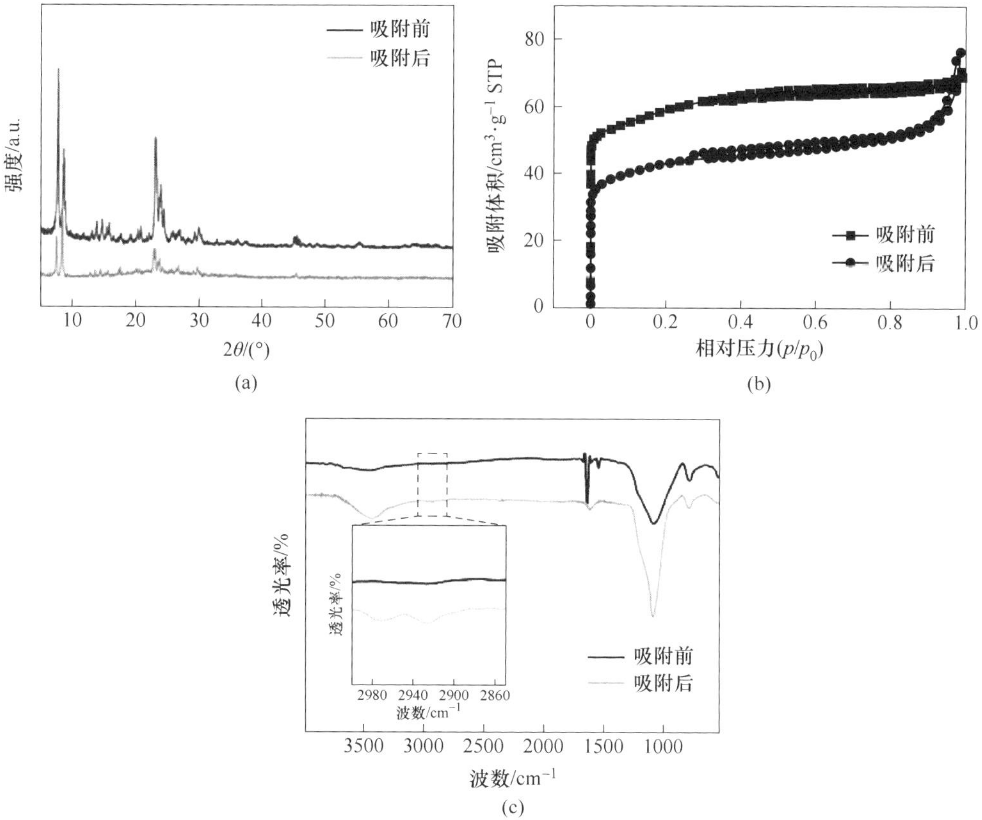

图 3-13 吸附前后 ZSM-5-2M 的 XRD（a）、N_2 吸附-脱附曲线（b）和 FT-IR 分析（c）

此外，还使用 SEM 分析吸附后的形貌。图 3-14 提供了吸附 MB 后 ZSM-5-2M 的 SEM 图像。与吸附前后的 ZSM-5-2M 相比，ZSM-5-2M 的原始颗粒结构基本上没有变化，这与图 3-13(a) 中 XRD 谱图中峰形状的完整性相匹配。然而，材料的表面变得粗糙，原本光滑的椭圆形颗粒表面附着了许多极细的片状物质，表明 MB 染料分子被 ZSM-5-2M 吸附。

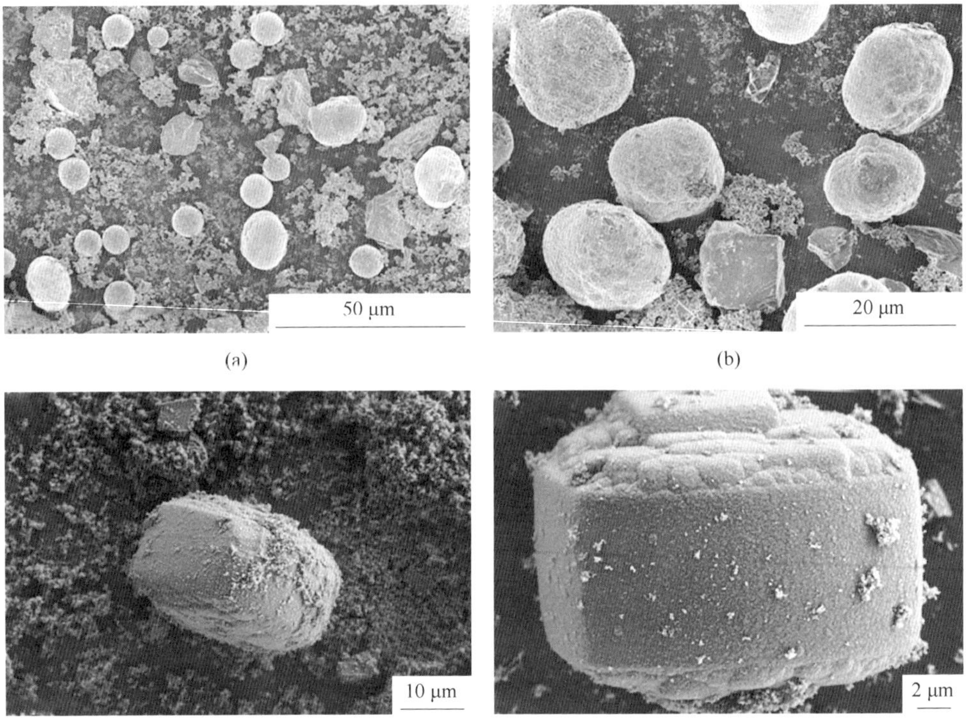

(a)　(b)　(c)　(d)

图 3-14　吸附前（a）（b）和吸附后（c）（d）ZSM-5-2M 的 SEM 分析

3.1.8　结论

以 CGFS 为原料，制备了具有超低硅铝比和分级多孔结构的 ZSM-5 沸石。酸浸可以提高 Si/Al 比并减少杂质，并且随着碱提取溶液浓度的增加，提取富硅溶液中的 $n(SiO_2)/n(Al_2O_3)$ 降低至 9.90，而硅提取率提高至 76.70%。由不同浓度碱提取液制备的 ZSM-5 沸石表现出不同的特征，碱提取物浓度的增加会导致 ZSM-5 的结晶度降低，微观形态的不规则性以及比表面积的降低。值得注意的是，所有样品的 $n(SiO_2)/n(Al_2O_3)$ 均低于 20，这可以被认为是具有超低硅铝比的 ZSM-5 沸石。通过 MB 去除实验评价了吸附性能，结果表明 ZSM-5-2M 具有最佳的吸附能力。在 pH 值为 9 时，最佳吸附效率可达 82.07%，Langmuir 模型计算的最大吸附量为 97.66 mg/g。因此，所获得的具有超低硅铝比和分级结构的 ZSM-5 沸石可以为环境修复提供良好平台。

3.2　CGCS 基 P 型沸石分子筛的合成及吸附性能

3.2.1　概述

近年来，对煤基固废的处理是一个广受社会关注的问题，由于其化学组成和沸石相似，因此可以使用煤基固废为原料合成沸石，以减少制备成本。当前，采用气化渣制备沸石的研究尚处于起始阶段，然而用粉煤灰为原料制备沸石的技术已经相当成熟，因此可以参考粉煤灰制备沸石的方法制备气化渣基沸石。碱熔融-水热合成法主要是将铝硅酸盐基固废与碱一起研磨破坏其物理结构，加水搅拌后，通过水热的方法合成沸石分子筛。

CGS 成分比较复杂，其中包含大量的富含硅铝元素的矿物相。利用 CGS 作为硅铝源替代纯的化学试剂，可以大大降低合成多孔材料的成本。一般而言，非晶态二氧化硅具有较高的反应活性，在比较温和的条件下就可以与酸碱溶液发生反应。莫来石相在室温下相对稳定，通常需要激活才能进行反应[68]。因此，一般需对 CGS 做预处理，预处理后的 CGS 可以更有效地提取硅铝元素，然后在合适的条件下合成多孔材料。目前，微/介孔材料占 CGS 合成多孔材料的大部分，一些 CGS 基材料由于 CGS 中的多孔碳结构而具有较高的比表面积，这表明 CGS 是一种很有前途的制备多孔材料的原料。在之前的许多研究中，所得产物多为硅基分子筛，少数由于残碳的保留而属于碳-硅复合材料。根据 CGS 的特点，采用不同的工艺获得了跨越微孔、介孔、大孔范围的多孔材料。然而，对其他含量较少的元素（如铁和钙），也需要关注与利用[69]。

本研究以 CGCS 为硅铝源，在不额外加入纯硅铝、模板剂的条件下，经过简单酸浸处理后，与氢氧化钠混合后进行水热晶化反应，合成结晶性良好的 P 型沸石，通过 XRD、N_2 吸附-脱附、SEM 和其他方法表征了产物的组成和孔结构，并探究了酸浸浓度、碱灰比、晶化温度、晶化时间等因素对合成 P 型沸石的影响。最后以较常见的水体污染物 MG 为目标污染物，研究了 CGCS 基 P 型沸石对 MG 的吸附能力以及可能的吸附机理。

3.2.2　原材料

实验采用的 CGCS 来自中国宁东煤化工基地，其主要化学成分见表 3-11。

表 3-11　CGCS 样品的化学组成　　（质量分数，%）

组成	Al_2O_3	SiO_2	Fe_2O_3	CaO	Na_2O	MgO	TiO_2	P_2O_5	K_2O
含量	17.08	50.47	13.31	9.81	1.14	2.94	1.04	0.19	2.31

对所用的原料进行了 XRD 表征，进一步了解原料的矿相组成。其 XRD 谱图

如图3-15所示，由图中弥散衍射峰可以看出CGCS中的硅铝等元素主要以无定形相为主，在26°位置上衍射峰比较突出，表明CGCS中存在石英相。

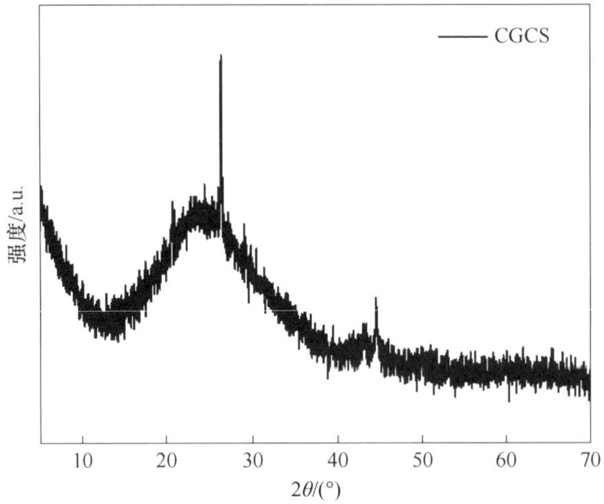

图3-15　煤气化渣原料的XRD谱图

3.2.3　材料制备

将CGCS置入烘箱中干燥12 h，取出研磨后利用200目（74 μm）筛子过筛，之后加入适宜浓度的HCl除杂处理2 h。利用差速离心机分离样品，重复加入去离子水洗涤与离心操作的步骤，直至将样品洗至中性。将干燥后得到的预处理原料与适量的氢氧化钠、水混合后转移到反应釜中，超声10 min使其均匀混合。在373 K温度下反应24 h，自然降温到298 K后取出。将得到的样品用去离子水反复冲洗，并用高速离心机分离，得到中性的P型沸石。最后，放入烘箱中干燥24 h，研磨后得到了P型沸石材料。

3.2.4　不同因素对P型沸石合成的影响

为研究酸浸浓度对P型沸石的影响，将使用的盐酸浓度作为变量进行实验。如图3-16(a)所示，控制酸浸时所使用的盐酸浓度为0～5 mol/L，可以看出当不加入盐酸时，生成的产物峰型与原料相似，材料结晶度较低，其中有大量方钠石（sodalite）和石英相（quartz）生成，还存在少量的羟基黄长石相（bicchulite），但并未观察到P型沸石的衍射峰。当使用盐酸酸浸样品进行P型沸石的制备后，产物中出现了属于P型沸石的特征峰；随着盐酸浓度的提升，P型沸石峰强度变得尖锐，并且属于方钠石相的峰在逐步减少。由此推测，盐酸通过随机溶解CGCS中呈现空间分布的金属氧化物，形成若干通道，并逐渐向内部溶解，从而浸出 Fe、Mg、Ca 等元素。未经酸浸的 CGCS 并不能生成 P 型沸石相，因此不能省略酸浸处理步骤。

实验结果表明，酸浸浓度为 1 mol/L 时，已经出现了 P 型沸石的峰型，但同时从 26°这个峰可以看出还有少量的石英相存在；酸浸浓度为 3 mol/L 时，由峰型可以看出此条件下的 P 型沸石更加纯净，石英相也更少；当酸浸浓度继续升高到 5 mol/L 时，属于 P 型沸石的特征峰变化不大，但是石英峰的特征峰更加突出。因此，选用浓度为 3 mol/L 的盐酸作为最佳的酸浸浓度进行后续实验。

在 P 型沸石的合成中，碱灰比也是重要影响因素，因此探究了碱灰比的影响。如图 3-16(b) 所示，氢氧化钠与 CGCS 质量比为 1∶4 时，样品的 XRD 谱图上基本没有结晶峰，表明此时产物处于高度无序的状态，这可能是由于碱含量过低，与原料中的硅铝反应不充分，从而导致 P 型沸石难以生成。当碱灰比为 1∶2 时，产物中开始出现有 P 型沸石的特征峰，且石英相的峰较小。随着氢氧化钠用量的进一步增加，当碱灰比为 1∶1 时，虽然属于石英相的峰进一步削弱，但是产物中 P 型沸石的峰强度相比碱灰比 1∶2 也同样减弱。因此，在碱灰比 1∶2 时为最优，此时使用的氢氧化钠较少有利于环境保护，且生成的 P 型沸石结晶度更好。

此外，还探究了晶化温度对于 P 型沸石生成的影响。如图 3-16(c) 所示，在晶化温度为 75 ℃时，产物只有在 26°位置处出现了属于石英相的峰，这表明该产物中大多数物质处于高度无序的状态。当温度升高至 100 ℃时，产物的 XRD 谱图中出现了 P 型沸石的特征峰，并且属于石英相的特征谱峰强度有所减弱，证明 100 ℃时合成了 P 型沸石。温度继续上升至 125 ℃时，P 型沸石的特征峰更加尖锐，石英相衍射峰更弱，这表明 125 ℃更有利于 P 型沸石的形成。这可能是因为加热封闭的反应体系时，体系内热运动加快，硅铝酸盐更快地形成凝胶，在氢氧根离子的作用下让凝胶发生更快重排结晶形成沸石。因此，合成温度在 125 ℃是最佳的实验条件。

不同晶化时间的 XRD 谱图如图 3-16(d) 所示。在 12 h 时，P 型沸石的特征峰已经出现但尚不明显，这可能是晶化时间过短导致结晶不完全，在体系中还存在未发生反应的凝胶等结晶前驱体。随着晶化时间增加到 24 h 时，这时样品的 XRD 谱图中 P 型沸石的特征峰变得尖锐，表明 P 型沸石的大量生成。随着晶化时间进一步升高到 36 h 时，此时产物的峰型发生了转变，与原 P 型沸石的特征谱峰不能对应，这可能是在体系中发生了新的物相转变。因此，选用 24 h 为最佳的 P 型沸石晶化时间。

综上所述，本实验采用单因素变量法，通过调节酸浸浓度（1 mol/L、3 mol/L 和 5 mol/L）、碱灰比（1∶1、1∶2 和 1∶4）、晶化温度（75 ℃、100 ℃和 125 ℃）、

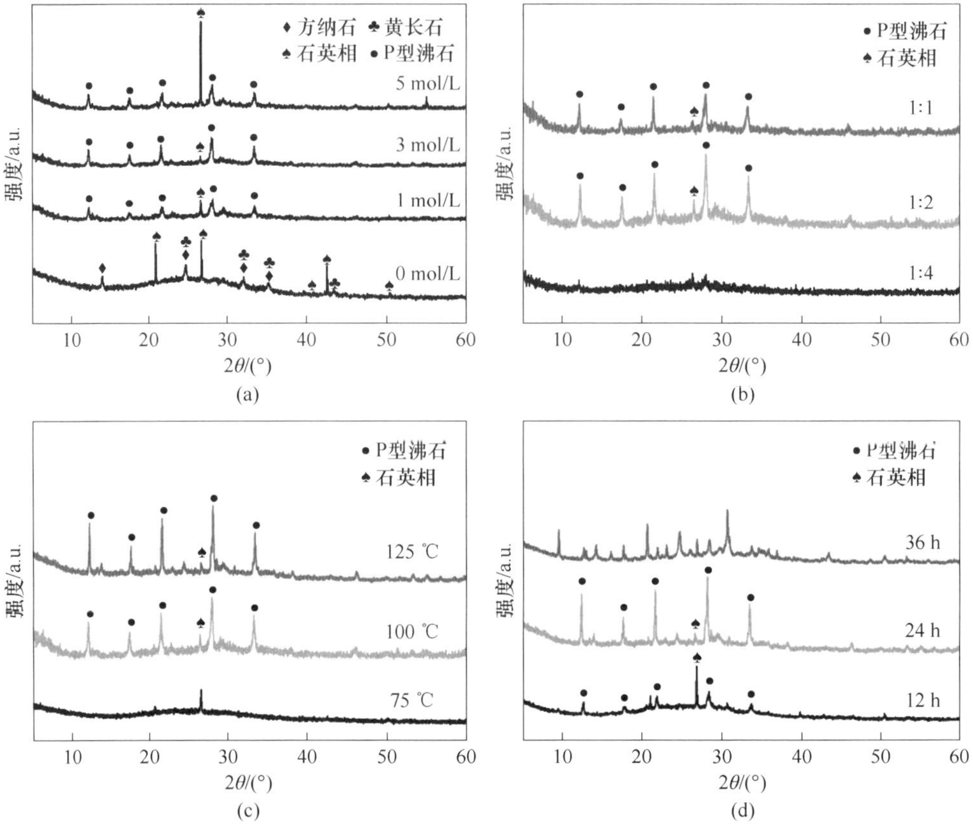

图 3-16　不同反应条件合成 CGCS 基 P 型沸石的 XRD 谱图

（a）酸浸浓度；（b）碱灰比；（c）晶化温度；（d）晶化时间

晶化时间（12 h、24 h 和 36 h），探究水热反应条件对合成 P 型沸石的影响。由实验结果可知，在盐酸处理浓度 3 mol/L、碱灰比 1∶2、晶化时间 24 h、晶化温度 125 ℃的条件下可以合成结晶性良好的 P 型沸石。

3.2.5　CGCS 基 P 型沸石的表征

为了进一步了解合成 P 型沸石的结构特征，选用最优条件下合成 P 型沸石进行结构分析，如 N_2 吸附-脱附实验、FT-IR、SEM 等。所制备 P 型沸石的 N_2 吸附-脱附等温曲线及其对应的孔径分布如图 3-17 所示。CGCS 基 P 型沸石的回滞环与 IUPAC 分类中的 H3 型回滞环相似，与以往报道中的 P 型沸石相符合。表 3-12 总结了 P 型沸石的 BET 比表面积（S_{BET}）、总孔体积以及平均孔径的数值。CGCS 基 P 型沸石的比表面积约为 48 m^2/g，其总孔体积为 0.060 cm^3/g，略低于天然沸石。

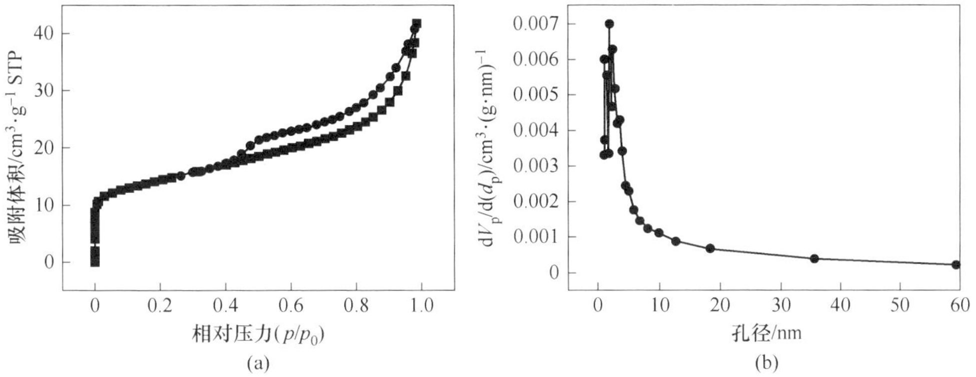

图 3-17　CGCS 基 P 型沸石的 N_2 吸附-脱附曲线（a）及其对应的孔径分布（b）

表 3-12　CGCS 基 P 型沸石样品的孔结构参数

样品	比表面积/$m^2 \cdot g^{-1}$	总孔体积/$cm^3 \cdot g^{-1}$	平均孔径/nm
P 型沸石	48	0.060	0.43

如图 3-18 所示，CGCS 基 P 型沸石具有非常典型的球形簇状结构，与以往的报道一致，围绕在 P 型沸石周围粉末状多孔杂质可能是未反应的惰性组分。但是，由于其具有一定的孔洞，因此可能有助于该材料的吸附应用。

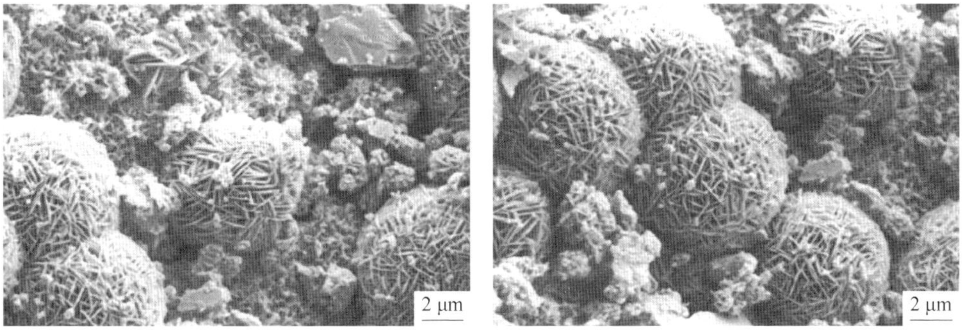

图 3-18　CGCS 基 P 型沸石扫描电子显微镜形貌图

3.2.6　吸附性能

为测定时间因素对 CGCS 基 P 型沸石吸附 MG 的作用，在锥形瓶中加入 2 mg 的 P 型沸石与 10 mL 的 MG 溶液（100 mg/L），置入恒温振荡器中（200 r/min）。分别在 5 min、10 min、30 min、60 min、90 min、120 min、180 min、300 min 时，取 5 mL 吸附后的溶液加入离心管中，在高速离心机（10000 r/min）中离心分

离，之后将其加入比色皿中，与标准比色皿对比，在相应的波长处（618 nm）读出吸光度的数值并记录。

由图 3-19(a) 中可以看出，样品对 MG 溶液的吸附比较迅速，随着时间的延长，P 型沸石对 MG 的吸附量逐渐上升，并在 300 min 后达到平衡，平衡时吸附量为 217.26 mg/g，此时吸附剂对 MG 去除率达到了 97.9%。为测定吸附剂的使用量对吸附的影响，先将 1 mg、2 mg、3 mg、4 mg、5 mg P 型沸石样品加入锥形瓶中，之后置入 10 mL MG 溶液中（100 mg/L），开启振荡器进行吸附实验，300 min 后取出进行吸光度测量。相同的时间内，随着加入更多的 P 型沸石，对 MG 的吸附量降低。这可能是因为随着 P 型沸石的使用量增加，MG 的量一定，分散到单位沸石样品的 MG 减少，导致吸附量下降。其中用 1 mg 样品对孔雀石溶液进行吸附时，在 300 min 后吸附量可达到了 962.83 mg/g。

为更好地分析该 P 型沸石对 MG 的吸附速率以及机理，对吸附动力学进行了研究。根据所测的数据利用伪一阶动力学模型、伪二阶动力学模型对数据进行拟合，如图 3-19(c) 和 (d) 所示。

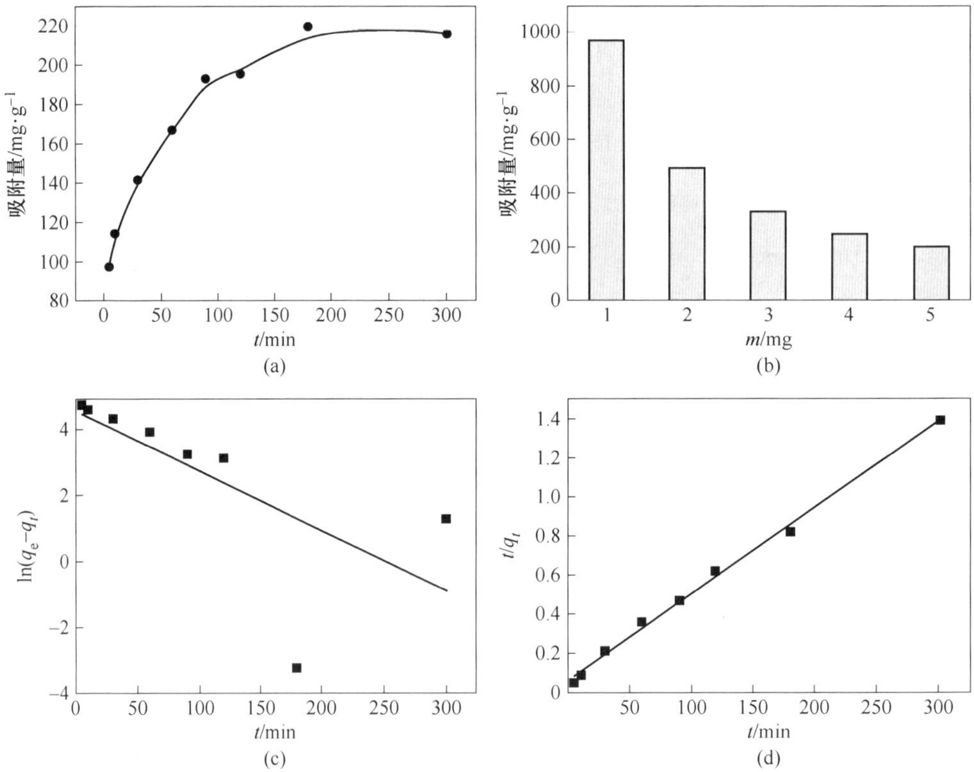

图 3-19　CGCS 基 P 型沸石对 MG 吸附能力研究

(a) 吸附时间的影响；(b) 吸附剂质量的影响；(c) 伪一阶动力学模型拟合；(d) 伪二阶动力学模型拟合

将拟合结果汇总于表 3-13，伪一阶动力学的直线方程为 $y = -0.01831x + 4.61051$，R^2 为 0.33850，计算出平衡吸附量为 100.535 mg/g，速率常数 k_1 为 0.01831。伪二阶动力学的直线方程为 $y = 0.00441x + 0.06125$，R^2 为 0.99601，计算出平衡吸附量为 226.75 mg/g，速率常数 k_2 为 3.17×10^{-4} g/(mg · min)。根据比较两个模型的 R^2 可以得知，伪二阶动力学模型的 R^2 更接近 1，因此伪二阶动力学模型能对整个吸附过程做出更好的描述，这表明化学吸附在吸附过程中为速率控制步骤。

表 3-13 CGCS 基 P 型沸石吸附 MG 的动力学拟合数据

样品	伪一阶动力学模型			伪二阶动力学模型		
	q_e /mg · g^{-1}	k_1 /min^{-1}	R^2	q_e /mg · g^{-1}	k_2 /g · (mg · min)$^{-1}$	R^2
P 型沸石	100.535	0.01831	0.33850	226.75	3.17×10^{-4}	0.99601

为进一步确定 CGCS 基 P 型沸石对 MG 的潜在吸附能力，还对其进行了吸附等温线的测定。利用 Langmuir 和 Freundlich 等温吸附模型对实验数据进行分析，并将拟合参数列在表 3-14 中。

表 3-14 CGCS 基 P 型沸石吸附 MG 吸附等温线参数

T/K	Langmuir 模型			Freundlich 模型		
	q_m /mg · g^{-1}	K_L /L · mg^{-1}	R^2	K_F /(mg/g) · (mg/L)$^{-1/n}$	n /g · L^{-1}	R^2
298	1657	0.03858	0.8028	381	3.926	0.97184

如图 3-20 及表 3-14 所示，通过比较 Langmuir 模型和 Freundlich 模型拟合的 R^2，25 ℃下 P 型沸石吸附 MG 的实验数据对两种模型的拟合程度都比较高，但是更符合 Freundlich 模型，这意味着材料并非只符合单一的等温吸附模型。

为进一步探究 P 型沸石对 MG 的吸附机理，研究了 pH 值对 P 型沸石吸附 MG 吸附量的影响。通过配制不同 pH 值的 40 mg/L MG 溶液，并用其进行 P 型沸石的吸附实验，结果如图 3-21 所示。在 pH 值等于 3 时，材料对 MG 溶液的吸附量最小，此时吸附量为 35 mg/g。在 pH 值为 3 ~ 9 的范围内，随着 pH 值上升，吸附量变化不大，始终维持在较高的吸附水平。zeta 电位可以用来评估材料表面的电荷量，为进一步解释 pH 值的影响，测试了不同 pH 值下 P 型沸石的 zeta 电位。由图 3-21 所示，在 pH 值为 4 ~ 9 范围内，随着 pH 值的减少，zeta 电位逐渐升高，但始终处于负值，意味着材料表面所带负电荷随着 pH 值的减少而减少；由变化趋势容易看出，零电荷点位于 pH 值等于 3 ~ 4 之间，并且当 pH 值等于 3 时，zeta 电位将变为正值，材料表面带正电荷，对 MG 的排斥力增强，因此导致

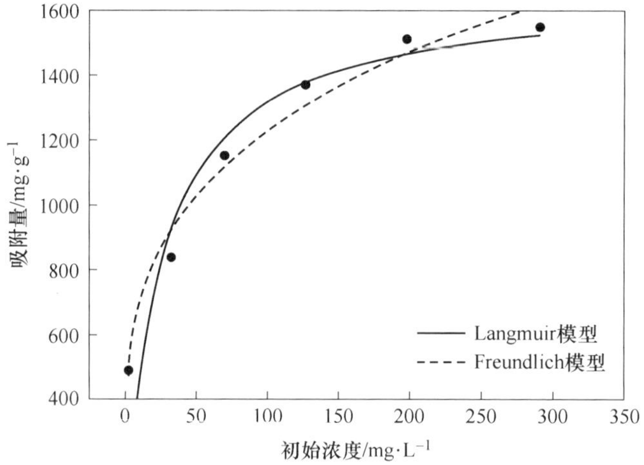

图 3-20　25 ℃时 CGCS 基 P 型沸石吸附 MG 的吸附等温线

材料对染料的吸附能力下降。MG 为阳离子染料，对材料表面所带的负电荷有较强的亲和力，因此容易解释在 pH 值为 4 ~9 范围内材料可以对 MG 保持较好的吸附容量。由此可以推测，静电吸附在 P 型沸石对于 MG 的吸附过程中起到了较大作用。

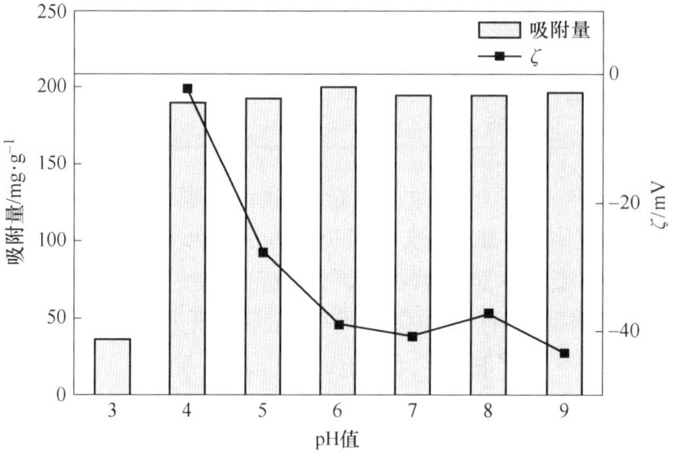

图 3-21　pH 值对 CGCS 基 P 型沸石吸附 MG 吸附量和 zeta 电位的影响

3.2.7　结论

以 CGCS 为硅铝源，在不加入额外硅铝源及模板剂的条件下，经过简单酸浸处理后与氢氧化钠混合进行水热晶化反应，成功合成结晶性良好的 P 型沸石。系统探究了调节酸浸浓度、碱灰比、晶化温度、晶化时间等因素对合成 P 型沸石的影响。以有机染料 MG 为目标污染物，研究了 CGCS 基 P 型沸石对 MG 的吸附能力以及可能的吸附机理，结果表明在酸浸浓度为 3 mol/L、碱灰比为 1：2、晶化时间为 24 h、晶化温度为 125 ℃时合成了结晶性能最好的沸石，实验条件下（MG 溶液浓度为 50 mg/L，体积为 10 mL），P 型沸石对 MG 的吸附在 300 min 后达到平衡，去除率达到了 97.9%。利用 Langmuir 模型计算的理论最大吸附量为 1657 mg/g，表明 CGCS 基 P 型沸石的吸附性能优异。该研究为 CGCS 基纳米多孔环境材料的实际应用提供参考。

3.3 CGCS-RM 协同制备 A 型沸石分子筛及吸附性能

3.3.1 概述

赤泥（red mud，RM）是含 Al_2O_3 的铝土矿精炼过程中产生的固体废弃物。因为 Fe_2O_3 含量很高而呈现红色，用于提取 Al_2O_3 的铝土矿类型和生产过程直接影响 RM 的产量，平均每生产 1 t Al_2O_3 就会产生 1.0～1.8 t RM。由于中国生产的 Al_2O_3 数量巨大，RM 排放量远超其他大多数国家。这就导致了 RM 的大量堆积，给环境带来了极大的危害[70]。因此，对 RM 的处理是亟待解决的问题。

目前 CGS 的处理方式主要为堆存和填埋；RM 是一种碱性物质，RM 中的碱会溶出污染地表水和地下水，因此 CGS 和 RM 的综合利用正成为日益重要的研究课题。Zhang 等人[71]将 CGFS 和碱混合，利用反应釜在一定温度下合成了 X 型沸石，探究了其离子交换性能，结果表明沸石的阳离子交换能力与氢氧化钠的存在密切相关。随着碱灰比的增加，阳离子交换能力增强，当到达某一最高值后如果碱灰比持续增加，阳离子交换能力就会降低；结果与 Molina 等人[72]提到的结论相似，碱灰的质量比为 1.2 时，生成了更多的分子筛。随着碱的质量进一步增加，反应体系中合成了另一种矿相羟基方钠石。由于 X 型沸石的孔径和比表面积均大于羟基方钠石，因此 X 型沸石含量较高的产物在阳离子交换能力试验中性能较好。

工业的发展总是伴随着环境污染。在过去的几十年中，超过 10 万种合成染料已用于印染和纺织工业[73]。由于合成染料具有毒性、致畸性、致癌性和降解难度大的缺点，因此它们已成为威胁水生环境的严重问题之一。在已报道的去除方法中，吸附由于其独特的优势（例如低成本、可回收性和可行性）而吸引了全世界的关注。

本研究利用 CGS 和 RM 这两种固体废弃物协同制备高纯度沸石分子筛，探究其合适的硅铝比、灰碱比、水热温度等反应条件，同时选取孔雀石绿（malachite green，MG）这种典型的有机染料进行液相吸附实验，研究吸附时间、温度、pH

值等因素对吸附量的影响，探究合成沸石对染料的最佳吸附性能。目前尚无利用 CGS 和 RM 协同合成沸石的报道，因而该研究对于固废的利用提供了一种新颖的思路，为废水中有机染料的处理提供一种新的解决方法，也为环境治理和生态修复提供可能的解决方案。

本研究采用 CGCS 和 RM 为原料，在与 Na_2CO_3 进行碱熔融预处理后，通过水热晶化法合成沸石。加入 RM 一方面可以有效利用其硅、铝等元素，另一方面也可利用 RM 较强的碱性以降低 Na_2CO_3 和 NaOH 等的使用量。通过 XRD、FT-IR、N_2 吸附-脱附测试、SEM 等手段对合成的材料进行表面形貌和微观结构的表征，确定多孔材料的类型。在此基础上，探究硅铝比、灰碱比、水热温度等因素对于沸石合成的影响。最后，探究了合成沸石对有机染料的吸附机理。

3.3.2 原材料

两种原料的化学组成见表 3-15。改变 CGCS 和 RM 的用量，调整反应混合物的硅铝比以制备目标沸石分子筛，CGCS 和 RM 混合物的组成见表 3-16。

表 3-15 CGCS 和 RM 样品的化学成分 （质量分数，%）

样品	Al_2O_3	SiO_2	Fe_2O_3	CaO	Na_2O	MgO	TiO_2	P_2O_5	K_2O
CGCS	17.08	50.47	13.31	9.81	1.14	2.94	1.04	0.19	2.31
RM	30.01	29.18	8.71	15.96	8.22	0.89	2.70	0.31	0.79

表 3-16 CGCS 和 RM 混合物（质量分数）的组成

样品	CGCS/%	RM/%	Si/Al
20RM	80	20	1.99
50RM	50	50	1.43
80RM	20	80	1.03

CGCS 样品含有 50.47% 的 SiO_2 和 17.08% 的 Al_2O_3，这些氧化物在 RM 中的含量分别为 29.18% 和 30.01%。在两个样品中 MgO 和 K_2O 的含量相对较低，CaO 和 Na_2O 在 CGCS 和 RM 中的含量相对较高，特别是在 RM 中含量较高，这也是 RM 具有高碱性的原因。化学组成和相对的硅铝比使 CGCS 和 RM 混合物更适用于 A 型沸石的合成。

原料 CGCS 和 RM 及硅铝比为 1.03（80RM，灰碱比为 1∶1）固相熔融产物的 XRD 谱图如图 3-22 所示。CGCS 中主要包含的晶相是石英相，其中"馒头峰"表明 CGCS 中物质多以玻璃态的形式存在。RM 中主要包含的是加藤石和钙霞石。对于硅铝比为 1.03、灰碱比为 1∶1 的固相熔融产物来说，该固相熔融产物应是最有利于合成 A 型沸石的产物，其中含有大量硅铝酸钠和铁硅酸钠。CGCS 中的石英相以及 RM 中的加藤石和钙霞石在碱的作用下转化成了硅铝酸钠和铁硅酸钠等可溶性的硅铝酸盐，这也证明了固相碱熔融可使 CGCS 和 RM 中的 Si 和 Al 得到充分的活化。

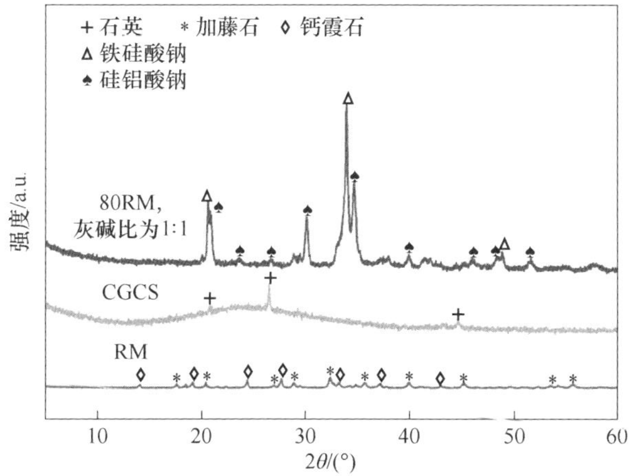

图 3-22 CGCS、RM、硅铝比为 1.03（80RM，灰碱比为 1∶1）固相熔融产物的 XRD 谱图

实验结果表明，硅铝比为 1.03（80RM）、灰碱比为 1∶1 的固相熔融产物最有利于合成 A 型沸石。在固定的硅铝比（1.03）下，三种不同灰碱比的固相熔融产物的 XRD 谱图如图 3-23(a) 所示。在固定的灰碱比（1∶1）下，三种不同硅铝比的固相熔融产物的 XRD 谱图如图 3-23(b) 所示。对于不同灰碱比来说，在 1∶0.8 和 1∶0.6 时的固相熔融产物在合适的硅铝比和水热温度下均没有 A 型沸石生成。随着碱含量的增加，固相熔融产物中硅铝酸钠的含量也在不断增加。对于不同硅铝比来说，20RM 的固相熔融产物在合适的反应条件下并未生成 A 型沸石。在 50RM 和 80RM 这两种固相熔融产物中，两者都含有硅铝酸钠和铁硅酸钠且两种产物在合适的反应条件下均生成了 A 型沸石。这进一步说明了硅铝酸钠的存在对于 A 型沸石的合成至关重要。碱含量越高，RM 的用量越多越有利于碱熔融后混合物中硅铝酸钠的生成，进而也越有利于 A 型沸石的合成。

3.3.3 材料制备

实验采用中国宁东煤化工基地的 CGCS 和山西阳泉的 RM 作为合成沸石的原材料，CGCS 和 RM 在恒温干燥箱中 348 K 下干燥 24 h，研磨过筛至粒度为 200 目后保存备用。Na_2CO_3 作为碱性活化剂，活化 CGCS 和 RM 中的硅源和铝源。参考 Belviso 等人的实验方法[74]，使用 CGCS、RM 和 Na_2CO_3 三种混合物进行 A 型沸石的合成。以 80RM-01（灰碱比 1∶1，水热温度 378 K）为例，称取 0.2 g

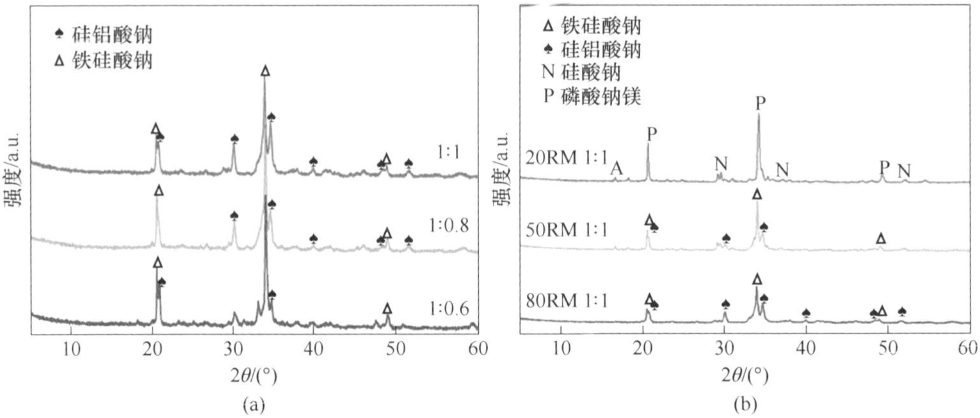

图 3-23　不同灰碱比（硅铝比为 1.03）(a) 和不同硅铝比固相熔融产物（灰碱比为 1∶1）(b) 的 XRD 谱图

CGCS 和 0.8 g RM 与 1 g Na_2CO_3 混合后，转移至刚玉坩埚中，放入以 3 ℃/min 速率升温至 860 ℃的马弗炉中，煅烧 1 h，自然冷却至室温。将熔融样品研磨后加入一定量的去离子水，在室温下搅拌过夜。将混合物转移至装有聚四氟乙烯内衬的反应釜中，在 378 K 下水热晶化 24 h，自然冷却至室温。离心获取沉淀物，用去离子水冲洗沉淀物至上清液 pH 值为 7。将沉淀物在 378 K 真空干燥箱中干燥 24 h，研磨得到褐色粉末状 A 型沸石材料。合成过程如图 3-24 所示。

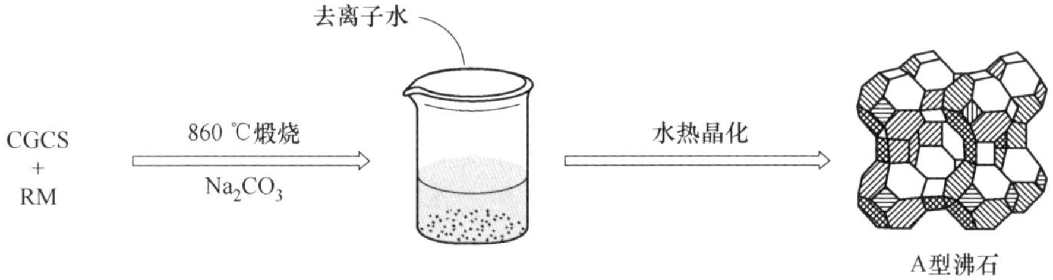

图 3-24　固相熔融制备单一相 A 型沸石合成过程

3.3.4　不同因素对 A 型沸石合成的影响

原料 CGCS 和 RM 混合物的比例直接影响反应过程中的硅铝比，通过与 Na_2CO_3 固相熔融，原料中的 Si 和 Al 组分可以转化为大量的硅酸盐和铝酸盐，这些新增加的矿物相在碱性溶液中被溶解出来，产生高浓度的 Si 和 Al，这是沸石合成的基础，并在后期水热晶化中参与沸石结构的形成与晶化。图 3-25(a) 是不同硅铝比下合成沸石的 XRD 谱图。实验结果表明，20RM（硅铝比 1.99）并未出现 A 型沸石，仅有方钠石物相；50RM（硅铝比 1.43）出现了 A 型沸石，同时还掺杂着未反应的方钠石物相；80RM（硅铝比 1.03）出现了较纯的 A 型沸石相，方钠石明显减少，出现了更加稳定的方解石；硅铝比越趋近于 1，A 型沸石的衍射峰强度逐渐增加，合成沸石的结晶度越高。因此，选择 80RM（硅铝比 1.03）来合成 A 型沸石。

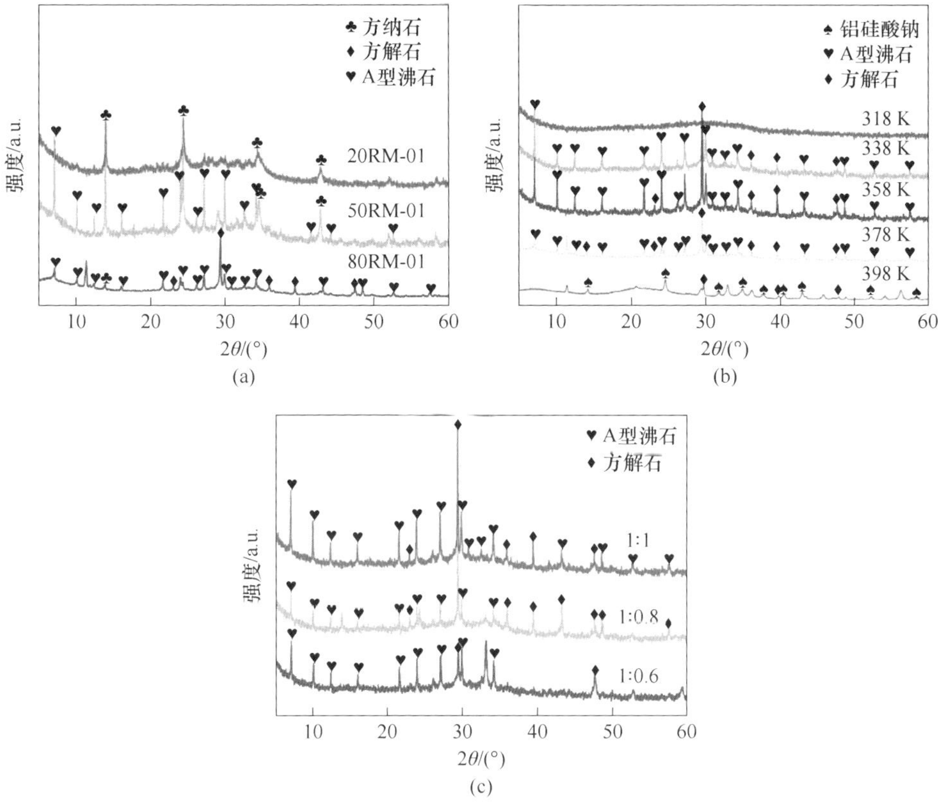

图 3-25　不同反应条件合成 A 型沸石的 XRD 谱图

（a）硅铝比；（b）水热温度；（c）灰碱比

水热温度对于 A 型沸石的合成影响很大，图 3-25(b) 是五种不同水热反应温度下合成沸石的 XRD 谱图。水热温度为 318 K 和 398 K 时，没有 A 型沸石产生。其中 318 K 下几乎没有晶相，出现明显的“馒头峰”，说明此时混合物中含有大量的无定形相，且在 318 K 条件下原料中的矿相基本上被分解。在 338 K、358 K 和 378 K 下均有 A 型沸石生成，温度从 338 K 到 358 K 逐渐升高，A 型沸石的衍射峰强度增加，结晶度更好。由于水热反应是在密闭反应釜中进行的，当温度升高时釜内气体膨胀，增加了釜内压力，进而增加了釜内物质的热运动和有效碰撞，提高了水热晶化反应的溶解和结晶速度。温度从 358 K 到 378 K 逐渐升高时，衍射杂峰增多，结晶度下降，但是 A 型沸石的衍射峰仍较强。当水热温度高于 378 K，并且达到 398 K 时，产物的衍射峰逐渐减弱，硅铝酸钠和方解石的特征衍射峰明显增加，A 型沸石开始溶解为硅铝酸钠，因此高温不利于 A 型沸石的合成[75]。在 358 K 下，得到的产物中无定形相明显少于 338 K 和 378 K 下得到的产物，且 A 型沸石的特征衍射峰更加尖锐，杂峰更少，说明结晶度更好，所以 358 K 最有利于 A 型沸石的合成；结果表明，水热温度直接影响着沸石的合成，温度过低或者过高均不利于 A 型沸石的合成。所以，选择的最佳水热温度为 358 K。

在 A 型沸石的合成中，Na_2CO_3 作为碱助熔剂对于 CGCS 和 RM 中 Si 和 Al 的溶解和活化起着重要的作用。图 3-25（c）是在三个不同的灰碱比（1∶1、1∶0.8、1∶0.6）下合成沸石的 XRD 谱图。不同的灰碱比影响 CGCS 和 RM 中 Si 和 Al 的活化程度，进而影响 A 型沸石的合成；结果表明，在合适的硅铝比和水热温度下，只有灰碱比为 1∶1 时有 A 型沸石产生，灰碱比为 1∶0.8 时存在方钠石和方解石，灰碱比为 1∶0.6 时方钠石和方解石的量均减少。灰碱比直接影响 A 型沸石的合成，合成沸石的结晶度随着 Na_2CO_3 用量的增加而增加。因此，选择灰碱比为 1∶1 合成 A 型沸石。

3.3.5　CGCS-RM 基 A 型沸石的表征

80RM-01、80RM-05 和 80RM-04 分别是水热温度为 378 K、358 K 和 338 K 下合成的 A 型沸石，其样品的 FT-IR 谱图如图 3-26 所示。在 556 cm^{-1} 处的吸收峰是由于 A 型沸石骨架双四环的外部振动，998 cm^{-1} 的宽峰对应于 T—O—T（T 表示 Si 或 Al 原子）拉伸振动。1640 cm^{-1} 出现的吸收峰与羟基弯曲振动有关，而 3420 cm^{-1} 处对应于内表面的 O—H 基团的拉伸振动。经过分析，它们的 FT-IR 谱图与文献报道一致，说明样品中存在 A 型沸石[76-77]。

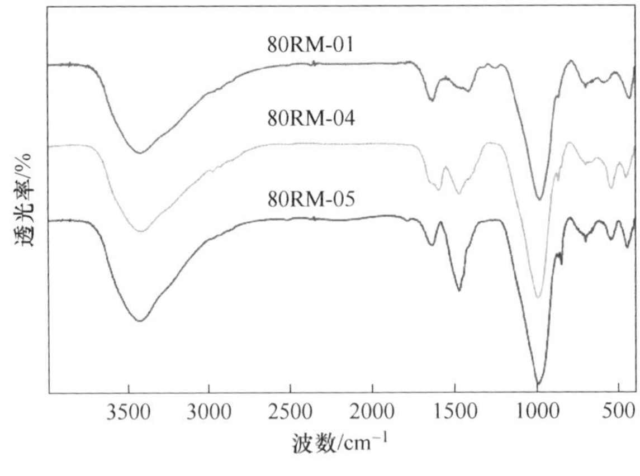

图 3-26　80RM-01、80RM-05 与 80RM-04 的 FT-IR 谱图

采用 N_2 吸附-脱附实验测定合成沸石的孔结构参数，如图 3-27 所示。使用 NLDFT 模型计算了 80RM-01、80RM-05 和 80RM-04 样品的孔径分布。图 3-27(a) 说明 80RM-01 和 80RM-05 均表现出了具有 H3 回滞环的Ⅳ型等温线特征，这是介孔材料的典型特征，其中回滞环与毛细凝结的发生有关[78]。H3 回滞环同时也说明了样品孔结构很不规整，因为等温线并没有明显的饱和吸附平台。80RM-04 样品则表现出了具有Ⅰ型等温线特征，属于典型的微孔材料，同时还具有较窄的介孔，符合一般沸石分子筛的特征。由图 3-27(b) 和 (d) 可以看出，80RM-01 和 80RM-05 是以微孔和介孔的形式存在，说明在 358 K 和 378 K 下合成的 A 型沸石是微孔和介孔共存的。图 3-27(c) 中 80RM-04 大多以小于 2 nm 的微孔存在，只存在少部分较小的介孔。

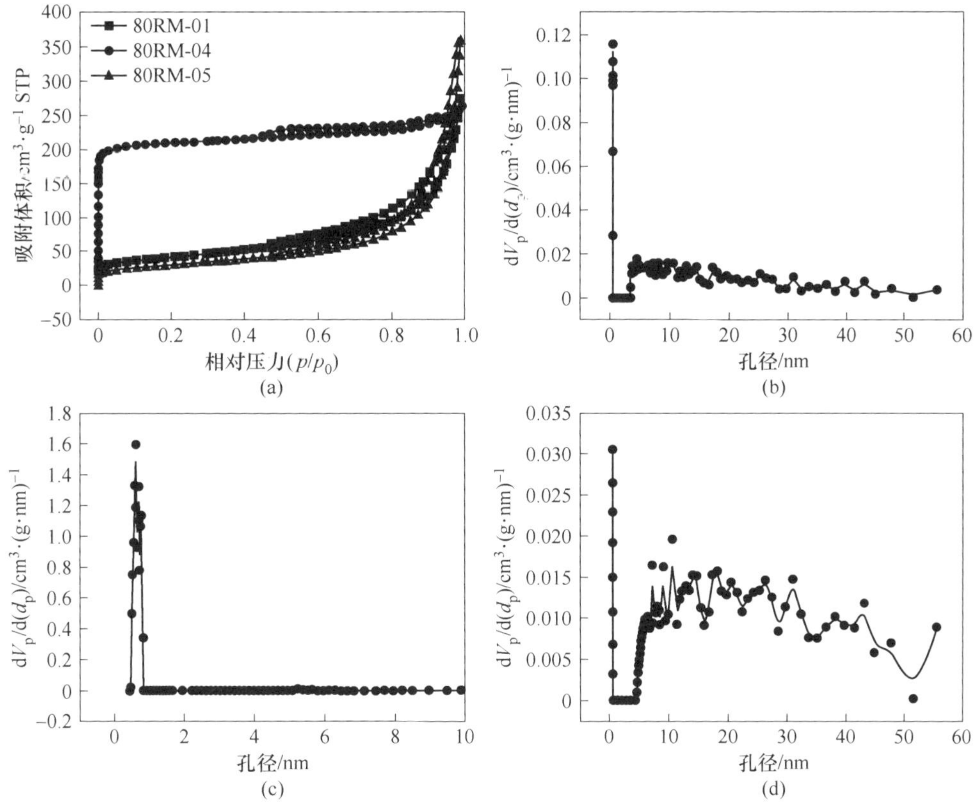

图 3-27 80RM-01、80RM-04 与 80RM-05 的 N_2 吸附-脱附等温线 (a) 以及对应的孔径分布图 [80RM-01 (b)、80RM-04 (c) 与 80RM-05 (d)]

表 3-17 显示了样品的比表面积、总孔体积和平均孔径，80RM-01、80RM-05 和 80RM-04 分别是水热温度为 378 K、358 K 和 338 K 下合成的 A 型沸石。

80RM-05 的平均孔径最大为 21. 25 nm，相对应的比表面积最小。80RM-04 的平均孔径最小为 2. 57 nm，相对应的其比表面积也最大。358 K 下合成的 A 型沸石平均孔径最大，总孔体积也最大，这可能是由于 80RM-05 孔数量多，孔隙率高，所以总孔体积大。

表 3-17　样品的孔结构参数

样品	比表面积/$m^2 \cdot g^{-1}$	总孔体积/$cm^3 \cdot g^{-1}$	平均孔径/nm
80RM-01	139	0. 42	12. 14
80RM-05	104	0. 55	21. 25
80RM-04	631	0. 40	2. 57

图 3-28 为固废原料（RM，CGCS）、80RM-01、80RM-04 及 80RM-05 的 SEM 图。图 3-28(a) 和 (b) 分别为 RM 和 CGCS 的 SEM 图像，RM 呈无规则团絮状，CGCS 呈不规则块状结构。A 型沸石具有规则的立方体结构，是典型的立方晶体；由图 3-28(c)～(f) 都可以清晰看到规则的立方体结构和完整的晶体平面。A 型沸石表面包裹的杂质使材料形貌不能完全展现出来，这可能是由于利用 CGCS 和 RM 的混合物制备沸石过程中，难免会有一些无法参与反应的物质形成的杂质附着在 A 型沸石的表面，遮盖了 A 型沸石的形貌。

(a)　　(b)

(c)　　(d)

(e) (f)

图 3-28 CGCS、RM 和合成沸石的 SEM 图像

(a) RM；(b) CGCS；(c) 80RM-01；(d) 80RM-04；(e)(f) 80RM-05

由图 3-29 可以分析出，硅铝比为 1.14，完全符合合成 A 型沸石硅铝比的条件，其中钠铝比为 0.93。有研究表明，钠铝比并不影响沸石合成后的形态，只会影响沸石的结晶时间和粒度分布[79]。钠铝比越大，得到的沸石粒径会越小。同时也说明了本实验合成 A 型沸石所用的钠铝比为较小比例。A 型沸石里含有氧、硅、铝、钙、钠和铁等元素；其表面的氧元素、铝元素、钠元素和硅元素分布较为均匀，而钙元素和铁元素则主要分布在一些絮状杂质中。

Na Kα1_2　　Ca Kα1　　Fe Lα1,2

图 3-29　80RM-05 的 EDS-mapping 图以及钠、钙、铁、氧、硅、铝的元素分布图

图 3-29 彩图

3.3.6　吸附性能

图 3-30 为 80RM-01、80RM-04 及 80RM-05 样品对于四种有机染料的吸附量与吸附时间的关系。实验结果表明，制备的 A 型沸石对 MG 有较好的吸附性能，对 MB 也有一定的吸附效果，但其对 MO 几乎完全不吸附，对 CR 的吸附能力也

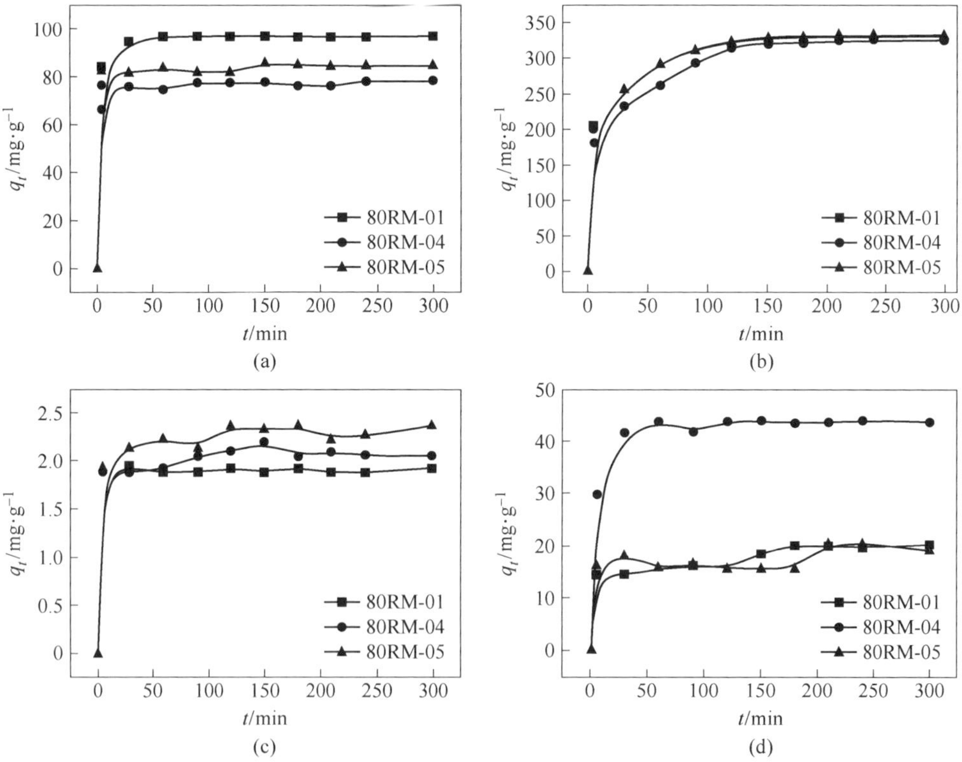

图 3-30　A 型沸石对不同有机物的吸附性能

(a) MB；(b) MG；(c) MO；(d) CR

很差。因此，后续以 80RM-05 吸附 MG 为例进行研究。

为了更好地了解 MG 在 80RM-05 上的吸附速率和机理，还对吸附动力学进了研究。采用伪一阶和伪二阶动力学模型评价传质过程[80]。吸附动力学模型拟合结果如图 3-31 所示，q_e、k_1、k_2、R^2 的值见表 3-18。通过与相关系数 R^2 的比较，在限速步骤为吸附剂的化学吸附假设下，MG 在 A 型沸石上的吸附过程可以用伪二阶动力学模型（R^2 =0.99934）更好地描述。

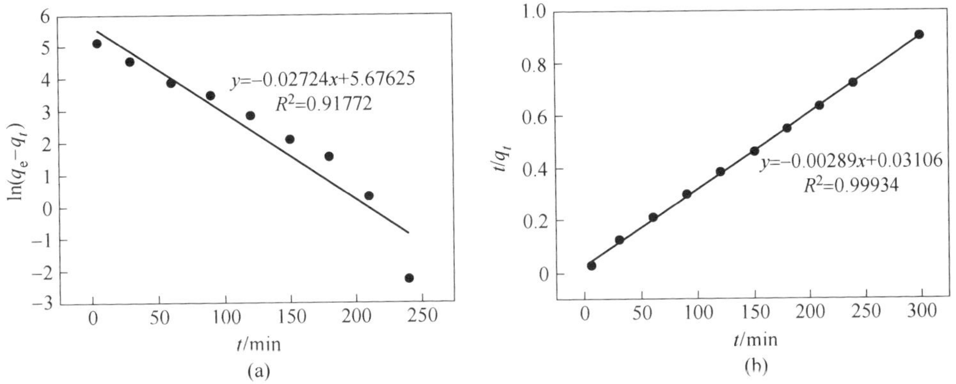

图 3-31 A 型沸石吸附 MG 的伪一阶（a）和伪二阶（b）动力学模型拟合结果

表 3-18 MG 在 A 型沸石上的吸附动力学模型参数

样品	伪一阶动力学模型			伪二阶动力学模型		
	q_e /mg · g^{-1}	k_1 /min^{-1}	R^2	q_e /mg · g^{-1}	k_2 /g ·（mg · min）$^{-1}$	R^2
80RM-05	291.85	0.02724	0.91772	346.02	2.687×10^{-4}	0.99934

为了精确确定 A 型沸石对 MG 的潜在吸附能力，吸附等温线如图 3-32(a) 所示。吸附温度分别为 298 K、303 K、308 K，随着溶液初始浓度的增加，MG 的吸附能力提高。MG 溶液浓度越高，MG 与 A 型沸石的接触频率越高，吸附能力越强。随着温度升高，去除率在提高，说明 MG 在 A 型沸石上的吸附是一个吸热过程。此外，为了进一步探索其去除机制，利用 Langmuir 和 Freundlich 等温线模型分析数据，拟合结果如图 3-32(b) 和（c）所示，相关参数见表 3-19。由表 3-19 可知，根据 R^2 的取值，Freundlich 模型最能解释 MG 在 A 型沸石上的平衡吸附，说明 MG 可以在 A 型沸石的表面发生多层吸附。

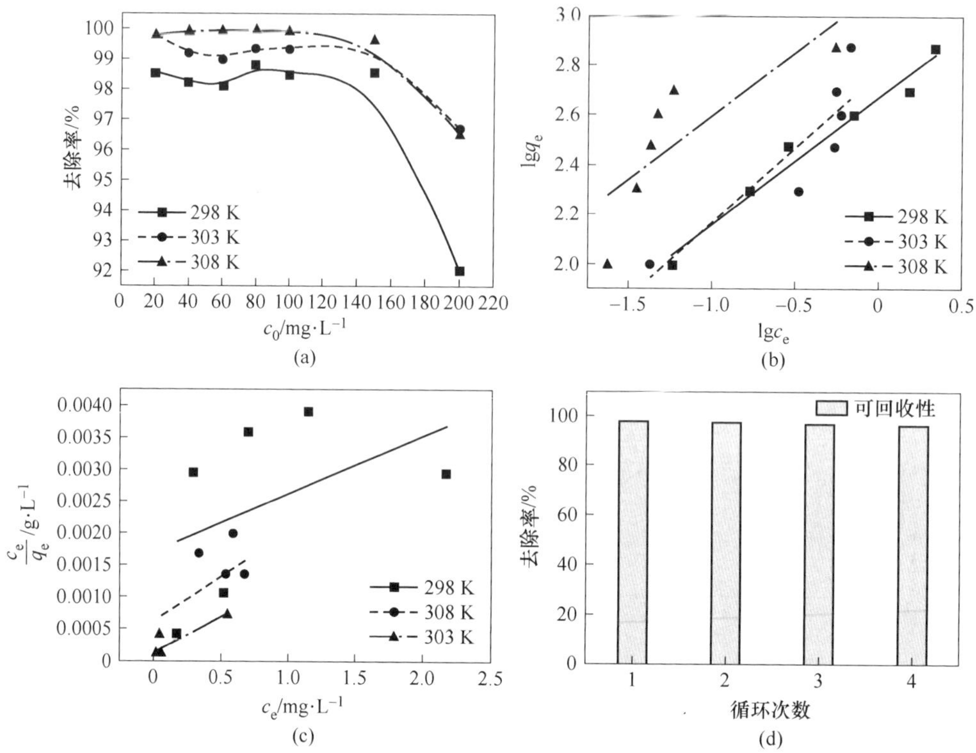

图 3-32　温度对 A 型沸石吸附 MG 的影响（a）、MG 在 A 型沸石上吸附拟合的 Langmuir 模型（b）和 Freundlich 模型（c）、A 型沸石对 MG 吸附的可回收性（d）

表 3-19　A 型沸石吸附 MG 的等温线参数

模　型	参　　数	298 K	303 K	308 K
Langmuir 模型	q_m/mg · g^{-1}	1108. 65	724. 64	917. 43
	K_L/L · mg^{-1}	0. 52442	2. 19243	8. 09867
	R^2	0. 03189	0. 13132	0. 71508
Freundlich 模型	K_F/(mg/g) · (mg/L)$^{-1/n}$	470. 72	582. 73	1283. 69
	n	1. 95541	1. 67129	1. 96356
	R^2	0. 96793	0. 72459	0. 54719

此外，可再生回收性能对吸附剂的成本至关重要。因此，进行再生实验研究 A 型沸石的可重复利用性。在这项研究中，吸附剂的可重复利用性连续进行了四个循环，每次运行后，将吸附剂从 MG 溶液中分离，并用乙醇活化。如图 3-32（d）所示，在四个循环过程中，A 型沸石的吸附效果略有下降。去除率略有下降，可能是由于 A 型沸石的洗涤不能完全去除之前循环中加载在吸附剂表面的 MG 分子，可能会阻塞一些活性位点。但总体来说，仍然保持良好的吸附效果，因此 A 型沸石具有良好的可回收性。

3.3.7 吸附机理

进一步分析了 A 型沸石在 MG 吸附前后的 XRD、FT-IR 和 N_2 吸附-脱附结果。MG 在 A 型沸石中吸附后，从 XRD 结果可以看出，所有属于 A 型沸石的典型衍射峰都被保留了下来，说明 MB 吸附后的 A 型沸石晶体结构非常稳定，如图 3-33(a) 所示。采用 FT-IR 分析解释 A 型沸石和 MG 之间的相互作用，如图 3-33 (b) 所示。吸附后，峰的位置和强度有轻微的变化，说明染料在表面的吸附是成功的，并且对晶体结构的影响并不大，这一结果表明沉积的 MG 分子与 A 型沸石之间存在氢键相互作用。同时，给出了 A 型沸石吸附 MG 前后的 N_2 吸附-脱附等温线，如图 3-33(c) 所示，A 型沸石的比表面积有一定的降低（从 131 m^2/g 降低到 104 m^2/g），说明 MG 分子被吸附在 A 型沸石的表面，使得比表面积下降。

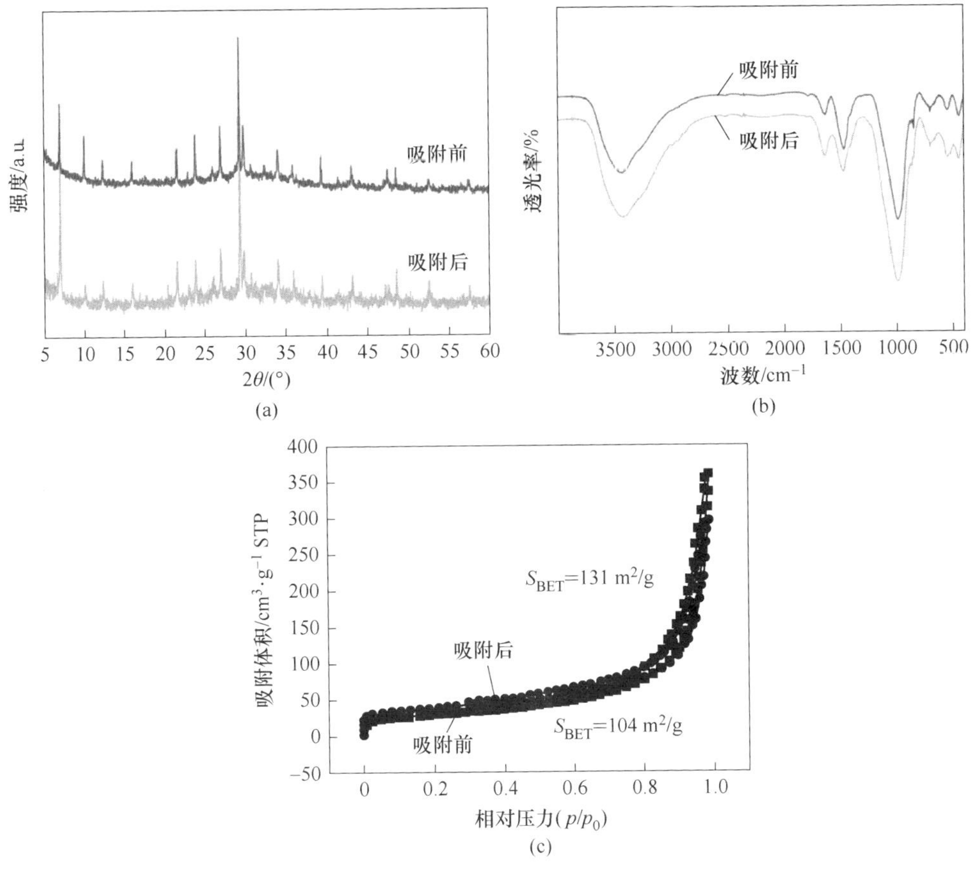

图 3-33 A 型沸石吸附 MG 前后的 XRD（a）、FT-IR（b）和 N_2 吸附-脱附等温线（c）

3.3.8 结论

以 CGCS 和 RM 为原料，在与 Na_2CO_3 进行碱熔融预处理后，再通过水热晶化成功制备出了结晶度和晶型良好的 A 型沸石，通过调整 CGCS 和 RM 的用量来调节硅铝比，改变 Na_2CO_3 用量来调节灰碱比以及改变水热晶化温度探究水热温度对沸石合成的影响，并将沸石用于孔雀石绿（MG）的吸附去除，探究样品对 MG 的吸附性能。研究结果表明，MG 在 A 型沸石 80RM-05 上的吸附过程符合伪二阶动力学模型与 Freundlich 等温模型；MG 在 80RM-05 上的吸附为吸热过程。在实验条件下，80RM-05 对于 MG 的去除率可达到99.9%。该研究采用多种固废协同制备沸石吸附剂，对环境修复和循环经济有一定的参考价值。

参 考 文 献

[1] VAN DYK J C, KEYSER M J, Coertzen M. Syngas production from South African coal sources using Sasol-Lurgi gasifiers [J]. International Journal of Coal Geology, 2006, 65 (3): 243-253.

[2] YUAN N, ZHAO A, HU Z, et al. Preparation and application of porous materials from coal gasification slag for wastewater treatment: A review [J]. Chemosphere, 2022, 287: 132227.

[3] WU T, GONG M, LESTER E, et al. Characterisation of residual carbon from entrained-bed coal water slurry gasifiers [J]. Fuel, 2007, 86 (7/8): 972-982.

[4] ASTM C618-00. Standard specification for coal fly ash and raw or calcined natural pozzolan for use as a mineral admixture in concrete (2003) [S]. 2003.

[5] WU S, HUANG S, WU Y, et al. Characteristics and catalytic actions of inorganic constituents from entrained-flow coal gasification slag [J]. Journal of the Energy Institute, 2015, 88 (1): 93-103.

[6] LIU X, JIN Z, JING Y, et al. Review of the characteristics and graded utilisation of coal gasification slag [J]. Chinese Journal of Chemical Engineering, 2021, 35: 92-106.

[7] ZHAO X, ZENG C, MAO Y, et al. The surface characteristics and reactivity of residual carbon in coal gasification slag [J]. Energy & Fuels, 2010, 24 (1): 91-94.

[8] LI C C, QIAO X C, YU J G. Large surface area MCM-41 prepared from acid leaching residue of coal gasification slag [J]. Materials Letters, 2016, 167: 246-249.

[9] LIU S, CHEN X, AI W, et al. A new method to prepare mesoporous silica from coal gasification fine slag and its application in methylene blue adsorption [J]. Journal of Cleaner Production, 2019, 212: 1062-1071.

[10] JI W, ZHANG S, ZHAO P, et al. Green synthesis method and application of NaP zeolite prepared by coal gasification coarse slag from Ningdong, China [J]. Applied Sciences, 2020, 10 (8): 2694.

[11] WU Y H, MA Y L, SUN Y G, et al. Graded synthesis of highly ordered MCM-41 and carbon/zeolite composite from coal gasification fine residue for crystal violet removal [J]. Journal of Cleaner Production, 2020, 277: 123186.

[12] ZHANG J, ZUO J, JIANG Y, et al. Kinetic analysis on the mesoporous formation of coal gasification slag by acid leaching and its thermal stability [J]. Solid State Sciences, 2020, 100: 106084.

[13] HAMIDZADEH M, KOMEILI S, SAEIDI M. Seed-induced synthesis of ZSM-5 aggregates using the Silicate-1 as a seed: Characterization and effect of the Silicate-1 composition [J]. Microporous and Mesoporous Materials, 2018, 268: 153-161.

[14] NUGRAHA R E, PRASETYOKO D, ASIKIN-MIJAN N, et al. The effect of structure directing agents on micro/mesopore structures of aluminosilicates from Indonesian kaolin as deoxygenation catalysts [J]. Microporous and Mesoporous Materials, 2021, 315: 110917.

[15] VU X H, HUNGER M, ARMBRUSTER U, et al. Influence of initial Si/Al ratios on the structural, acidic and catalytic properties of nanosized-ZSM-5/SBA-15 analog composites prepared from ZSM-5 precursors [J]. Journal of Porous Materials, 2018, 25 (4): 1035-1046.

[16] HARTATI, PRASETYOKO D, SANTOSO M, et al. A review on synthesis of kaolin-based zeolite and the effect of impurities [J]. Journal of the Chinese Chemical Society, 2020, 67 (6): 911-936.

[17] CHAREONPANICH M, NAMTO T, KONGKACHUICHAY P, et al. Synthesis of ZSM-5 zeolite from lignite fly ash and rice husk ash [J]. Fuel Processing Technology, 2004, 85 (15): 1623-1634.

[18] LI H, CHENG R, LIU Z, et al. Waste control by waste: Fenton-like oxidation of phenol over Cu modified ZSM-5 from coal gangue [J]. Science of The Total Environment, 2019, 683: 638-647.

[19] JI Y, XU F, WEI W, et al. Efficient and fast adsorption of methylene blue dye onto a nanosheet MFI zeolite [J]. Journal of Solid State Chemistry, 2021, 295: 121917.

[20] LI Y, WU Y, WEN Z, et al. Synthesis of $Bi_2Sr_2CaCu_2O^{8+}\delta$ single crystals by alumina crucible [J]. Journal of Superconductivity and Novel Magnetism, 2022, 35 (2): 395-399.

[21] ZHU D, ZUO J, JIANG Y, et al. Carbon-silica mesoporous composite in situ prepared from coal gasification fine slag by acid leaching method and its application in nitrate removing [J]. Science of the Total Environment, 2020, 707: 136102.

[22] KIM S D, NOH S H, PARK J W, et al. Organic-free synthesis of ZSM-5 with narrow crystal size distribution using two-step temperature process [J]. Microporous and Mesoporous Materials, 2006, 92 (1): 181-188.

[23] EL-SAYED E S M, YUAN D. Waste to MOFs: Sustainable linker, metal, and solvent sources for value-added MOF synthesis and applications [J]. Green Chemistry, 2020, 22 (13): 4082-4104.

[24] RAMBAU K M, MUSYOKA N M, PANEK R, et al. Preparation of coal fly ash derived metal organic frameworks and their carbon derivatives [J]. Materials Today Communications, 2021, 27: 102433.

[25] ADEYEMO A A, ADEOYE I O, BELLO O S. Adsorption of dyes using different types of clay: A review [J]. Applied Water Science, 2017, 7 (2): 543-568.

[26] GOLLAKOTA A R K, MUNAGAPATI V S, SHADANGI K P, et al. Encapsulating toxic Rhodamine 6G dye, and Cr (Ⅵ) metal ions from liquid phase using $AlPO_4$-5 molecular sieves. Preparation, characterization, and adsorption parameters [J]. Journal of Molecular Liquids, 2021, 336: 116549.

[27] ZHANG B, REN Q. Molecular simulation studies on the structure directing effects of hydrate Na cation in the synthesis of microPorous materials [J]. Computers and Applied Chemistry, 2009, 26 (5): 677-681.

[28] GU Y Y, QIAO X C. A carbon silica composite prepared from water slurry coal gasification slag [J]. Microporous and Mesoporous Materials, 2019, 276: 303-307.

[29] LIU S, WEI J, CHEN X, et al. Low-Cost route for preparing carbon-silica composite mesoporous material from coal gasification slag: Synthesis, characterization and application in purifying dye wastewater [J]. Arabian Journal for Science and Engineering, 2020, 45 (6): 4647-4657.

[30] HAMIDZADEH M, SAEIDI M, KOMEILI S. Modified seeding method to produce hierarchical nanocrystalline ZSM-5 zeolite [J]. Materials Today Communications, 2020, 25: 101308.

[31] YANG Y, YAN Y, ZHANG H, et al. Catalytic wet peroxide oxidation of phenol on Fe-ZSM-5/PSSF membrane catalysts: Effect of framework Fe by hydrothermal synthesis [J]. Separation and Purification Technology, 2020, 237: 116452.

[32] KADJA G T M, RUKMANA M D, MUKTI R R, et al. Solvent-free, small organic lactam-assisted synthesis of ZSM-5 zeolites [J]. Materials Letters, 2021, 290: 129501.

[33] GUO Y P, LONG T, SONG Z F, et al. Hydrothermal fabrication of ZSM- 5 zeolites: Biocompatibility, drug delivery property, and bactericidal property: Hydrothermal fabrication of ZSM-5 zeolites [J]. Journal of Biomedical Materials Research Part B: Applied Biomaterials, 2014, 102 (3): 583-591.

[34] XUE T, WANG Y M, HE M Y. Synthesis of ultra-high-silica ZSM- 5 zeolites with tunable crystal sizes [J]. Solid State Sciences, 2012, 14 (4): 409-418.

[35] KUTCHKO B G, KIM A G. Fly ash characterization by SEM-EDS [J]. Fuel, 2006, 85 (17): 2537-2544.

[36] ZHAO Y, ZHANG J, TIAN C, et al. Mineralogy and chemical composition of high-calcium fly ashes and density fractions from a coal-fired power plant in China [J]. Energy & Fuels, 2010, 24 (2): 834-843.

[37] GOLLAKOTA A R K, MUNAGAPATI V S, GAUTAM S, et al. Hydrothermal tuning of morphology of aluminophosphate (AlPO-14) framework for the adsorption of Rhodamine 6G dye [J]. Advanced Powder Technology, 2021, 32 (8): 3002-3015.

[38] ZHANG Y, YANG X, TIGHE S. Evaluation of mechanical properties and microscopic structure of coal gangue after aqueous solution treatment [J]. Materials, 2019, 12 (19): 3207.

[39] STRYSZEWSKA T, DUDEK M. Selection of method of chemical analysis in measuring the salinity of mineral materials [J]. Materials, 2020, 13 (3): 559.

[40] THOMMES M, KANEKO K, NEIMARK A V, et al. Physisorption of gases, with special

reference to the evaluation of surface area and pore size distribution (IUPAC Technical Report) [J]. Pure and Applied Chemistry, 2015, 87 (9/10): 1051-1069.

[41] SHIRAZI L, JAMSHIDI E, GHASEMI M R. The effect of Si/Al ratio of ZSM-5 zeolite on its morphology, acidity and crystal size [J]. Crystal Research and Technology, 2008, 43 (12): 1300-1306.

[42] LI G, DIAO Z, NA J, et al. Exploring suitable ZSM-5/MCM-41 zeolites for catalytic cracking of n-dodecane: Effect of initial particle size and Si/Al ratio [J]. Chinese Journal of Chemical Engineering, 2015, 23 (10): 1655-1661.

[43] MENG X, LIN C, ZHANG Y, et al. Mass transfer behavior of benzene in hierarchically structured ZSM-5 [J]. Frontiers in Chemistry, 2019, 7: 502.

[44] GOLLAKOTA A R K, MUNAGAPATI V S, VOLLI V, et al. Coal bottom ash derived zeolite (SSZ-13) for the sorption of synthetic anion Alizarin Red S (ARS) dye [J]. Journal of Hazardous Materials, 2021, 416: 125925.

[45] MONASH P, PUGAZHENTHI G. Investigation of equilibrium and kinetic parameters of methylene blue adsorption onto MCM-41 [J]. Korean Journal of Chemical Engineering, 2010, 27 (4): 1184-1191.

[46] CHANG M Y, JUANG R S. Adsorption of tannic acid, humic acid, and dyes from water using the composite of chitosan and activated clay [J]. Journal of Colloid and Interface Science, 2004, 278 (1): 18-25.

[47] AL-HUSSAIN S, ATTA A, Al-Lohedan H, et al. Application of new sodium vinyl sulfonate-co-2-acrylamido-2-methylpropane sulfonic acid sodium salt-magnetite cryogel nanocomposites for fast methylene blue removal from industrial waste water [J]. Nanomaterials, 2018, 8 (11): 878.

[48] YAHAYA PUDZA M, ZAINAL ABIDIN Z, ABDUL RASHID S, et al. Eco-friendly sustainable fluorescent carbon dots for the adsorption of heavy metal ions in aqueous environment [J]. Nanomaterials, 2020, 10 (2): 315.

[49] YUAN N, ZHAO A, HU Z, et al. Preparation and application of porous materials from coal gasification slag for wastewater treatment: A review [J]. Chemosphere, 2022, 287: 132227.

[50] TEHUBIJULUW H, SUBAGYO R, YULITA M F, et al. Utilization of red mud waste into mesoporous ZSM-5 for methylene blue adsorption-desorption studies [J]. Environmental Science and Pollution Research, 2021, 28 (28): 37354-37370.

[51] IRYANI A, HARTANTO D. Textile dyes removal by ZSM-5 from Bangka kaolin [J]. Journal of Physics: Conference Series, 2018, 1095 (1): 012011.

[52] LIANG G, LI Y, YANG C, et al. Synthesis of ZSM-5 zeolites from biomass power plant ash for removal of ionic dyes from aqueous solution: Equilibrium isotherm, kinetic and thermodynamic analysis [J]. RSC Advances, 2021, 11 (36): 22365-22375.

[53] SUN Z, LI C, WU D. Removal of methylene blue from aqueous solution by adsorption onto zeolite synthesized from coal fly ash and its thermal regeneration [J]. Journal of Chemical Technology & Biotechnology, 2010, 85 (6): 845-850.

[54] ZHAO Y P, GUO D X, LI S F, et al. Removal of methylene blue by NaX zeolites synthesized

from coal gasification fly ash using an alkali fusion-hydrothermal method [J]. Desalination and Water Treatment, 2020, 185: 355-363.

[55] KHANDAY W A, MARRAKCHI F, ASIF M, et al. Mesoporous zeolite-activated carbon composite from oil palm ash as an effective adsorbent for methylene blue [J]. Journal of the Taiwan Institute of Chemical Engineers, 2017, 70: 32-41.

[56] KHANDAY W A, ASIF M, HAMEED B H. Cross-linked beads of activated oil palm ash zeolite/chitosan composite as a bio-adsorbent for the removal of methylene blue and acid blue 29 dyes [J]. International Journal of Biological Macromolecules, 2017, 95: 895-902.

[57] KOŁODYŃSKA D, HAŁAS P, FRANUS M, et al. Zeolite properties improvement by chitosan modification—Sorption studies [J]. Journal of Industrial and Engineering Chemistry, 2017, 52: 187-196.

[58] NOMURA K, TERWILLIGER P. Self-dual leonard pairs [J]. Special Matrices, 2019, 7 (1): 1-19.

[59] JIN H, LIU Y, WANG C, et al. Two-step modification towards enhancing the adsorption capacity of fly ash for both inorganic Cu(Ⅱ) and organic methylene blue from aqueous solution [J]. Environmental Science and Pollution Research, 2018, 25 (36): 36449-36461.

[60] DINH N T, VO L N H, TRAN N T T, et al. Enhancing the removal efficiency of methylene blue in water by fly ash via a modified adsorbent with alkaline thermal hydrolysis treatment [J]. RSC Advances, 2021, 11 (33): 20292-20302.

[61] SIVALINGAM S, KELLA T, MAHARANA M, et al. Efficient sono-sorptive elimination of methylene blue by fly ash-derived nano-zeolite X: Process optimization, isotherm and kinetic studies [J]. Journal of Cleaner Production, 2019, 208: 1241-1254.

[62] NOVAIS R M, CARVALHEIRAS J, TOBALDI D M, et al. Synthesis of porous biomass fly ash-based geopolymer spheres for efficient removal of methylene blue from wastewaters [J]. Journal of Cleaner Production, 2019, 207: 350-362.

[63] AHMAD M A, AHMAD Puad N A, BELLO O S. Kinetic, equilibrium and thermodynamic studies of synthetic dye removal using pomegranate peel activated carbon prepared by microwave-induced KOH activation [J]. Water Resources and Industry, 2014, 6: 18-35.

[64] LI T, LIU L, ZHANG Z, et al. Preparation of nanofibrous metal-organic framework filter for rapid adsorption and selective separation of cationic dye from aqueous solution [J]. Separation and Purification Technology, 2020, 237: 116360.

[65] ZHANG Z, CHEN Y, WANG P, et al. Facile fabrication of N-doped hierarchical porous carbons derived from soft-templated ZIF-8 for enhanced adsorptive removal of tetracycline hydrochloride from water [J]. Journal of Hazardous Materials, 2022, 423: 127103.

[66] MOUSAVI D V, AHMADIPOUYA S, SHOKRGOZAR A, et al. Adsorption performance of UiO-66 towards organic dyes: Effect of activation conditions [J]. Journal of Molecular Liquids, 2021, 321: 114487.

[67] PAZ R, VILTRES H, GUPTA N K, et al. Fabrication of magnetic cerium-organic framework-activated carbon composite for charged dye removal from aqueous solutions [J]. Journal of

Molecular Liquids, 2021, 337: 116578.

[68] STJERNBERG J, OLIVAS-OGAZ M A, ANTTI M L, et al. Laboratory scale study of the degradation of mullite/corundum refractories by reaction with alkali-doped deposit materials [J]. Ceramics International, 2013, 39 (1): 791-800.

[69] XU Y, CHAI X. Characterization of coal gasification slag-based activated carbon and its potential application in lead removal [J]. Environmental Technology, 2018, 39 (3): 382-391.

[70] WANG S, JIN H, DENG Y, et al. Comprehensive utilization status of red mud in China: A critical review [J]. Journal of Cleaner Production, 2021, 289: 125136.

[71] ZHANG Y, LI C, YANG M, et al. Analysis of single-grain interference mechanics based on material removal and plastic stacking mechanisms in nanofluid minimum quantity lubrication grinding [J]. Procedia CIRP, 2018, 71: 116-121.

[72] MOLINA A, POOLE C. A comparative study using two methods to produce zeolites from fly ash [J]. Minerals Engineering, 2004, 17 (2): 167-173.

[73] ZHANG B, JIN Y, QI J, et al. Porous carbon materials based on *Physalis alkekengi* L. husk and its application for removal of malachite green [J]. Environmental Technology & Innovation, 2021, 21: 101343.

[74] BELVISO C, AGOSTINELLI E, BELVISO S, et al. Synthesis of magnetic zeolite at low temperature using a waste material mixture: Fly ash and red mud [J]. Microporous and Mesoporous Materials, 2015, 202: 208-216.

[75] 赵鹏德. 宁东煤 CGFS 制备单一相沸石及其对废水中重金属去除效果的研究 [D]. 银川: 宁夏大学, 2021.

[76] WU Y H, XUE K, MA Q L, et al. Removal of hazardous crystal violet dye by low-cost P-type zeolite/carbon composite obtained from in situ conversion of coal gasification fine slag [J]. Microporous and Mesoporous Materials, 2021, 312: 110742.

[77] 姚阳阳. CGCS 制备活性炭/沸石复合吸附材料及其性能研究 [D]. 长春: 吉林大学, 2019.

[78] JI W, ZHANG S, ZHAO P, et al. Green Synthesis method and application of NaP zeolite prepared by coal gasification coarse slag from Ningdong, China [J]. Applied Sciences, 2020, 10 (8): 2694.

[79] WU Y H, MA Y L, SUN Y gang, et al. Graded synthesis of highly ordered MCM-41 and carbon/zeolite composite from coal gasification fine residue for crystal violet removal [J]. Journal of Cleaner Production, 2020, 277: 123186.

[80] BELVISO C, KHARCHENKO A, AGOSTINELLI E, et al. Red mud as aluminium source for the synthesis of magnetic zeolite [J]. Microporous and Mesoporous Materials, 2018, 270: 24-29.

4 介孔二氧化硅环境材料

近年来，随着清洁能源的发展，煤炭消费量逐渐下降，同时印染业快速发展导致的水污染问题也引起了广泛关注。本章探讨了煤粉炉粉煤灰和循环流化床粉煤灰基介孔二氧化硅材料的制备，以及用于亚甲基蓝（MB）和孔雀石绿（MG）的吸附。该研究为工业废弃物的资源化利用提供了新的途径，同时也为解决染料废水处理问题提供了可能的解决方案。

4.1 煤粉炉粉煤灰基介孔二氧化硅材料的制备及亚甲基蓝吸附性能

4.1.1 概述

染料行业迅猛发展所导致的水污染已经成为一个备受瞩目的全球性问题，引起了社会各界的高度关注。据估计，目前已生产了 10 万多种商用有机染料和颜料。同时，在生产过程中，大量染料被排放到自然环境中，造成了严重的环境问题[1]。染料废水中含有大量的显色基团，色度值高，污染性强，因此将染料从水中去除是一个十分迫切的问题。

目前，针对染料废水已有处理的方式包括光降解、吸附、生物降解、混凝絮凝等[2]。其中，物理吸附法因处理工艺简单、效果好、成本低的优点而备受关注。通常，活性炭和沸石是去除水溶液中染料的主要吸附剂。然而，由于活性炭和沸石的微孔性质，它们对染料的吸附能力有限[3]。近年来，介孔二氧化硅材料因比表面积大、孔容大、稳定性好、低毒、透明等优点，被广泛应用于重金属离子、染料、酚类化合物、农药等水中污染物的处理[4-5]。在介孔二氧化硅材料的制备中，一些商用二氧化硅前驱体（如偏硅酸钠和正硅酸四乙酯）已被广泛用作二氧化硅源[4]。然而，随着大规模工业应用的介孔二氧化硅材料消费量的增加，利用商用二氧化硅前驱体制备介孔二氧化硅材料的成本相对较高[6-7]。因此，利用廉价的硅源实现这类材料的生产是十分必要的。

鉴于粉煤灰、炉底渣等工业固体废弃物中硅含量丰富，这些原料已被用于生产介孔二氧化硅材料[8]，该策略具有成本低、环境友好的优点[9]。在过去的几十年里，这些工业固体废弃物衍生的多孔硅酸盐材料已经被研究应用于二氧化碳捕获[10-11]、催化[12-13]、磷酸盐去除[14]和重金属离子去除[15]等领域。例如，Ahn 等人[11]报道了利用炉底渣合成介孔硅，并对得到的介孔材料进行聚乙烯亚胺改性，高效捕集二氧化碳。Arbad 等人[12]以粉煤灰为原料合成了 MCM-41，所得材料作为曼尼希反应合成 β-氨基羰基化合物的催化剂。

然而，迄今为止只有非常有限的研究报道了粉煤灰衍生的介孔二氧化硅材料用于去除水溶液中的染料。最近，Zhou 等人以粉煤灰（CFA）为原料合成了球形含铝 MCM-41 材料，并进一步评价了其对 MB 的吸附性能[16]。尽管已具有开拓性的工作，但为了在工业上的实际应用，粉煤灰衍生介孔二氧化硅材料的吸附能力还需要进一步提高，吸附过程还需要在更短的时间内完成。

本实验以三嵌段共聚物 P123 为结构导向剂，在酸性条件下成功制备了粉煤灰衍生的介孔二氧化硅材料（CFA-MS），制备过程中未使用商用硅源。采用傅里叶变换红外光谱（FT-IR）、N_2 吸附-脱附、粉末 X 射线衍射（PXRD）和透射电镜（TEM）对 CFA-MS 进行了表征，研究了吸附时间、pH 值、初始浓度、温度等因素对 MB 吸附性能的影响。此外，利用伪一阶和伪二阶吸附动力学模型以及 Langmuir、Freundlich、Temkin 和 Dubinin-Radushkevich 吸附等温模型，对吸附过程进行了评价；结果表明，CFA-MS 具有良好的吸附能力（323.62 mg/g），吸附过程相对较快（90 min），是一种高效的去除 MB 吸附剂。

4.1.2 材料制备

实验从 CFA 中提取硅，需对 CFA 进行预处理，去除铁离子、钙离子等杂质。具体实验步骤是：CFA 在 100 ℃的烘箱中干燥，直到质量不变。然后将干燥的 CFA 与 20% HCl 混合，在 80 ℃下搅拌 4 h，过滤，用去离子水充分冲洗固体数次，直到滤液变为中性。然后，将得到的粉末在 100 ℃的烘箱中烘干。

采用碱熔法从 CFA 中提取二氧化硅，该方法是基于 Kumar[17]报道的方法，并且做了些修改。预处理后 CFA 粉末与氢氧化钠以质量比为 1∶1.2 进行研磨混合，然后在烘箱中以 550 ℃加热 1 h。磨细碱熔后的 CFA，以质量比为 1∶4 加入去离子水，室温搅拌 24 h，离心过滤得到含硅酸钠的上清液。采用电感耦合等离子体发射光谱法（ICP-OES）测定了上清液中的硅、铝和钠的离子浓度，分别约为 0.51%（5097.5 ppm）、0.08%（816 ppm）和 4.53%（45275 ppm）。

介孔吸附剂 CFA-MS 的合成具体实验步骤为：40 ℃条件下将 0.720 g P123 溶于 30 g HCl（2 mol/L）中，然后在室温搅拌下将从 CFA 提取的 30 mL 上清液滴入溶液中。最后快速加入 5 g 浓盐酸和 10 mL 去离子水，得到的混合物在室温下继续搅拌 24 h，然后在 100 ℃的烘箱中陈化 72 h，离心得到合成产物，用去离子水洗涤。合成产物在 100 ℃干燥过夜后，在 550 ℃煅烧 24 h，冷却至室温，得到白色粉末，记为 CFA-MS。

MB 的吸附通过改变吸附时间、pH 值、初始浓度和温度等参数，研究 CFA-

MS 对 MB 的吸附能力。将 10 mL 200 mg/L 的 MB 溶液与 5 mg 的 CFA-MS 混合，混合溶液在 25 ℃的振荡器中振荡 90 min（150 r/min），然后用离心法从 MB 溶液中分离出 CFA-MS。之后，用紫外-可见分光光度计（UV-vis）在 664 nm 处测定含有残留 MB 的上清液浓度。为了得到吸光度与 MB 浓度之间的标准曲线，制备了不同浓度的 MB 溶液（2 mg/L，4 mg/L，6 mg/L，8 mg/L 和 10 mg/L），分别用 UV-vis 在 664 nm 处（MB 的 λ_{max}）测定吸光度。根据 Lambert-Beer 定律和线性回归方程线性拟合得到的标准曲线为 $y = 0.06687x - 0.00386$，相关系数 $R^2 = 0.9993$，据此计算 MB 在 CFA-MS 上的吸附量（q_e）和去除率（R）。

4.1.3　材料表征

采用 X 射线荧光光谱法（XRF）（PANalytical B. V.）测定 CFA 的化学成分，采用 ICP-OES 法在 PerkinElmer Optima 8300 光谱仪上测定 CFA 上层清液中的 Si、Al 和 Na 离子浓度。用 X 射线衍射仪测试 CFA 和介孔吸附剂。在美国 Micromeritics 仪器公司的 Micromeritics TriStar Ⅱ 3020 比表面积和孔隙度分析仪上进行了 N_2 吸附-脱附测量（77 K）。测定前，将合成的吸附剂在 120 ℃真空脱气 12 h。比表面积采用 Brunauer-Emmett-Teller（BET）法计算，孔径分布采用 Barrett-Joyner-Halenda（BJH）法测定。FT-IR 光谱是在以 KBr 为标准参比的 PerkinElmer 光谱仪上采集，波数在 400 ~ 4000 cm^{-1}范围内。TEM 是在 120 kV 加速电压下用 JEM 1200EX 显微镜（JEOL，日本）进行测量的，采用 UV-5100 分光光度计（上海佑科仪器仪表有限公司）对 MB 溶液进行浓度分析。

使用 XRF 检测未处理 CFA 的化学成分，确定其中以氧化态形式表示的主要成分为 SiO_2（50.76%）、Al_2O_3（36.04%）、CaO（3.64%）和 Fe_2O_3（3.31%），见表 4-1。如图 4-1 所示，未处理 CFA 的室温 PXRD 谱图表明晶体相为莫来石、石英和铝硅酸盐玻璃，与 XRF 测量结果一致[9-10,17]。碱熔处理后，CFA 主要由硅酸钠相组成，说明结晶硅已成功转化为可溶性硅酸钠相，如图 4-1 所示[9,17]。因此，碱熔法可以有效地提取 CFA 中可利用的二氧化硅种类，并将其转化为可溶性硅酸钠，从而有利于介孔二氧化硅材料的制备。

表 4-1　未处理 CFA 的化学成分

组成	含量（质量分数）/%	CFA/mol · 100 g^{-1}
SiO_2	50.76	0.845
Al_2O_3	36.04	0.353
CaO	3.64	0.065
Fe_2O_3	3.31	0.021
TiO_2	1.79	0.022

续表 4-1

组成	含量（质量分数）/%	CFA/mol · 100 g^{-1}
K_2O	1.14	0.012
SO_3	1.39	0.017
CdO	0.54	0.004
Na_2O	0.53	0.009
MgO	0.43	0.011

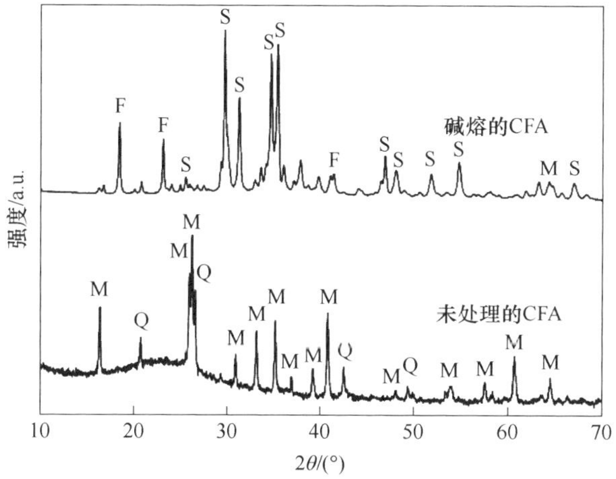

图 4-1 CFA 的 PXRD 谱图
（M、Q、S 和 F 分别代表莫来石、石英、硅酸钠和八面沸石）

采用红外光谱法研究了合成 CFA-MS 的化学成分。如图 4-2(a) 所示，吸收峰出现在 1069 cm^{-1}、801 cm^{-1}和 456 cm^{-1}处，分别对应 Si—O—Si 键的非对称拉伸、对称拉伸和平面内弯曲振动[18]。此外，一个位于 1630 cm^{-1}的弱峰是由于物理吸附的水分子引起的。因此，这些吸收带表明材料中二氧化硅骨架的成功形成。

用 N_2 吸附-脱附法测定了所得吸附剂 CFA-MS 的孔隙率。如图 4-2(b) 所示，CFA-MS 的 N_2 吸附-脱附曲线呈现Ⅳ型等温线特征，表明存在特征介孔结构[19]。同时，等温线在 p/p_0 = 0.45 ~ 1.0 范围内呈现出较大的 H_2 型回滞环，这是墨水瓶孔隙通过孔阻塞或空化相互连接的窄颈材料的典型特征[19]。计算的 BET 比表面积约为 497 m^2/g，孔隙体积约为 0.49 cm^3/g，这些值与 CFA 制备的 SBA-15 材料的值非常接近[17]。其孔径分布较宽，孔径以 3.9 nm 为主，而 BJH 法测得其平均孔径为 4.9 nm。此外，测定了 CFA 的比表面积和孔隙体积，分别约为 9.82 × 10^{-3} m^2/g 和 4.84 × 10^{-4} cm^3/g；与其衍生的介孔材料 CFA-MS 相比，这些值相当小。因此，研究结果表明 CFA 的非多孔性和介孔材料 CFA-MS 被成功制备。但所制备 CFA-MS 材料的小角度 PXRD 谱图在 0.5°～10°的 2θ 角上没有明显的衍射峰，说明没有均匀的介孔结构。参考先前的研究[6,17]，因为通常偏硅酸钠被用来改善介孔结构的一致性，然而除了从 CFA 的上层清液中提取二氧化硅，在此没有额外的硅源[15,20]。尽管没有有序的介孔结构，但 CFA-MS 对 MB 等阳离子染料的吸附性能增强，这将在本节接下来的部分进行讨论。

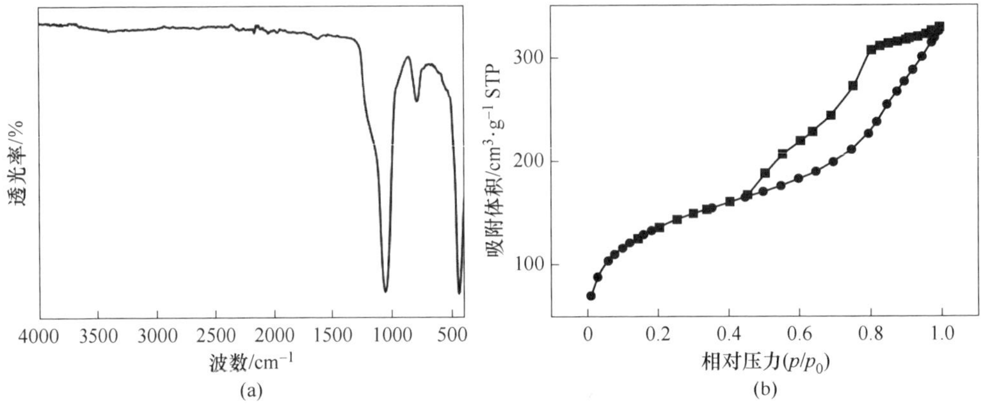

图 4-2　所得 CFA-MS 的 FT-IR 光谱（a）和 N_2 吸附-脱附等温线（b）

用 TEM 观察了 CFA-MS 的形貌。如图 4-3 所示，所得到的材料 CFA-MS 呈现出不规则的形状和蠕虫状的介孔结构，这与上述 N_2 吸附-脱附测量和小角度的 PXRD 的结果一致。

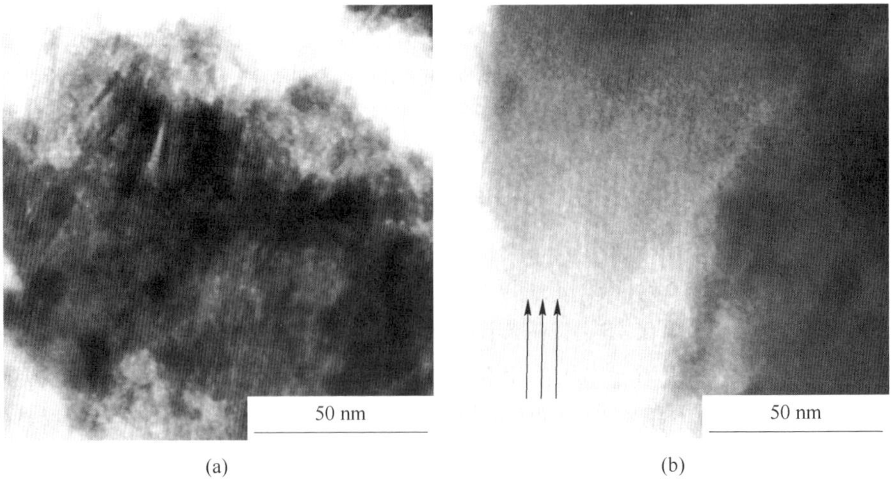

图 4-3　CFA-MS 的 TEM 图像

（a）不规则形状的材料；（b）蠕虫状的介孔

4.1.4 吸附性能

快速去除水溶液中的有机染料对吸附剂性能评价至关重要。为了研究吸附时间对 MB 吸附的影响，在室温下将 5 mg 合成的吸附剂 CFA-MS 加入 10 mL 的 200 mg/L MB 溶液中。从图 4-4(a) 中可以看出，最初随着时间的增加，初始吸附速率迅速增加，这是由于可利用的吸附位点较多所致。当时间达到 90 min 时，吸收量最大可达 316.8 mg/g，随着时间的增加，吸附能力基本保持不变。

此外，在 298 K 条件下，研究了 pH 值对制备的吸附剂 CFA-MS 在水溶液中吸附 MB 的影响。如图 4-4(b) 所示，随着 pH 值从 3 到 10 的变化，吸附量逐渐增加，这可以通过带负电荷的二氧化硅与带正电荷的 MB 分子之间的静电相互作用来解释。因此，CFA-MS 对 MB 的吸附更倾向于碱性条件，最佳初始 pH 值为 10，这里显示的结果与之前的报道一致[16,21-22]。

通过改变初始浓度范围为 25～200 mg/L，温度分别为 298 K、308 K 和 318 K，研究了初始浓度和温度对 CFA-MS 吸附 MB 的影响。如图 4-4(c) 和 (d) 所示，在三种不同的温度下，吸附容量均随着初始浓度的增加而增大，而去除率随着初始浓度的增加而降低。温度的升高使得染料溶液黏度降低，有利于吸附分子从液相到固相扩散[23]。但是，随着本实验温度的升高，MB 的吸附能力和去除效率都在降低。这可以解释为温度的升高可以提高吸附 MB 分子的迁移，从而导致 MB 的严重解吸[24-25]。这一趋势表明 MB 在 CFA-MS 上的吸附经历了一个物理吸附过程，其相互作用可以归因于较弱的范德华力和偶极力，通常与吸附热较低有关[24]。

为了解释 MB 在 CFA-MS 吸附剂表面的吸附行为，采用 Langmuir、Freundlich、Temkin、Dubinin-Radushkevich 吸附等温模型在 298 K 下进行了详细研究。Langmuir 吸附等温模型[26-28]是描述染料在吸附剂表面吸附最常见且仍然有用的模型，这是基于假设吸附分子排列在一个单分子层且吸附剂表面可以被视为均匀。相反，Freundlich 吸附等温模型[29-30]假设吸附剂表面是不均匀的，并且吸附剂更倾向于占据较强的结合位点。此外，Temkin 吸附等温模型[31-32]考虑了吸附剂与吸附质之间的相互作用。

MB 吸附于 CFA-MS 上的线性等温线如图 4-5 所示，相关参数见表 4-2。根据线性回归系数 R^2 值，Langmuir 等温模型比 Freundlich 等温模型与 Temkin 等温模型能更好地表征吸附平衡数据。这说明 MB 的吸附发生在特定的均质位点，并遵循单层吸附过程。此外，利用 Langmuir 模型定义的分离因子 R_L 可以评价吸附的可行性[33]。

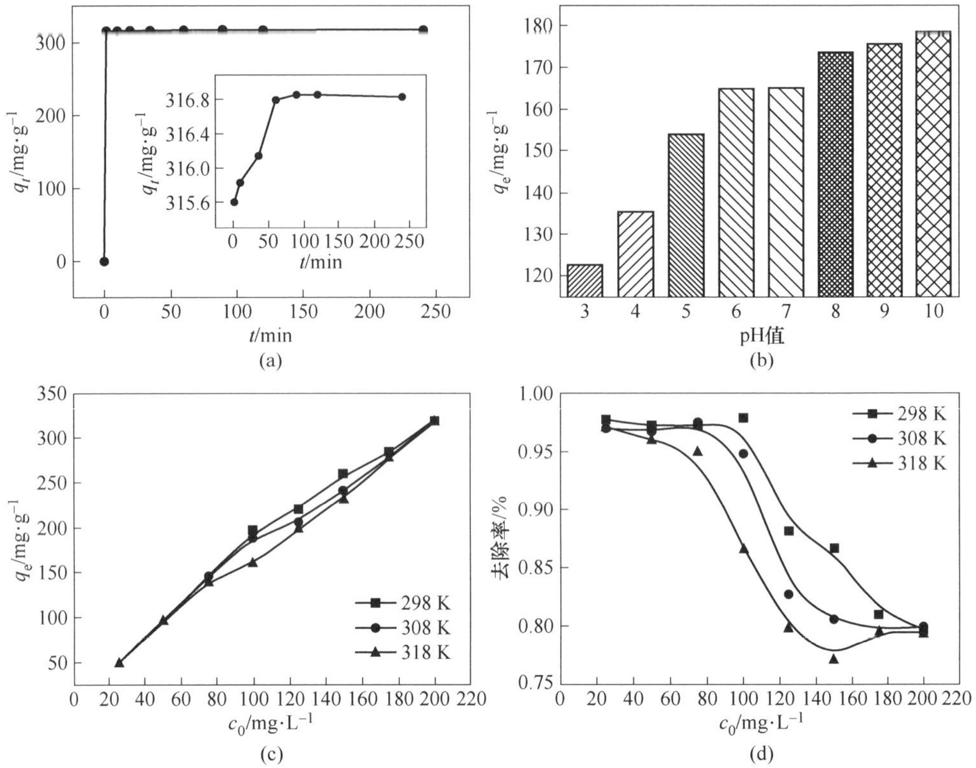

图 4-4　吸附时间（a）、pH 值（b）、初始浓度和温度（c）（d）对水溶液中亚甲基蓝（MB）在 CFA-MS 上吸附的影响

表 4-2　在 298 K 时 MB 吸附在所得 CFA-MS 上的线性等温线参数

模　型	参　　数	
Langmuir	q_m/mg · g^{-1}	323. 62
	K_L/L · mg^{-1}	0. 29
	R^2	0. 980
Freundlich	K_F/(mg/g) · (mg/L)$^{-1/n}$	91. 22
	$1/n$	0. 35
	R^2	0. 798
Temkin	b_T	45. 10
	K_T/L · g^{-1}	6. 08
	R^2	0. 908
Dubinin-Radushkevich	q_m^{D-R}/mg · g^{-1}	240. 07
	β	2. 73 × 10^{-7}
	R^2	0. 848

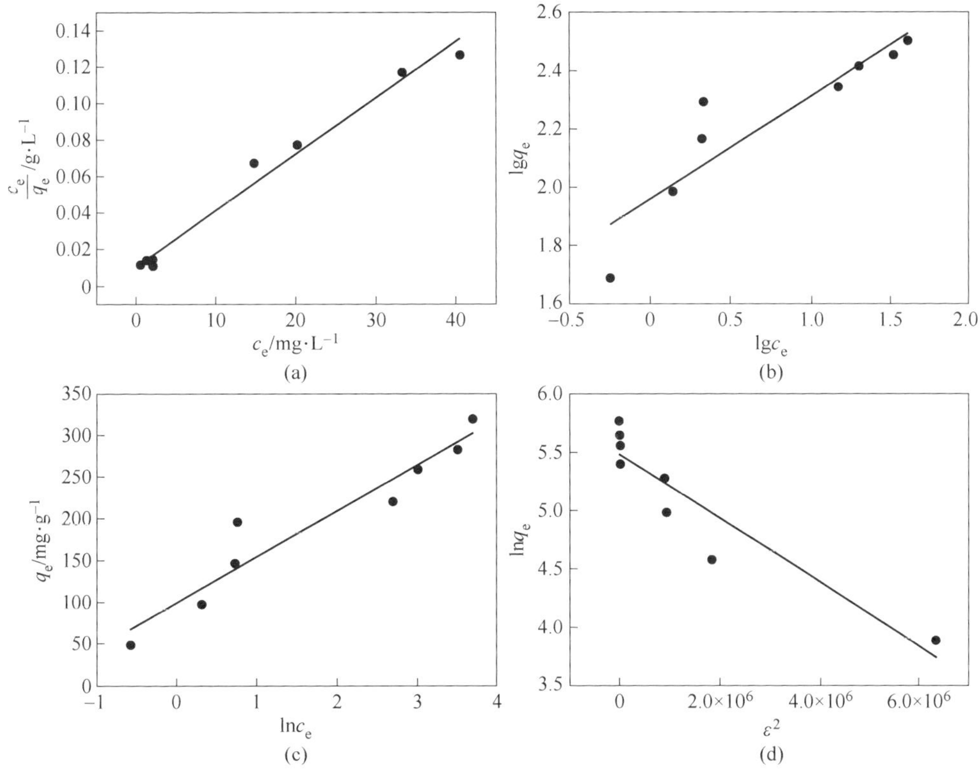

图 4-5 Langmuir（a）、Freundlich（b）、Temkin（c）和 Dubinin-Radushkevich（d）吸附等温模型以线性形式拟合的吸附平衡数据

本研究中计算的 R_L 值为 0.017，说明吸附过程良好[34]。由 Langmuir 模型计算出理论最大吸附量为 323.62 mg/g，与实验数据相符。值得一提的是，该值远远高于大多数既往报道的介孔二氧化硅材料[1]和其他类型吸附剂的吸附能力，见表 4-3。此外，根据之前发表的文献，这一结果与粉煤灰衍生的多孔材料相比[16]，对 MB 的吸附能力最高。例如，Zhou[16]最近报道了一种粉煤灰衍生的 Al-MCM-41 材料，其对 MB 的最大吸附能力为 277.78 mg/g。

表 4-3 不同吸附剂对 MB 的吸附能力

吸附剂	吸附量/mg · g^{-1}	参考文献
椰壳活性炭	15.59	[35]
CaHAp-Alg	77.3	[36]
生 KT38 高岭土	52.76	[37]
MGC-4	65.8	[38]

续表 4-3

吸附剂	吸附量/mg · g^{-1}	参考文献
ZFA/HZ	45.09	[39]
Ti-SBA-15	208.3	[40]
Al-MCM-41	277.78	[16]
CFA-MS	323.62	本研究

此外，Dubinin-Radushkevich（D-R）模型[41]也用于计算吸附的表观自由能，该模型通常用于区分吸附类型，即物理或化学吸附。对于 MB 在合成吸附剂 CFA-MS 上的吸附，计算得到 E 值为 1.35 kJ/mol（低于 8 kJ/mol），说明吸附经历了物理过程[42]。

利用多种吸附动力学模型可以对 MB 从液相到吸附剂 CFA-MS 表面的传质速率和传质机理进行描述。在目前的研究中，采用伪一阶和伪二阶吸附动力学模型，研究了介孔吸附剂对 MB 溶液的吸附机理。伪一阶吸附动力学模型由 Lagergren[43]以线性形式描述，而伪二阶吸附动力学模型的线性形式由 Ho 和 McKay[44]总结。

基于伪一阶和伪二阶吸附动力学模型绘制的线性曲线如图 4-6 所示，q_e、k_1、k_2 和 R^2 的值汇总于表 4-4。由表 4-4 可以看出，由伪二阶吸附动力学模型计算出的吸附容量（316.5 mg/g）比伪一阶吸附动力学模型（0.789 mg/g）更接近实验数据（316.8 mg/g）。此外，比较两个相关系数（R^2）也表明，MB 从水溶液的吸附过程更符合伪二阶吸附动力学模型。

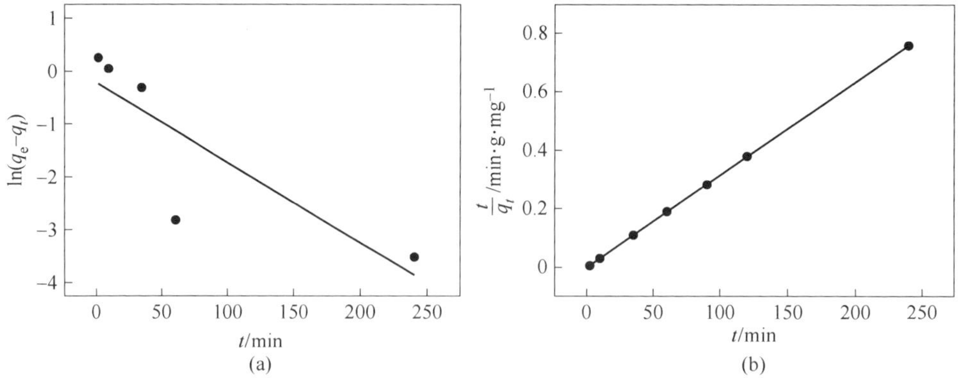

图 4-6　CFA-MS 在 298 K 下吸附 MB 的伪一阶（a）和伪二阶（b）吸附动力学线性拟合图

表 4-4 伪一阶和伪二阶吸附动力学模型参数

类　型	参　数	
伪一阶动力学模型	$q_{e,cal}$/mg · g^{-1}	0.789
	k_1/min^{-1}	0.015
	R^2	0.615
伪二阶动力学模型	$q_{e,cal}$/mg · g^{-1}	316.5
	k_2/g · (mg · min)$^{-1}$	0.114
	R^2	1.000

4.1.5 吸附机理

为了解固体吸附剂与染料分子在水溶液中的相互作用，提出了静电作用、氢键作用、离子交换、配位作用、酸碱作用等几种可能的吸附机理。

目前的研究表明，作为阳离子有机分子，MB 主要通过静电相互作用吸附在合成的介孔二氧化硅表面，这可以解释为硅烷表面存在大量的硅醇基团 Si—OH。吸附能力随 MB 溶液 pH 值的增加而增加，说明去质子的硅醇基团以 $Si-O^-$ 的形式存在较多，且与阳离子染料 MB 具有较强的静电相互作用[16]。此外，CFA-MS 表面的硅醇基团也可以通过氢键与 MB 分子的氨基相互作用[45]。因此，吸附机理可以通过静电作用和氢键作用来解释，如图 4-7 所示。

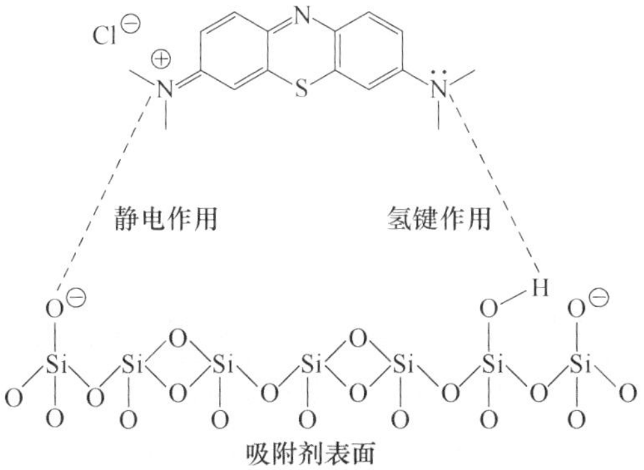

图 4-7 MB 在 CFA-MS 上吸附的机理

4.1.6 结论

本研究在不使用任何商用硅源的情况下成功合成了 CFA-MS，并通过 TEM、FT-IR、PXRD 和 N_2 吸附-脱附等手段对其进行了表征。采用 CFA-MS 从水溶液中去除 MB，吸附量随吸附时间的增加而增加，最佳 pH 值为 10。此外，吸附量随温度的升高而降低[46-47]，说明吸附行为是放热的。此外，吸附平衡过程可以用 Langmuir 吸附等温模型描述，吸附动力学遵循伪二阶吸附动力学模型，而非伪一阶吸附动力学模型。实验最大吸附量为 316. 8 mg/g，接近理论最大染料吸附量 323. 62 mg/g，这个值比以前报道的对应值要高得多，本研究为利用廉价工业固体废弃物 CFA 制备介孔二氧化硅材料吸附去除 MB 提供了一种有前景的方法。

4. 2　循环流化床粉煤灰基有序介孔材料的制备及孔雀石绿吸附性能

4. 2. 1　概述

未经处理的废水含有大量的染料，可能导致严重的环境问题[1]。正如 4. 1 节所述，物理吸附法因高效性和广泛的适用性，已经成为现代工业中去除染料的重要技术手段[2]。至今，活性炭、沸石等多种吸附剂已经在染料去除的实际应用中展现其价值，然而，由于这些传统吸附剂具有微孔结构，它们在吸附染料方面的能力存在一定的限制[48-49]。

基于上述研究结果，本研究首次以循环流化床粉煤灰为原料制备介孔二氧化硅材料（CFB-MS）。通过两步水热法合成了 CFB-MS，具有有序的六方 p6mn 对称 MCM-41 介孔结构。通过 PXRD、N_2 吸附-脱附测量、TEM、FT-IR、固体 ^{29}Si 和 ^{27}Al MAS NMR 谱图对 CFB-MS 的结构和形态进行了表征。此外，还应用不同模型对吸附等温线和动力学进行了详细的研究，以了解吸附机理。

4. 2. 2　材料制备

本研究采用两步法制备 MCM-41 型介孔材料。

（1）对粉煤灰进行了去除铁、钙等杂质的预处理，将收到的循环流化床粉煤灰在 100 ℃的烘箱中干燥，直至质量不变。然后，将干燥的起始物料加入 20% 的 HCl 中，在 80 ℃搅拌 4 h。冷却至室温后，通过过滤将固体与溶液分离，并用去离子水洗涤几次。最后，将得到的固体在 100 ℃的烘箱中进一步干燥一夜。硅的提取是在水热条件下进行的。将预处理后的循环流化床粉煤灰与不同浓度（2 ~5 mol/L）的 NaOH 溶液以 1 ∶ 10 的质量体积比（g/mL）混合。然后，将得到的混合物在 80 ℃搅拌 4 h。用离心和过滤的方法分离上清液，用 ICP-OES 测定上清液中硅、铝的浓度。

（2）制备粉煤灰基介孔二氧化硅。将 1. 2 g 十六烷基三甲基溴化铵（CTAB）加入到含有 20 g 去离子水和 1. 0 g 氢氧化铵（$NH_3 \cdot H_2O$，25%）的烧杯中。室温搅拌 2 h 后，将循环流化床粉煤灰制备的含硅上清液 30 mL 滴入溶液中。进一步搅拌2 h后，加入5 mol/L H_2SO_4 溶液，调整溶液pH值为10.0，再搅拌30 min。之后将溶液转移到高压釜中，在100 ℃水热处理48 h，使用的Si：CTAB：H_2O摩尔比为1：0.2：170。合成的吸附剂以8000 r/min的速度离心回收，然后用去离子水充分洗涤几次。在烘箱中100 ℃干燥一夜后，再将产物在550 ℃煅烧6 h以去除表面活性剂，最后得到一种白色粉末，命名为CFB-MS。

4.2.3 材料表征

用XRF对回收的循环流化床粉煤灰进行化学成分分析，表明其主要成分为Si、Al、Ca和Fe（见表4-5），其中 SiO_2 和 Al_2O_3 的质量分数分别为40.84%和33.83%。

表4-5 粉煤灰的化学成分组成

组成	含量（质量分数）/%	CFA/mol·(100 g)$^{-1}$
SiO_2	40.84	0.680
Al_2O_3	33.83	0.332
CaO	9.57	0.171
Fe_2O_3	6.17	0.039
SO_3	4.26	0.053
TiO_2	1.81	0.023
MgO	1.04	0.026
CdO	0.94	0.007
K_2O	0.77	0.008
P_2O_5	0.27	0.002
Na_2O	0.16	0.003
SrO	0.11	0.001

循环流化床粉煤灰的PXRD谱图如图4-8(a)所示，由此可知，样品中主要的晶相为石英、硬石膏、方解石和莫来石。同时，20°~30°的宽频带表明存在大量的非晶态物质。一般来说，在NaOH水热处理过程中，非晶态组分有利于转化为可溶性水玻璃，而晶相不容易转化为可溶性水玻璃[50]。与普通煤粉灰相比，循环流化床粉煤灰中存在更多的非晶态成分，有利于硅的提取。此外，利用TEM对回收的循环流化床粉煤灰进行了形貌表征，结果显示其颗粒形状不规则，由于燃烧温度的不同，与煤粉炉粉煤灰呈球形颗粒的形状有很大的不同[51]。

研究了循环流化床粉煤灰上清液中硅、铝的浓度，采用ICP-OES进行分析，结果如图4-8(b)所示。当NaOH溶液的浓度从2 mol/L增加到5 mol/L时，提取的硅浓度从1.365%（13650 ppm）增加到1.5305%（15305 ppm）（3 mol/L NaOH），然后下降到1.3523%（13523 ppm）。在NaOH浓度为4 mol/L时，铝的提取浓度达到了 0.13%（1303 ppm）的峰值。为制备介孔二氧化硅吸附剂，在 NaOH 浓度为 3 mol/L 的条件下，从循环流化床粉煤灰中提取硅。

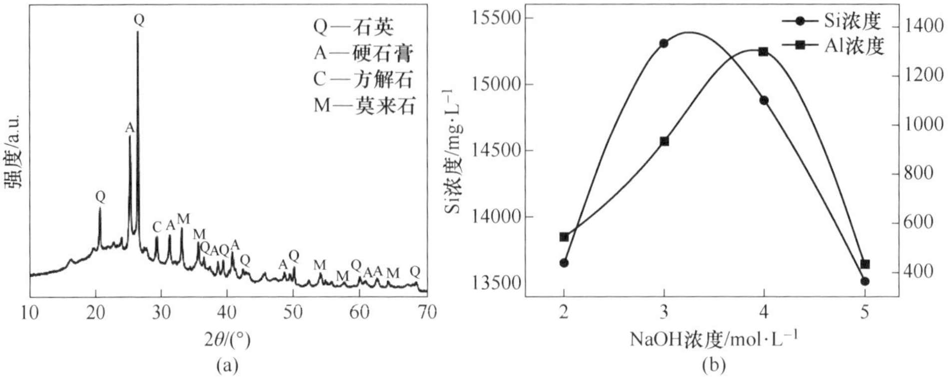

图 4-8　循环流化床粉煤灰的 PXRD 谱图（a）和 NaOH 用量对硅溶出率的影响（b）

进行了 N_2 吸附-脱附测试，研究了 CFB-MS 的孔结构性能。如图 4-9(a) 所示，根据滞回线的 IUPAC 命名法，CFB-MS 具有典型的Ⅳ型等温线特征，表明存在介孔结构[19]。N_2 吸附-脱附等温线的结果与小角度 PXRD 的结果一致，计算得到 CFB-MS 的比表面积和孔体积分别为 738 m^2/g 和 0.66 cm^3/g。CFB-MS 的 BET 比表面积和孔隙体积与此前报道的煤粉炉粉煤灰制备的 MCM-41 材料相当[7]。CFB-MS 的 BET 比表面积高于从粉煤灰中提取去除染料的 MCM-41 材料（525 m^2/g）[51]。采用 BJH 模型，通过等温线脱附分支计算相应孔径。如图 4-9(b) 所示，CFB-MS 在 2.74 nm 左右的孔径分布较窄，平均孔径为 3.22 nm。

采用小角度 PXRD 研究了循环流化床粉煤灰衍生介孔二氧化硅材料 CFB-MS 的结构有序性。如图 4-9(c) 所示，CFB-MS 有四个清晰的衍射峰，分别为 MCM-41 的（100）、（110）、（200）和（210）晶面，具有 p6mn 对称性。根据 $a_0 = 2d_{100}\sqrt{3}$ 计算得到孔结构参数 a_0 为 4.64 nm，根据 $w_p = a_0 - d_p$ 计算得到孔壁厚度 w_p 为 1.90 nm，其中 d_p 为脱附分支的 BJH 模型孔径分布最大值[52]。

利用 FT-IR 光谱进一步证实了 CFB-MS 的化学成分。如图 4-9(d) 所示，3457 cm^{-1} 附近的宽吸收带对应于表面硅醇基团和水分子的 O—H 拉伸振动[18]。1107 cm^{-1} 处的强吸收峰可归因于 T—O—T 键（T 代表 Si 或 Al）的不对称拉伸振动，与纯二氧化硅 MCM-41 的 Si—O—Si 键不对称拉伸振动相比，该吸收峰表现出较低的波数[53]。波数的减少是由于硅被更大的金属离子，即铝所取代。出现在 800 cm^{-1} 和 470 cm^{-1} 处的峰分别为 T—O—T 键（T 代表 Si 或 Al）的对称拉伸振动和变形振动[53]。另外，在 1632 cm^{-1} 处出现的吸收峰是物理吸附水分子变形振动的特征。因此，FT-IR 光谱证明了循环流化床粉煤灰 CFB-MS 中铝硅酸盐骨架的制备成功。

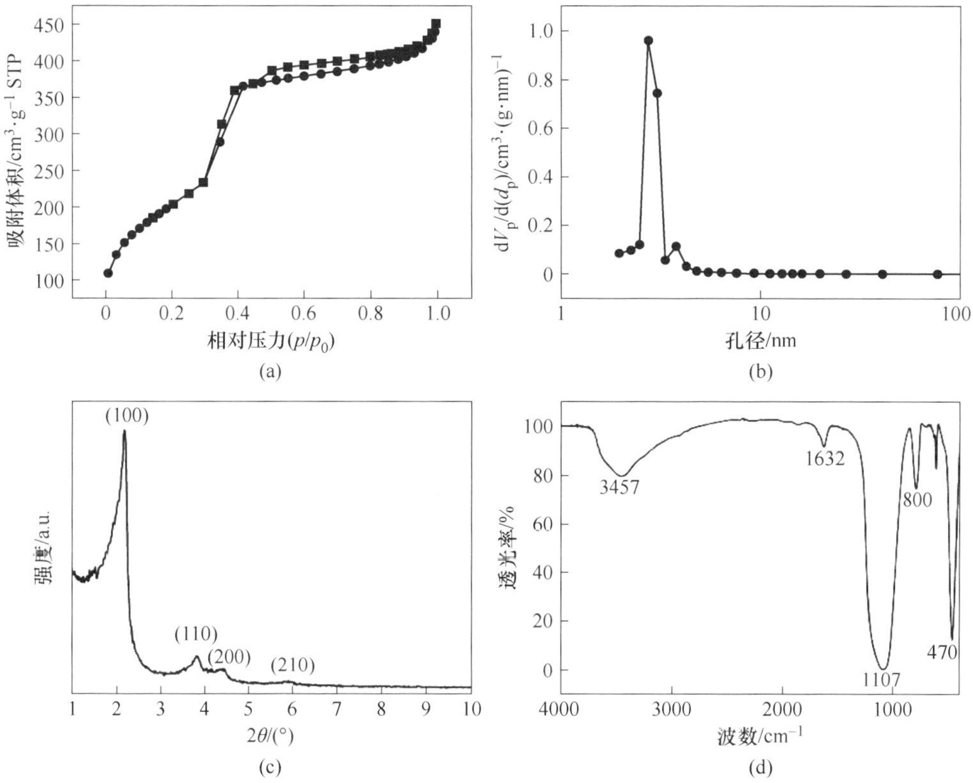

图 4-9 吸附剂 CFB-MS 的 N_2 吸附-脱附等温线（a）、孔径分布曲线（b）、PXRD 图（c）和 FT-IR 光谱（d）

采用 TEM 对循环流化床粉煤灰制备的 MCM-41 型介孔二氧化硅材料（CFB-MS）的形貌进行了观察。正如预期的那样，CFB-MS 显示出有序的均匀介孔一维阵列（见图 4-10），具有六方 p6mn 介孔结构的特征，与小角度 PXRD 和 N_2 吸附-脱附测量的结果一致。

采用固态^{29}Si MAS NMR 技术检测 CFB-MS 中硅原子的化学状态。如图 4-11（a）所示，−109.2 ppm、−99.1 ppm 和 −91.3 ppm 处的峰值信号属于 Q^n(Q^n = $Si(OSi)_n(OH)_{4-n}$，$n=4$，3 和 2)[18,50,52]。此外，还测量了 CFB-MS 的 ^{27}Al MAS NMR 谱图［见图 4-11(b)］，以研究得到的材料中铝的化学状态。光谱在 54.1 ppm 处显示出非常强的共振，这与铝在框架中的四面体配位相对应[17]。此外，在 0 ppm 时观察到没有分配给八面体非骨架铝的峰值。这些结果表明，循环流化床粉煤灰提取上清中的硅和铝源已成功纳入 CFB-MS 框架。

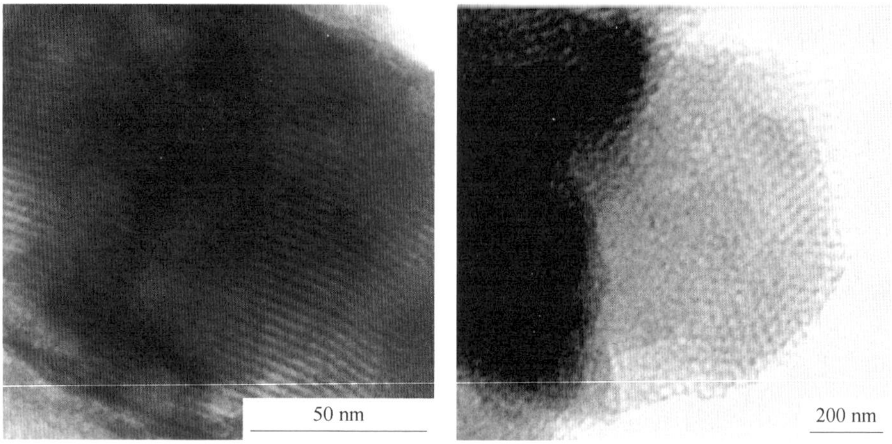

(a)　　(b)

图 4-10　CFB-MS 材料的 TEM 图像

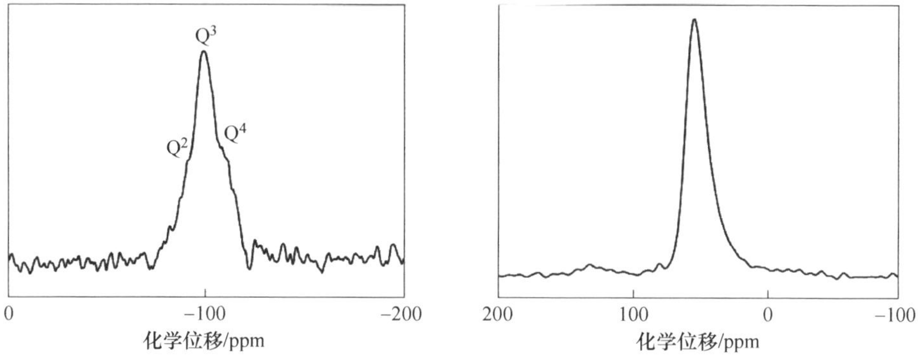

(a)　　(b)

图 4-11　合成 CFB-MS 材料的固态 ^{29}Si（a）和 ^{27}Al（b）的 MAS NMR 谱图

4.2.4　吸附性能

为了研究吸附时间对吸附过程的影响，将得到的 CFB-MS（5 mg）加入初始浓度为 200 mg/L 的 10 mL MG 溶液中，改变吸附时间从 2 min 到 240 min［见图 4-12(a)］，可以观察到吸附量在这一早期阶段随着吸附时间的增加而迅速增加。20 min 后，吸收量达到最大值 258.61 mg/g；当吸附时间进一步增加时，吸附量几乎保持不变，表明吸附达到平衡。通过与之前报道的介孔二氧化硅吸附剂的比较，CFB-MS 具有较强的吸附能力和较短的吸附平衡时间。平衡时间短，说明 CFB-MS 吸附剂中孔尺寸大、排列有序，有利于 MG 分子的快速传质。此外，

CFB-MS 中较高的初始 MG 浓度和丰富的吸附位点也有助于其较高的吸附能力和较短的平衡吸附时间。

溶液的初始 pH 值会显著影响 MG 的电离程度和 CFB-MS 吸附剂的表面电荷，从而改变吸附过程，尤其是吸附量。在本研究中，初始 pH 值设置为 3～10，可以发现随着 MG 溶液的 pH 值增加，吸附量逐渐增加，在 pH 值为 10 时吸附量达到最大值［见图 4-12(b)］，这种趋势可以用 MG 和 CFB-MS 之间的静电作用来解释。作为一种阳离子染料，MG 倾向于带负电荷的表面位置。因此，随着溶液 pH 值的增加，吸附剂表面更多的硅醇基团 Si—OH 会去质子化并形成 $Si—O^-$，从而与阳离子染料 MG 的静电相互作用增强。本研究报道的结果也与前人的相关工作一致[16,21]。

在 298 K、最适 pH 值为 10 的条件下，将 3～24 mg 不同量的 CFB-MS 分散到 10 mL 的 200 mg/L MG 溶液中，考察了 CFB-MS 用量对 MG 吸附量的影响。从图 4-12(c) 可以看出，吸附量随着 CFB-MS 用量的增加而减小，其中在 3 mg（对应浓度为 0.3 g/L）的用量下吸附量最大，为 286.85 mg/g。这表明在相对较低的

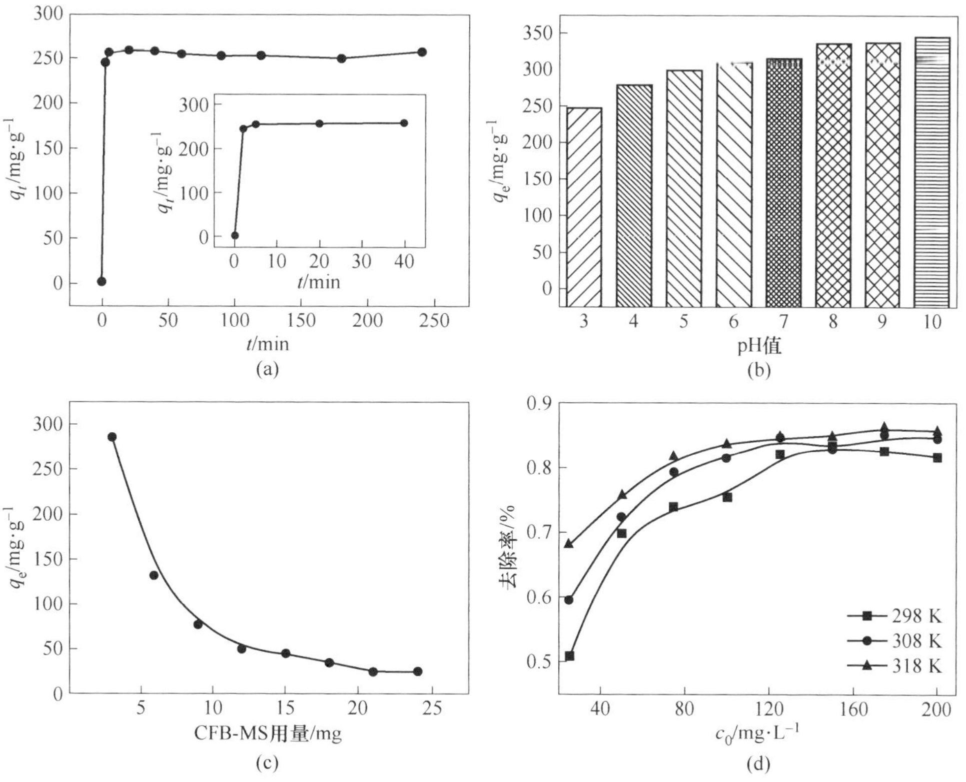

图 4-12 吸附时间（a）、pH 值（b）、CFB-MS 用量（c）、初始浓度和温度（d）对 298 K 下 MG 在 CFB-MS 上吸附量的影响

CFB-MS 用量下，吸附剂对 MG 亲和性更高[21,54-55]。较低的用量意味着每克 CFB-MS 暴露于更多染料分子的吸附剂表面较少，因此吸附量高[56]。此外，当增加 CFB-MS 的用量时，MG 分子的可用吸附位点可能是不饱和的[57]。

MG 溶液的初始浓度对去除效果有很大影响。在本研究中，MG 溶液在 298 K、308 K 和 318 K 三种不同温度下的初始浓度范围为 25～200 mg/L。可以观察到，在这三种不同温度下，随着 MG 初始浓度的增加，去除效率逐渐增加，然后基本保持不变，如图 4-12(d) 所示。平衡吸附量随 MG 初始浓度的增加呈线性增加，如图 4-13 所示。这是因为 MG 初始浓度的增加会导致浓度梯度驱动力的增加[56]。同时，温度对吸附过程也有显著影响。对于每个初始浓度，评估温度通常会提高去除效率，表明吸附过程具有吸热性质[21,58]。因此，吸附过程可能经历一个化学过程[22]，之前的文献也揭示了这种类似的行为[21-22,58]。

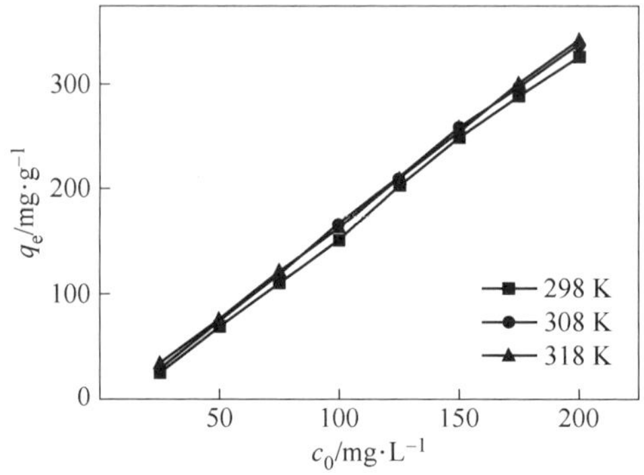

图 4-13　温度对 CFB-MS 吸附 MG 的影响

吸附等温线通常用来评价溶质在吸附剂和溶液之间的分布，将 Langmuir、Freundlich 和 Temkin 等温线模型应用于吸附系统，研究了在 298 K、308 K 和 318 K 三个温度下的等温线。Langmuir 等温线模型假设吸附剂的吸附发生在吸附剂表面特定的均质位置。Freundlich 等温线模型[29-30]是一个经验方程，它描述了吸附可以发生在吸附剂表面的异质位点，可形成单层或多层。Temkin 吸附等温线模型理论考虑了吸附剂和吸附质之间的相互作用，它假设层中所有分子的吸附热随表面覆盖的增加而线性减小[31-32]。

三种等温线模型的线性形式拟合结果如图 4-14 所示，对应的参数见表 4-6。根据线性回归系数（R^2）、卡方（χ^2）和均方根误差（RMSE）可以发现，Freundlich 和 Temkin 模型对等温线数据的拟合比 Langmuir 等温线模型更合适，说明 MG 的去除发生在异质吸附位点，MG 与 CFB-MS 之间存在相互作用。由于 b_T 的正值与吸附热有关，因此 MG 在 CFB-MS 上的吸附过程是放热的。此外，较高的 b_T 值表明 MG 与 CFB-MS 之间的相互作用非常强[56]。

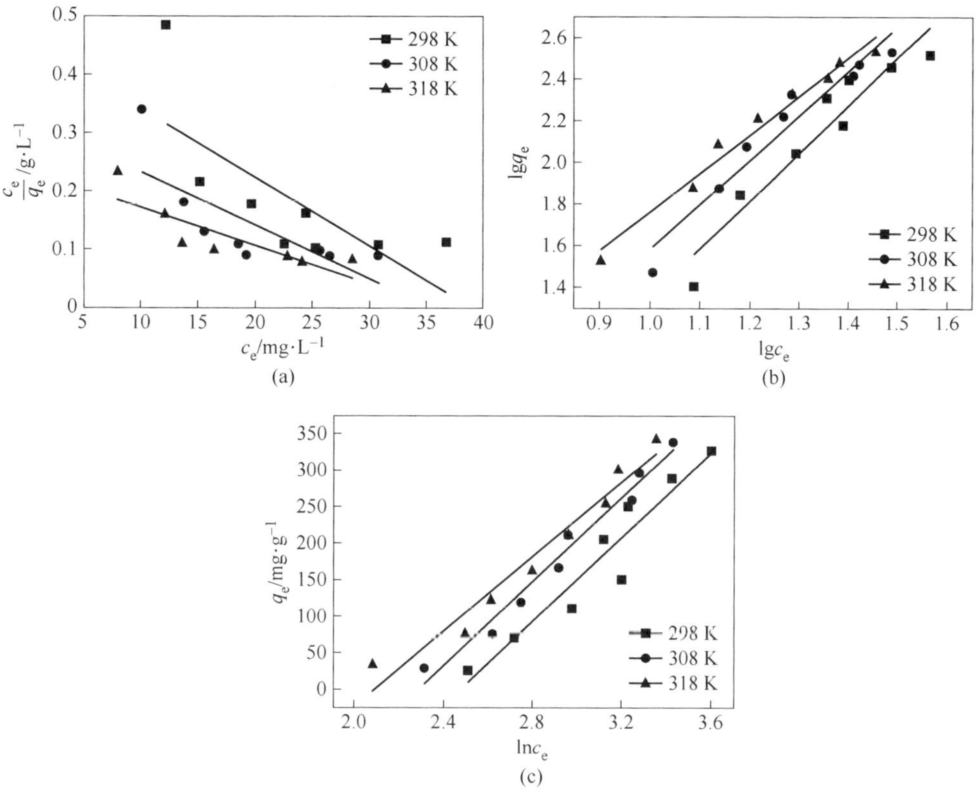

图 4-14 Langmuir（a）、Freundlich（b）和 Temkin（c）吸附等温线以线性形式拟合 CFB-MS 吸附平衡数据

表 4-6 CFB-MS 吸附 MG 的等温线模型参数

模型	参 数	298 K	308 K	318 K
Langmuir	q_m/mg · g^{-1}	-84.53	-108.93	-154.32
	K_L/L · mg^{-1}	-0.026	-0.028	-0.027
	R^2	0.45658	0.49779	0.64039
	χ^2	3690.59	496.12	155.07
	RMSE	446.00	161.75	89.73
Freundlich	K_F/(mg/g) · (mg/L)$^{-1/n}$	0.11	0.29	0.82
	n	0.44	0.47	0.54
	R^2	0.89187	0.92721	0.97204
	χ^2	86.37	48.74	18.52
	RMSE	60.79	44.82	27.87

续表 4-6

模型	参　数	298 K	308 K	318 K
Temkin	b_T	8.62	8.89	10.39
	K_T/L · g^{-1}	0.084	0.101	0.124
	R^2	0.90430	0.96993	0.94665
	χ^2	50.11	28.17	56.75
	RMSE	33.17	18.89	25.17

为了更好地了解 MG 在 CFB-MS 上的吸附速率和机理，对吸附动力学进行了研究。在本研究中，采用了伪一阶和伪二阶动力学模型评价传质过程[44]。线性动力学模型拟合结果如图 4-15 所示，q_e、k_1、k_2、R^2 的值见表 4-7。通过与相关系数 R^2 的比较，在限速步骤为吸附剂的化学吸附假设下，MG 在 CFB-MS 上的吸附过程可以用伪二阶动力学模型（R^2 =0.9996）更好地描述，由伪二阶动力学模型推导出的平衡吸收量（254.45 mg/g）与实验值（258.61 mg/g）基本一致。

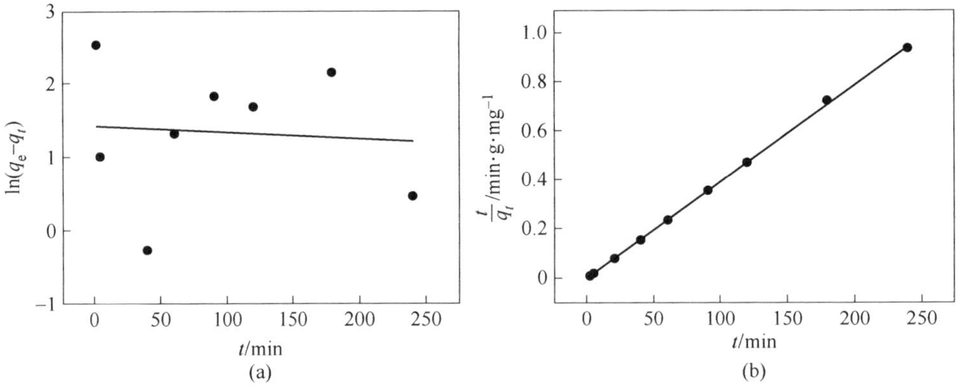

图 4-15　CFB-MS 吸附 MG 的伪一阶（a）和伪二阶（b）动力学模型图

表 4-7　CFB-MS 吸附 MG 的动力学参数

伪一阶动力学模型			伪二阶动力学模型		
q_e /mg · g^{-1}	k_1 /min^{-1}	R^2	q_e /mg · g^{-1}	k_2 /g · (mg · min)$^{-1}$	R^2
4.13	8.69 × 10^{-4}	−0.1593	254.45	2.90 × 10^{-2}	0.9996

4.2.5　吸附机理

MG 在 CFB-MS 表面的吸附可以用静电相互作用、氢键和 MG 分子中铝和氮供体的配位来解释。如图 4-16 所示，吸附主要是由于阳离子 MG 在高 pH 值下与脱质子化吸附剂表面发生静电相互作用，形成 T—O⁻（T 为 Si 或 Al）。此外，MG 分子内胺基的氮给体与吸附剂表面 T—OH 之间的氢键可能也是 MG 吸附的原因[45]。此外，由于固态 ^{27}Al MAS NMR 谱显示吸附剂 CFB-MS 中含有 Lewis 酸位铝，铝与 MG 分子的氮供体配位也有助于吸附[16]，因此吸附机理可以用静电相互作用、氢键和金属配位来解释。

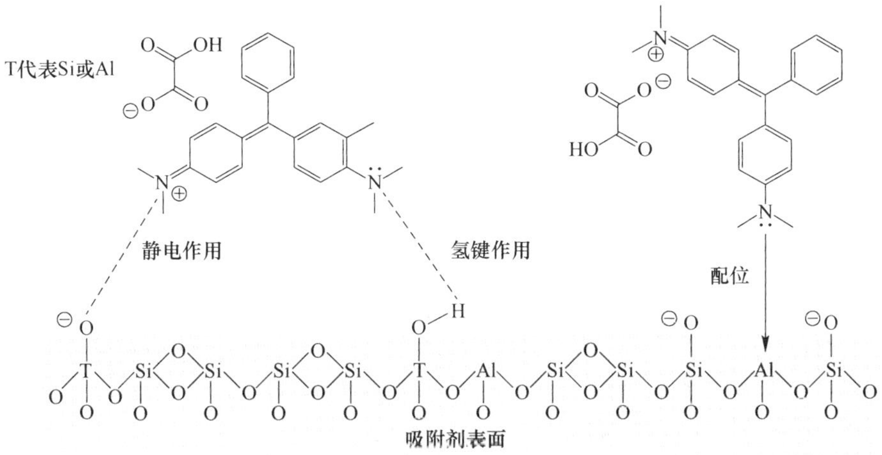

图 4-16 MG 在 CFB-MS 上可能的吸附机理

4.2.6 结论

以燃煤电厂的循环流化床粉煤灰为原料，成功地制备了有序介孔二氧化硅（CFB-MS），这是循环流化床粉煤灰转化为介孔二氧化硅材料的第一个案例。用 PXRD、N_2 吸附-脱附、TEM、FT-IR 和 ^{29}Si 和 ^{27}Al 固态 MAS NMR 对所得的 CFB-MS 进行了表征。CFB-MS 具有 MCM-41 的 p6mn 对称性结构，具有较大的 BET 比面积和较高的孔体积，分别为 738 m^2/g 和 0.66 cm^3/g。研究发现 Freundlich 和 Temkin 模型对等温线数据的拟合比 Langmuir 等温线模型更合适，而 MG 在 CFB-MS 上的吸附可以用伪二阶动力学模型更好地描述。本研究为循环流化床粉煤灰的高值化利用提供了一种新的方案，并将制备的有序介孔材料成功用于有机废水的处理。

参 考 文 献

[1] YAGUB M T, SEN T K, AFROZE S, et al. Dye and its removal from aqueous solution by adsorption: A review [J]. Advances in Colloid and Interface Science, 2014, 209: 172-184.

[2] CAI Z, SUN Y, LIU W, et al. An overview of nanomaterials applied for removing dyes from wastewater [J]. Environmental Science and Pollution Research, 2017, 24 (19): 15882-15904.

[3] JOO J B, PARK J, YI J. Preparation of polyelectrolyte-functionalized mesoporous silicas for the selective adsorption of anionic dye in an aqueous solution [J]. Journal of Hazardous Materials, 2009, 168 (1): 102-107.

[4] GIBSON L. Mesosilica materials and organic pollutant adsorption: Part B removal from aqueous solution [J]. Chemical Society Reviews, 2014, 43 (15): 5173-5182.

[5] WALCARIUS A, MERCIER L. Mesoporous organosilica adsorbents: Nanoengineered materials for removal of organic and inorganic pollutants [J]. Journal of Materials Chemistry, 2010, 20 (22): 4478-4511.

[6] CHANDRASEKAR G, AHN W S. Synthesis of cubic mesoporous silica and carbon using fly ash [J]. Journal of Non-Crystalline Solids, 2008, 354 (33): 4027-4030.

[7] SARI YILMAZ M, KARAMAHMUT MERMER N. Conversion of fly ashes from different regions to mesoporous silica: Effect of the mineralogical composition [J]. Journal of Sol-Gel Science and Technology, 2016, 78: 239-247.

[8] LEE Y R, SOE J T, ZHANG S, et al. Synthesis of nanoporous materials via recycling coal fly ash and other solid wastes: A mini review [J]. Chemical Engineering Journal, 2017, 317: 821-843.

[9] MISRAN H, SINGH R, BEGUM S, et al. Processing of mesoporous silica materials (MCM-41) from coal fly ash [J]. Journal of Materials Processing Technology, 2007, 186 (1/2/3): 8-13.

[10] PANEK R, WDOWIN M, FRANUS W, et al. Fly ash-derived MCM-41 as a low-cost silica support for polyethyleneimine in post-combustion CO_2 capture [J]. Journal of CO_2 Utilization, 2017, 22: 81-90.

[11] PARK J E, YOUN H K, YANG S T, et al. CO_2 capture and MWCNTs synthesis using mesoporous silica and zeolite 13X collectively prepared from bottom ash [J]. Catalysis Today, 2012, 190 (1): 15-22.

[12] DHOKTE A O, KHILLARE S L, LANDE M K, et al. Synthesis, characterization of mesoporous silica materials from waste coal fly ash for the classical Mannich reaction [J]. Journal of Industrial and Engineering Chemistry, 2011, 17 (4): 742-746.

[13] ZHANG Y, KANG L, SHANG J, et al. A low cost synthesis of fly ash-based mesoporous nanocomposites for production of hydrogen by photocatalytic water-splitting [J]. Journal of Materials Science, 2013, 48: 5571-5578.

[14] LI D, MIN H, JIANG X, et al. One-pot synthesis of Aluminum-containing ordered mesoporous silica MCM-41 using coal fly ash for phosphate adsorption [J]. Journal of Colloid and Interface Science, 2013, 404: 42-48.

[15] SUN X Y, MA F B, SHI X K, et al. Adsorption of Pb(Ⅱ) on SBA-15 synthesized from fly ash [J]. Journal of Central South University (Science and Technology), 2014, 45 (11): 4093-4099.

[16] ZHOU C, GAO Q, LUO W, et al. Preparation, characterization and adsorption evaluation of spherical mesoporous Al-MCM-41 from coal fly ash [J]. Journal of the Taiwan Institute of Chemical Engineers, 2015, 52: 147-157.

[17] KUMAR P, MAL N, OUMI Y, et al. Mesoporous materials prepared using coal fly ash as the silicon and aluminium source [J]. Journal of Materials Chemistry, 2001, 11 (12): 3285-3290.

[18] YUAN N, LIU Z W, WANG L Y, et al. Rattle-type diamine-functionalized mesoporous silica sphere for carbon dioxide adsorption [J]. Journal of Nano Research, 2018, 53: 13-21.

[19] THOMMES M, KANEKO K, NEIMARK A V, et al. Physisorption of gases, with special reference to the evaluation of surface area and pore size distribution (IUPAC Technical Report) [J]. Pure and Applied Chemistry, 2015, 87 (9/10): 1051-1069.

[20] CHANDRASEKAR G, YOU K S, AHN J W, et al. Synthesis of hexagonal and cubic mesoporous silica using power plant bottom ash [J]. Microporous and Mesoporous Materials, 2008, 111 (1/2/3): 455-462.

[21] ANBIA M, HARIRI S A. Removal of methylene blue from aqueous solution using nanoporous SBA-3 [J]. Desalination, 2010, 261 (1/2): 61-66.

[22] HAN R, ZHANG J, HAN P, et al. Study of equilibrium, kinetic and thermodynamic parameters about methylene blue adsorption onto natural zeolite [J]. Chemical Engineering Journal, 2009, 145 (3): 496-504.

[23] DOČAN M, ALKAN M, TÜRKYILMAZ A, et al. Kinetics and mechanism of removal of methylene blue by adsorption onto perlite [J]. Journal of Hazardous Materials, 2004, 109 (1/2/3): 141-148.

[24] DOĞAN M, ALKAN M, ONGANER Y. Adsorption of methylene blue from aqueous solution onto perlite [J]. Water, Air, and Soil Pollution, 2000, 120: 229-248.

[25] GAO Q, ZHU H, LUO W J, et al. Preparation, characterization, and adsorption evaluation of chitosan-functionalized mesoporous composites [J]. Microporous and Mesoporous Materials, 2014, 193: 15-26.

[26] LANGMUIR I. The constitution and fundamental properties of solids and liquids. Part Ⅰ. Solids [J]. Journal of the American Chemical Society, 1916, 38 (11): 2221-2295.

[27] LANGMUIR I. The constitution and fundamental properties of solids and liquids. Part Ⅱ. Liquids [J]. Journal of the American Chemical Society, 1917, 39 (9): 1848-1906.

[28] LANGMUIR I. The adsorption of gases on plane surfaces of glass, mica and platinum [J]. Journal of the American Chemical Society, 1918, 40 (9): 1361-1403.

[29] FREUNDLICH H. Über die adsorption in lösungen [J]. Zeitschrift für Physikalische Chemie, 1907, 57 (1): 385-470.

[30] FREUNDLICH H. Of the adsorption of gases. Section Ⅱ. Kinetics and energetics of gas adsorption. Introductory paper to section Ⅱ [J]. Transactions of the Faraday Society, 1932, 28: 195-201.

[31] KIM Y, KIM C, CHOI I, et al. Arsenic removal using mesoporous alumina prepared via a templating method [J]. Environmental Science & Technology, 2004, 38 (3): 924-931.

[32] TEMKIN M J, PYZHEV V. Recent modifications to Langmuir isotherms [J]. Acta Physiochim URSS 1940, 12: 217-225.

[33] WEBER T W, CHAKRAVORTI R K. Pore and solid diffusion models for fixed-bed adsorbers [J]. AIChE Journal, 1974, 20 (2): 228-238.

[34] HEIDARI A, YOUNESI H, MEHRABAN Z. Removal of Ni(Ⅱ), Cd(Ⅱ), and Pb(Ⅱ) from a ternary aqueous solution by amino functionalized mesoporous and nano mesoporous silica [J]. Chemical Engineering Journal, 2009, 153 (1/2/3): 70-79.

[35] SHARMA Y C, UPADHYAY S N. Removal of a cationic dye from wastewaters by adsorption on activated carbon developed from coconut coir [J]. Energy & Fuels, 2009, 23 (6): 2983-2988.

[36] GUESMI Y, AGOUGUI H, LAFI R, et al. Synthesis of hydroxyapatite-sodium alginate via a co-precipitation technique for efficient adsorption of methylene blue dye [J]. Journal of Molecular Liquids, 2018, 249: 912-920.

[37] MOUNI L, BELKHIRI L, BOLLINGER J C, et al. Removal of methylene blue from aqueous solutions by adsorption on Kaolin: Kinetic and equilibrium studies [J]. Applied Clay Science, 2018, 153: 38-45.

[38] WANG P, CAO M, WANG C, et al. Kinetics and thermodynamics of adsorption of methylene blue by a magnetic graphene-carbon nanotube composite [J]. Applied Surface Science, 2014, 290: 116-124.

[39] LIN L, LIN Y, LI C, et al. Synthesis of zeolite/hydrous metal oxide composites from coal fly ash as efficient adsorbents for removal of methylene blue from water [J]. International Journal of Mineral Processing, 2016, 148: 32-40.

[40] QIANG T, SONG Y, ZHAO J, et al. Controlled incorporation homogeneous Ti-doped SBA-15 for improving methylene blue adsorption capacity [J]. Journal of Alloys and Compounds, 2019, 770: 792-802.

[41] DUBININ M. The equation of the characteristic curve of activated charcoal [C]. Proceedings of the Academy of Sciences, Physical Chemistry Section, 1947, 55: 331-333.

[42] HOBSON J P. Physical adsorption isotherms extending from ultrahigh vacuum to vapor pressure [J]. The Journal of Physical Chemistry, 1969, 73 (8): 2720-2727.

[43] LAGERGREN S. Zur theorie der sogenannten adsorption geloster stoffe [J]. Water Research, 1898, 30: 1-39.

[44] HO Y S, MCKAY G. Pseudo-second order model for sorption processes [J]. Process Biochemistry, 1999, 34 (5): 451-465.

[45] WANG W, TIAN G, WANG D, et al. All-into-one strategy to synthesize mesoporous hybrid silicate microspheres from naturally rich red palygorskite clay as high-efficient adsorbents [J]. Scientific Reports, 2016, 6 (1): 39599.

[46] 赵小蓉，杜冬云，陆晓华．累托石对亚甲基蓝吸附性能的研究 [J]．离子交换与吸附，2003, 19 (4): 337-342.

[47] 高淑玲，杨翠玲，罗鑫圣，等．坡缕石黏土污泥对水相中亚甲基蓝吸附研究 [J]．中国环境科学，2014, 34 (1): 78-84.

[48] CESTARI A R, VIEIRA E F, VIEIRA G S, et al. The removal of reactive dyes from aqueous solutions using chemically modified mesoporous silica in the presence of anionic surfactant—the

temperature dependence and a thermodynamic multivariate analysis [J]. Journal of Hazardous Materials, 2009, 161 (1): 307-316.

[49] ZHANG Y, QIAO Z A, LI Y, et al. Cooperative adsorbent based on mesoporous SiO_2 for organic pollutants in water [J]. Journal of Materials Chemistry, 2011, 21 (43): 17283-17289.

[50] HALINA M, RAMESH S, YARMO M, et al. Non-hydrothermal synthesis of mesoporous materials using sodium silicate from coal fly ash [J]. Materials Chemistry and Physics, 2007, 101 (2/3): 344-351.

[51] YANG Q C, ZHENG S L, ZHANG R. Recovery of alumina from circulating fluidized bed combustion Al-rich fly ash using mild hydrochemical process [J]. Transactions of Nonferrous Metals Society of China, 2014, 24 (4): 1187-1195.

[52] YUAN N, LIANG Y, ERICHSEN E S, et al. Lanthanide complex-incorporated periodic mesoporous organosilica nanospheres with tunable photoluminescence [J]. RSC Advances, 2015, 5 (101): 83368-83376.

[53] HUI K, CHAO C Y H. Synthesis of MCM-41 from coal fly ash by a green approach: Influence of synthesis pH [J]. Journal of Hazardous Materials, 2006, 137 (2): 1135-1148.

[54] MAHMOODI N M, KHORRAMFAR S, NAJAFI F. Amine-functionalized silica nanoparticle: Preparation, characterization and anionic dye removal ability [J]. Desalination, 2011, 279 (1/2/3): 61-68.

[55] CHEN F, ZHAO E, KIM T, et al. Organosilica nanoparticles with an intrinsic secondary amine: An efficient and reusable adsorbent for dyes [J]. ACS Applied Materials & Interfaces, 2017, 9 (18): 15566-15576.

[56] KARIM A, JALIL A, TRIWAHYONO S, et al. Amino modified mesostructured silica nanoparticles for efficient adsorption of methylene blue [J]. Journal of Colloid and Interface Science, 2012, 386 (1): 307-314.

[57] JALIL A A, TRIWAHYONO S, ADAM S H, et al. Adsorption of methyl orange from aqueous solution onto calcined Lapindo volcanic mud [J]. Journal of Hazardous Materials, 2010, 181 (1/2/3): 755-762.

[58] CHAUDHURI H, DASH S, SARKAR A. SBA-15 functionalised with high loading of amino or carboxylate groups as selective adsorbent for enhanced removal of toxic dyes from aqueous solution [J]. New Journal of Chemistry, 2016, 40 (4): 3622-3634.

5　金属有机框架环境材料

在城市与工业发展的同时，大量污染物产生并被排放到水体中。如何高效去除这些水中污染物成为热门研究话题，其中利用金属有机框架材料（metal-organic frameworks，MOFs）进行吸附被认为是一种高效且有前途的方法。燃煤发电产生的粉煤灰中含有丰富的铝元素，可作为合成铝基 MOFs 的潜在铝源。本章研究旨在直接利用高铝粉煤灰、普通粉煤灰和高钙粉煤灰合成 MIL-53(Al)材料，并尝试利用 PET 塑料降解得到对苯二甲酸与高铝粉煤灰全固废合成 MOFs，探究其合成工艺，并将其应用于去除水中有机染料和氟离子，研究了材料对有机染料或氟离子的吸附容量、吸附动力学、吸附热力学、吸附等温行为以及各种影响因素，并通过表征探究其吸附机理。

5.1　高铝粉煤灰基 MIL-53(Al) 的制备及有机染料吸附性能

5.1.1　概述

社会人口的快速增长加速了工业的进步，同时也产生了大量的固体废弃物，这对环境和人体健康会造成一定的危害[1-2]。近年来各种固废对环境造成破坏的报道屡见不鲜，这些固废包括塑料废弃物、电子废弃物、蔬菜废弃物、水果废弃物、作物废弃物和其他生物废弃物[3]。对各类废弃物进行预处理后并采用一定工艺可将其转化为各种有价值的材料，这些材料具有与同类纯相合成产物相当的特性，特别地重视对大宗固体废弃物的利用具有十分重要的意义。

MOFs 是一类新型功能多孔材料，由金属离子/金属团簇和有机配体组成，具有明确的配位几何[4-5]。MOFs 具有较高的比表面积和可调节的孔径[6]，在吸附、传感、催化、荧光等领域具有广阔的应用前景。其中，铝基 MOFs(Al-MOFs) 因成本低、毒性低、稳定性好而引起广泛关注[7]。在报道的 Al-MOFs 中，MIL-53(Al)是典型的代表，其比表面积大、吸附效果好、稳定性好[8]。一般采用硝酸铝作为金属源，对苯二甲酸（H_2BDC）作为配体制备 MIL-53(Al)，但在合成体系中会产生大量氧化性强的硝酸副产物。同时，H_2BDC 与 Al^{3+} 配位时，羧酸上的质子会被释放形成高酸性溶液，这对大规模生产造成了潜在的安全隐患[9]。

因此，考虑到固体废弃物的资源回收和绿色合成，开发基于固体废弃物的 MOFs 是势在必行的战略。利用固废作为原材料，所生产的 MOFs 可以减少废弃物的产生，促进可持续发展。从这个意义上，我们提出了 eco-MOFs 的概念，以定义在合成过程中考虑资源回收的 MOFs 材料。最近，为了解决上述问题，一些研究人员一直在寻找新的金属源。对于废旧金属来源，可用的固体废弃物包括碱性电池废料、炭黑、易拉罐、市售铝箔等，可提供金属离子如 Zn^{2+}、V^{3+}、Al^{3+}，以生产 MOFs 材料[10-13]。例如，Joshi 等人购买铝箔（不溶性铝）作为金属前驱体，用 H_2BDC 作为有机配体，通过一锅溶剂热法（以下简称一锅法）在铝箔表面生长 Al-MOF 纳米晶体。此外，Joshi 等人还利用盐酸（HCl）作为铝箔的共溶剂制备了无载体 Al-MOF，MIL-53(Al) 的产率约为 83%。他们还尝试用铝罐作为铝源，与 H_2BDC 混合得到 MIL-53(Al)，并与均苯三甲酸混合制备 MIL-96(Al)。杂质的共存不影响 MOFs 的合成路线，但最终产物的比表面积降低了约 30%[10]。基于以上研究，可以认为铝箔[14]和铝罐[10]是固体废弃物中相对纯净的铝来源，用于制备铝基 eco-MOFs。与常规硝酸铝[15]制备的 MIL-53(Al) 骨架相比，用这些材料制备的 MOFs 骨架具有更高的刚性。总之，该领域的许多研究表明，使用更便宜和更容易获得的不溶金属源作为有利的前驱体，以高度可行、经济和环保的方式生产先进的多孔 MOFs 材料是可行的。虽然上述不溶性铝源（如铝箔和铝罐）已被用于制备 MOFs，但它仍然没有使经济成本最小化。受上述研究的启发，各种固体废弃物也通过相关技术被用于生产 MOFs，引起了广泛关注[3,10,16-17]。

在含铝固体废弃物中，高铝粉煤灰（HAFA）是一种煤基固体废弃物，氧化铝含量（质量分数）超过 38%，可视为合成铝基 eco-MOFs 的非常规铝源[18-19]。已有报道用酸法、碱法、烧结法等多种工艺从 HAFA 中回收铝的研究[20-22]。更重要的是，铝元素的提取路径具有高度选择性[23-24]。因此，可以探索一种简单高效的方法来实现 HAFA 中含铝组分的转化和利用，在杂质不影响晶体生长的条件下，合成铝基 eco-MOFs 是可行的。该策略可以实现固体废弃物的合理利用，从而减少对环境的污染。然而，目前这方面的研究还很少。

本研究选用 Na_2CO_3 作为助熔剂，以 HAFA 和烧结产物为铝源，分别与 H_2BDC 反应，采用一锅法首次成功制备出 eco-MIL-53(Al) 复合材料。然后将制备的样品作为吸附剂去除模拟废水中的染料分子，采用 X 射线荧光（XRF）光谱、扫描电子显微镜（SEM）/能谱（EDS）、X 射线衍射（XRD）、傅里叶变换红外（FT-IR）光谱、热重分析（TG-DTG）等测试手段对所制备材料的结构和性能进行了系统表征。此外，还对碱熔活化 HAFA 工艺进行了探索，并详细研究了影响吸附性能的因素，阐明了可能的吸附机理。因此，这种固体废弃物处理策略在节约成本和减少污染方面具有很大的优势。

5.1.2　材料制备

第一步是对高铝粉煤灰（HAFA）进行活化。具体操作：首先将其磨碎，并通过200目筛子进行筛分。然后将得到的HAFA与Na_2CO_3按一定比例混合均匀，并将混合物移至马弗炉中；在一定温度下进行煅烧，得到黄灰色或浅蓝色的松散产物。最后，产品被磨成粉末。烧结产物的分解率R计算如下：将m_1(g)烧结产物加入去离子水中，然后加入硝酸，搅拌12 h后过滤。用去离子水冲洗得到滤渣，记录干重为m_2(g)。具体计算公式如下：

$$R = \frac{m_1 - m_2}{m_1} \times 100\% \tag{5-1}$$

式中　R——分解率,%；

m_1,m_2——酸浸前后烧结产物的质量，g。

第二步是制备eco-MIL-53(Al)。将HAFA或活化后的烧结产物作为铝源制备eco-MIL-53(Al)，将Al源与H_2BDC、去离子水和适量的HCl按Al：H_2BDC：H_2O=1：1：160的摩尔比混合。混合物在220 ℃反应3 d，反应自然冷却到室温后，过滤悬浮液，将产物洗涤和干燥。最后，合成的固体在300 ℃煅烧3 h活化，以获得eco-MIL-53(Al)。以HAFA为Al源的样品被标记为HAFA-MIL（不含HCl）和HAFA-MIL-HCl（含HCl），以烧结产物为Al源的样品分别标记为SINTER-MIL(不含HCl）和SINTER-MIL-HCl(含HCl)，具体过程如图5-1所示。

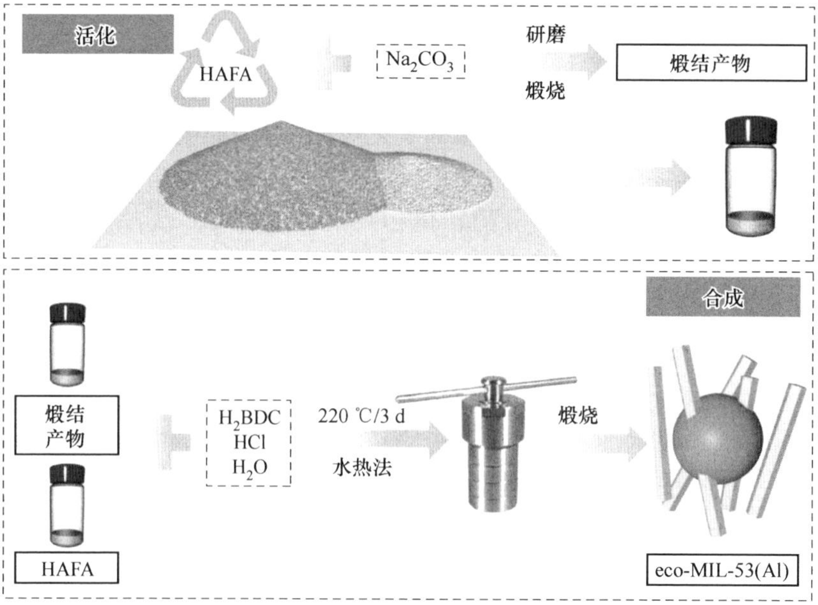

图5-1　从高铝粉煤灰中回收铝并制备eco-MIL-53(Al)的示意图

5.1.3 材料表征

通过 X 射线荧光（XRF）光谱对 HAFA 的主要成分进行分析，实验结果表明，铝和硅是主要成分（见表 5-1），其中 Al_2O_3 和 SiO_2 的质量分数分别为 52.23% 和 34.36%。

表 5-1 HAFA 的化学组成 （质量分数,%）

组分	Al_2O_3	SiO_2	Fe_2O_3	TiO_2	CaO	K_2O	SO_3	LOI
含量	52.23	34.36	2.45	2.45	2.33	0.60	0.51	4.00

除非晶态玻璃相外，粉煤灰的矿物成分还含有不同的结晶相。非晶态组分的 Si—O—Al 键结构比晶态矿物相的结构更活跃，直接酸浸可以从粉煤灰中提取铝元素。但该方法提取效率较低，因为莫来石（$3Al_2O_3 \cdot 2SiO_2$ 或 $3Al_2O_3 \cdot SiO_2$）中仍存在一定比例的铝元素，直接酸浸难以打破莫来石的稳定结构[22]。因此，对粉煤灰进行适当的活化预处理，对于有效提高粉煤灰利用率非常重要。本研究采用碱熔法活化 HAFA，即选择合适的助熔剂与 HAFA 混合，然后将混合物在高温下煅烧，使惰性材料转化为 $(Na,K)AlSiO_4$ 等活性更强的物质，常用的碱助熔剂有 NaOH、KOH、$Ca(OH)_2$ 和 Na_2CO_3。考虑到合成 MIL-53(Al) 的中性条件，本实验选择 Na_2CO_3 作为助熔剂。Na_2CO_3 与莫来石在碱熔过程中可能的反应方程为：

$$3Al_2O_3 \cdot 2SiO_2 + 4SiO_2 + 3Na_2CO_3 \longrightarrow 6NaAlSiO_4 + 3CO_2 \tag{5-2}$$

通过改变碱熔融温度、碱熔融时间和 $HAFA/Na_2CO_3$ 的质量比（即灰碱比），测定烧结产物的分解率，得到优化的工艺参数，实验结果见表 5-2。在第 1、2、3 组实验中，830 ℃烧结 90 min，灰碱比为 1∶0.8（第 2 组）和 1∶1（第 3 组）的样品分解率（均大于 94.00%）高于 1∶0.6（第 1 组），这是因为当灰碱比为 1∶0.6 时，Na_2CO_3 含量不足以转化全部莫来石相。此外，第 3 组（1∶1）的分解率并不高于第 2 组（1∶0.8），说明第 3 组的 Na_2CO_3 过量。随后各组的灰碱比分别固定在 1∶0.6 和 1∶0.8，保留 1∶0.6 的比率的原因是，该比率可能在更高的温度（>830 ℃）转换莫来石相。在提高反应温度和延长反应时间的条件下，分别进行第 4～11 组实验。表 5-2 为在相同温度下反应时间 60 min 的分解速率低于 90 min，较长的反应时间可以保证反应的充分进行。在固定的反应时间时，890 ℃的分解率高于 860 ℃和 830 ℃，表明较高的温度可以加速反应过程，提高转化率，在有限的时间内分解更多的结晶相。温度越高，灰碱比 1∶0.6 与 1∶0.8 的差异越小。上述结果表明，最佳活化工艺参数为熔融温度 890 ℃，碱熔时间 90 min，灰碱比 1∶0.6，烧结产物分解率可达 97.75%。

表 5-2　高铝粉煤灰活化工艺参数与分解率结果

组号	熔融温度 /℃	熔融时间 /min	灰碱比	烧结产物质量 m_1/g	剩余质量 m_2/g	分解率 /%
1	830	90	1：0.6	1.298	0.1327	89.78
2	830	90	1：0.8	1.419	0.0801	94.36
3	830	90	1：1.0	1.528	0.0883	94.22
4	860	60	1：0.6	1.3328	0.0966	92.75
5	860	60	1：0.8	1.4603	0.0918	93.71
6	860	90	1：0.6	1.3106	0.0476	96.37
7	860	90	1：0.8	1.4300	0.0450	96.85
8	890	60	1：0.6	1.3258	0.0745	94.38
9	890	60	1：0.8	1.5752	0.0945	94.00
10	890	90	1：0.6	1.3084	0.0295	97.75
11	890	90	1：0.8	1.4302	0.0343	97.60

采用 XRD 对 HAFA 和烧结产物的晶体结构进行了表征，原始 HAFA 和最佳烧结产物的 XRD 衍射谱如图 5-2 所示。可以看出，HAFA 的主要晶相为莫来石（$3Al_2O_3 \cdot 2SiO_2$ 或 $2Al_2O_3\ SiO_2$），同时还含有一定量的刚玉（Al_2O_3），这与文献的报道相似[19,25]。在 15°~30°之间有一个衍射宽峰，对应于非晶态成分[23]。碱熔活化后，莫来石相几乎不可见，刚玉相的衍射峰有一定残留，并生成了结晶度良好的新的霞石相。结合分解率结果可知，在最优工艺参数下，HAFA 的莫来石和刚玉相几乎全部转化为霞石（$(Na,K)AlSiO_4$），烧结产物活性较高，表明碱熔

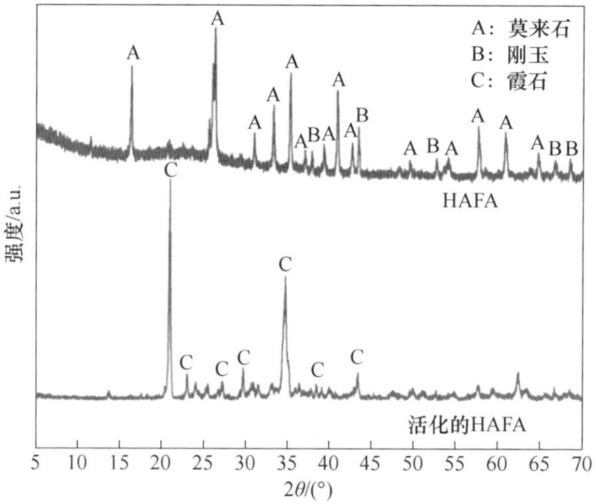

图 5-2　HAFA 和活化 HAFA 的 XRD 衍射谱

能有效活化 HAFA。经 XRF 测定，烧结活化得到的样品中 Al_2O_3 为 38.82%、Na_2O 为 27.02%、SiO_2 为 26.58%、CaO 为 2.00%、Fe_2O_3 为 1.96%。由于助熔剂中引入了 Na 元素（Na_2CO_3），Al_2O_3 和 SiO_2 的质量分数分别从 52.23% 和 38.82% 下降到 34.36% 和 26.58%。

为了在 HAFA 表面形成随机分布的楔形孔隙，增大烧结产物的孔隙，加入 HCl 作为助溶剂。实验共分为四个样本组，实验条件见表 5-3。

表 5-3　基于铝源和助溶剂 HCl 的 eco-MIL-53(Al) 合成条件

样　品	HCl	铝　源	
		HAFA	烧结产物
HAFA-MIL		○	
SINTER-MIL			○
HAFA-MIL-HCl	○	○	
SINTER-MIL-HCl	○		○

注：○表示实验中添加该组分。

制备样品的 SEM 图像如图 5-3 所示。HAFA-MIL 主要由两部分组成，即表面光滑的球形颗粒和柱状颗粒［见图 5-3（a）］，EDS 分析表明，前者的元素组成为 Si 17.19%、Al 12.00%、C 18.82%、O 51.20%，表明光滑球为残余 HAFA 颗粒；相比之下，EDS 显示后者的元素组成为 Si 0.08%、Al 4.53%、C 70.15%、O 24.67%。与 MIL-53(Al) 的理论成分相比，它具有更高的 C 和 O 含量，这可能是由样品下方的导电黏合剂成分造成的。因此，结合 SEM 表征和 EDS-mapping 分析以及后续粉末 XRD 结果，确定该柱状晶体为 MIL-53(Al)。可以观察到一些 MIL-53(Al) 晶体附着在 HAFA 颗粒的表面，而另一些则分散在 HAFA 颗粒周围[26]。所得的 SINTER-MIL 样品表面粗糙的球形颗粒为烧结的 HAFA 颗粒，周围分散的柱状晶粒为 MIL-53(Al)，如图 5-3（b）所示。可以更清楚地观察到 MIL-53(Al) 从烧结产物表面开始生长，当结晶达到一定尺寸后会脱落。此外，还可以看到碱熔使 HAFA 表面出现小孔，变得粗糙。分别在 HAFA-MIL 和 SINTER-MIL 的合成体系中加入助溶剂 HCl，得到 HAFA-MIL-HCl［见图 5-3(c)］和 SINTER-MIL-HCl［见图 5-3(d)］，HAFA-MIL-HCl 的形态特征与 HAFA-MIL 相似，如图 5-3(c) 所示。对比图 5-3(a) 和(c) 可以发现，在 HAFA-MIL-HCl 的 HAFA 球表面出现了随机分布的楔形孔隙，这是因为粉煤灰的表面是玻璃相壳，活性较高的组分可在高温、高压、一定酸度的水热反应过程中溶解。对比图 5-3(b) 和(d) 可以看出，助溶剂也扩大了烧结产物的孔隙通道[27]。同时，HAFA-MIL-HCl 和 SINTER-MIL-HCl 中 MIL-53(Al) 晶粒尺寸更大，形貌更规则。

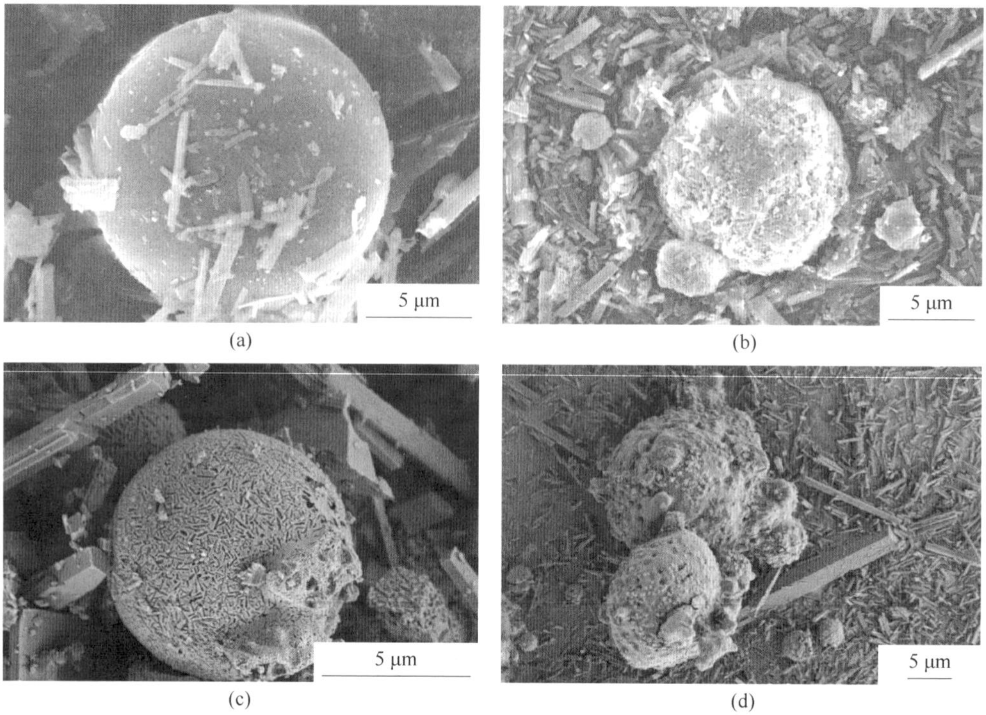

图 5-3　eco-MIL-53(Al) 样品的 SEM 图
(a) HAFA-MIL; (b) SINTER-MIL; (c) HAFA-MIL-HCl; (d) SINTER-MIL-HCl

图 5-4 为 SINTER-MIL-HCl 的 EDS 能量分布表面扫描结果，Si、Na、Fe、C、O、Al 的元素分布显示了烧结产物与 MIL-53(Al) 晶粒元素组成的差异[28-29]。此外，HAFA-MIL 中柱状晶的元素分布（见图 5-5）也表明分散的柱状晶为 MIL-53(Al)。

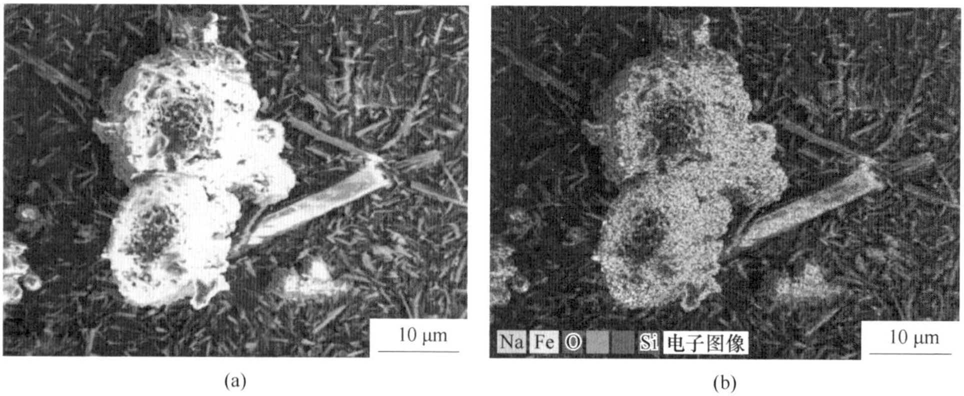

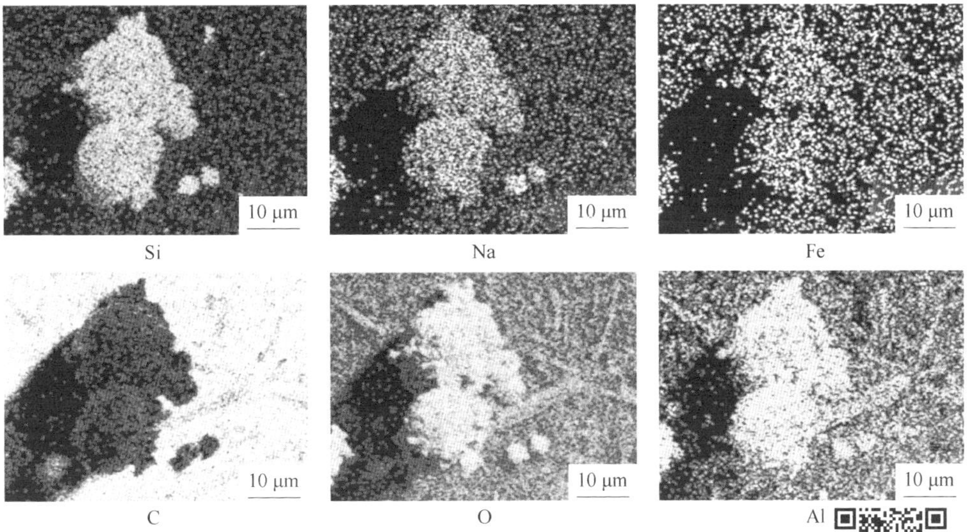

(c)

图 5-4　SINTER-MIL-HCl 的 SEM 与 EDS-mapping 元素分布图
(a) SEM 图；(b) EDS 图；(c) Si、Na、Fe、C、O、Al 的元素分布

图 5-4 彩图

(a)

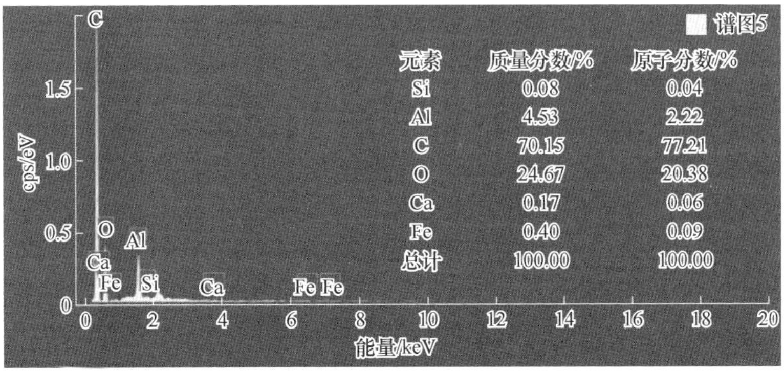

(b)

图 5-5　HAFA-MIL 柱状晶体的 SEM（a）与 EDS 图（b）

传统方法合成的 MIL-53(Al)、eco-MIL-53(Al) 的 XRD 衍射谱图与模拟 MIL-53(Al) 的对比如图 5-6(a) 所示。结果表明，在与纯 MIL-53(Al) 合成相一致的条件下[9]，HAFA 或烧结产物与配体 H_2BDC 进行水热反应可形成结晶度良好的 MIL-53(Al)。eco-MIL-53(Al) 产品的特征峰在 $2\theta=9.2°$ 和 $17.6°$，这归因于（110）和（220）的晶面。此外，在 $2\theta=12.5°$，$15.1°$，$21.1°$，$25.3°$，$28.2°$ 和 $32.6°$ 也可以观察到衍射峰，这也与之前的文献报道很好地符合[30-31]。由于 HAFA 和烧结产物不能完全反应，原料的衍射峰保留在样品的衍射图案中，强度较 MIL-53(Al) 弱。通过比较 XRD 结果，可以发现 MIL-53(Al) 在 eco-MOFs 中的特征峰基本都存在。然而，由于使用 HAFA 作为原料，所得 eco-MOFs 的 XRD 衍射谱也显示出属于原料的衍射峰。换言之，该产物是 MIL-53(Al) 和未反应原料的复合材料。加入 HCl 后，HAFA-MIL-HCl 和 SINTER-MIL-HCl 中 MIL-53(Al) 的特征峰变得更加尖锐。

基于 HAFA 的 eco-MIL-53(Al) 的 FT-IR 光谱如图 5-6（b）所示。3676 cm^{-1} 处吸收带代表 Si—OH 的存在，这也来自羟基和 Al 原子的键合[14,32]。1696 cm^{-1} 处的峰值是由框架中孔附近存在的微量 BDC 引起的。1597 cm^{-1} 和 1510 cm^{-1} 处吸收带对应于 —C═O 的不对称拉伸振动，1415 cm^{-1} 处的吸收带对应于 —C═O 的对称拉伸振动，证明了 —C═O 与铝在结构中的配位[14]。1278 cm^{-1} 处的吸收带与无定形二氧化硅的存在有关[16]。730～1100 cm^{-1} 范围内的波谱与 C—H 的拉伸振动有关，表明在框架结构[14]中存在有机芳香环。同时，在 756 cm^{-1} 处的吸收峰可能对应 Si—OH 中 Si—O—H 弯曲振动[16]。598 cm^{-1} 附近的吸收带属于 T—OH（T═Si 或 Al）的弯曲振动[14]。因此，样品的 FT-IR 光谱证实了铝离子与羧基之间存在配位键，再次验证了 XRD 分析的结果。

此外，通过 N_2 吸附-脱附实验对样品的结构进行表征［见图 5-6（c）］，相应参数见表 5-4。实验得到的 4 个样品的比表面积为 7～16 m^2/g，远小于纯的 MIL-53(Al)[30]，但远高于粉煤灰[14]。如图 5-6(c) 所示，介孔材料的 N_2 吸附-脱附曲线为Ⅳ型等温线，其中以滞回线为特征[33]。尽管介孔结构的 MIL-53(Al) 也已被报道[34]，但常规 MIL-53(Al) 通常是微孔材料。N_2 吸附-脱附曲线表明，这些样品的介孔体积大于微孔体积。这一结果的存在是由于 MIL-53(Al) 在制备的样品中所占比例不高，孔隙体积主要由未反应的原料和组分间隙提供。此外，HAFA 的碱熔处理可以增大原料的孔径，从而提高产品的比表面积和孔隙体积，加入 HCl 处理 HAFA 也会产生类似的现象。

通过热重（TG）分析，不仅可以测试样品的热稳定性，还可以大致比较各复合材料中 MIL-53(Al) 的质量分数。TG 测试范围的高温极限设置为 600 ℃，这主要是基于文献报道 MIL-53(Al) 框架在 500 ℃会发生坍塌[35-36]，同时粉煤灰在 500 ℃以上才会发生结构垮塌。制备样品的 TG-DTG 曲线如图 5-6(d) 所示。

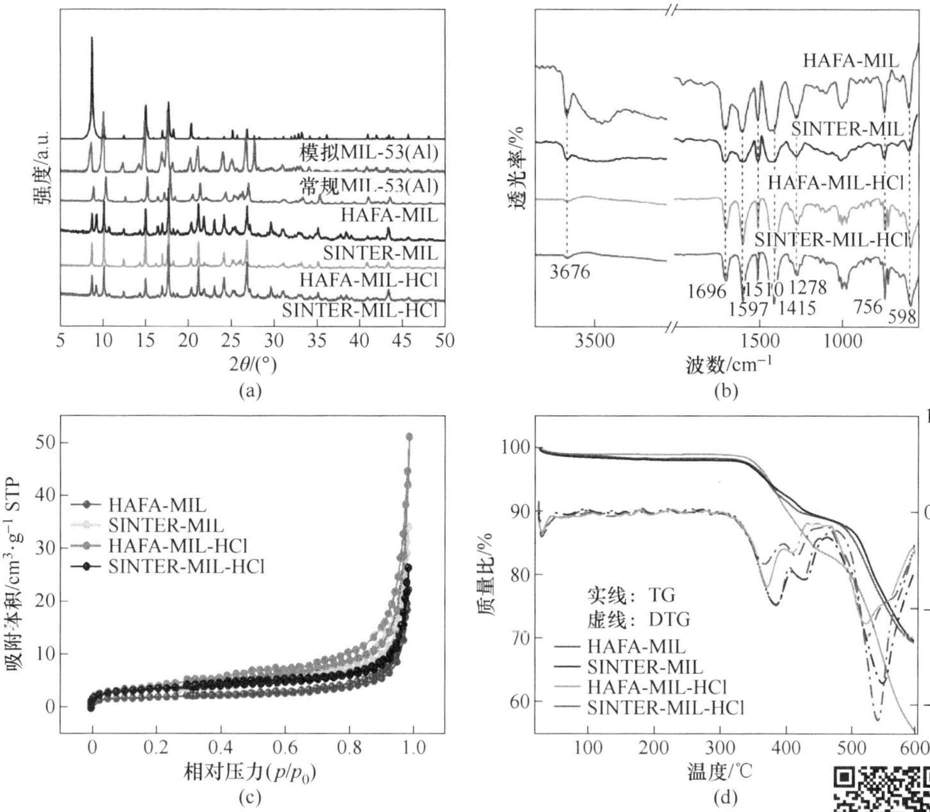

图 5-6 eco-MIL-53(Al) 的 XRD 衍射谱（a）、FT-IR 光谱（b）、N_2 吸附-脱附等温线（c）与 TG-DTG 曲线（d）

图 5-6 彩图

表 5-4 获得 eco-MIL-53(Al) 材料的孔结构参数

样品	S_{BET} /$m^2 \cdot g^{-1}$	V_{total} /$cm^3 \cdot g^{-1}$	V_{micro} /$cm^3 \cdot g^{-1}$	V_{meso} /$cm^3 \cdot g^{-1}$
HAFA-MIL	6.9	0.033	0.002	0.031
SINTER-MIL	13.4	0.050	0.017	0.033
HAFA-MIL-HCl	16.3	0.075	0.007	0.068
SINTER-MIL-HCl	12.4	0.038	0.013	0.025

可以发现 HAFA-MIL 和 HAFA-MIL-HCl 具有相似的热稳定性，而 SINTER-MIL 与 SINTER-MIL-HCl 相似。根据原料或复合物第二组分的不同，将测试结果分为两组，前者为高铝粉煤灰，后者是烧结产物（包括霞石、无定形二氧化硅等）。另

外，可以看出 HCl 的加入对产物的热稳定性影响不大。DTG 曲线显示在 30 ℃ 和 100 ℃之间的小质量损失，这归因于水分子从材料中去除。虽然样品在水热合成后经过煅烧，但 MIL-53(Al) 中水分的吸附-脱附是动态可逆的，所以存在少量水分是正常的。在 10 ~ 500 ℃之间的样品失重是由于 DMF 去除，HAFA-MIL 和 HAFA-MIL-HCl 在该温度范围内的损失与 Chatterjee 课题组的结果相似[14]。与前两者相比，SINTER-MIL 和 SINTER-MIL-HCl 在 100 ~ 500 ℃的质量损失更低，可能是由于更少的 DMF 困在其孔隙或因为有机物质在原料烧结后燃烧殆尽。MIL-53(Al) 在 500 ℃后不能稳定存在，因此 500 ~ 600 ℃之间的样品质量损失主要是由于在 MIL-53(Al) 中 BDC 和结构之间的连接逐渐断裂和分解而导致框架的坍塌[37]。500 ℃后，HAFA-MIL 和 HAFA-MIL-HCl 的质量损失率约为 24.7%，SINTER-MIL 和 SINTER-MIL-HCl 的质量损失率约为 17.2%。这可能是由于在由 HAFA 制成的 eco-MIL-53(Al) 中 MIL-53(Al) 的质量分数较高。此外，合成的化合物的热稳定性与原始 MIL-53(Al) 相当。

考虑到烧结产物经过高温煅烧，在 TG 加热过程中不会有质量损失，因此，以 SINTER-MIL 和 SINTER-MIL-HCl 为研究对象计算产品中 MIL-53(Al) 的比例是合理的。在理想条件下，TG 中所有的质量损失都是由于 MOFs 结构的破坏。假设所有 MIL-53(Al) 在 600 ℃转换为无定形 Al_2O_3，MIL-53(Al) 的质量分数 w 可根据以下计算公式确定：

$$m \times w_1 = w \times m \times w_2 \tag{5-3}$$

$$w = \frac{w_1}{w_2} \times 100\% \tag{5-4}$$

式中　m——样品质量，g；

w_1——200 ~ 600 ℃之间的样品质量损失率，%；

w_2——MIL-53(Al) 在 200 ~ 600 ℃之间的质量损失率（70.2%，根据 Loiseau[37] 的结果）；

w——MIL-53(Al) 在样品中的质量含量，%。

式（5-4）是由式（5-3）推导而来，在此条件下，样品中 MIL-53(Al) 的质量分数 w 为 24.5%。

5.1.4　吸附性能

对 MB 的吸附性能可作为评价多孔材料性能的标准。首先，在相同条件下对 HAFA 和四种合成样品进行 MB 吸附试验，如图 5-7 所示。将 20 mg 的 eco-MIL-53(Al) 样品放入 25 mL（20 mg/L）MB 溶液中，反应条件为 pH 值 7、温度为 298 K，间隔不同的时间取点测样记录。在吸附的前 5 min，所有样品都达到了较高的去除率[38]，然后增长速度放缓，这与活性位点数量的减少和吸附驱动力的减小有关。SINTER-MIL 的最佳性能是吸附 10 min 后 MB 去除率可达 75%，平衡吸附时去除率为 79.53%。以烧结产物为铝源样品的吸附性能优于直接以 HAFA 为铝源的样品，推断为烧结产物在 SINTER-MIL 中可以产生更多的孔隙空间，可能有更多的吸附位点[39]。

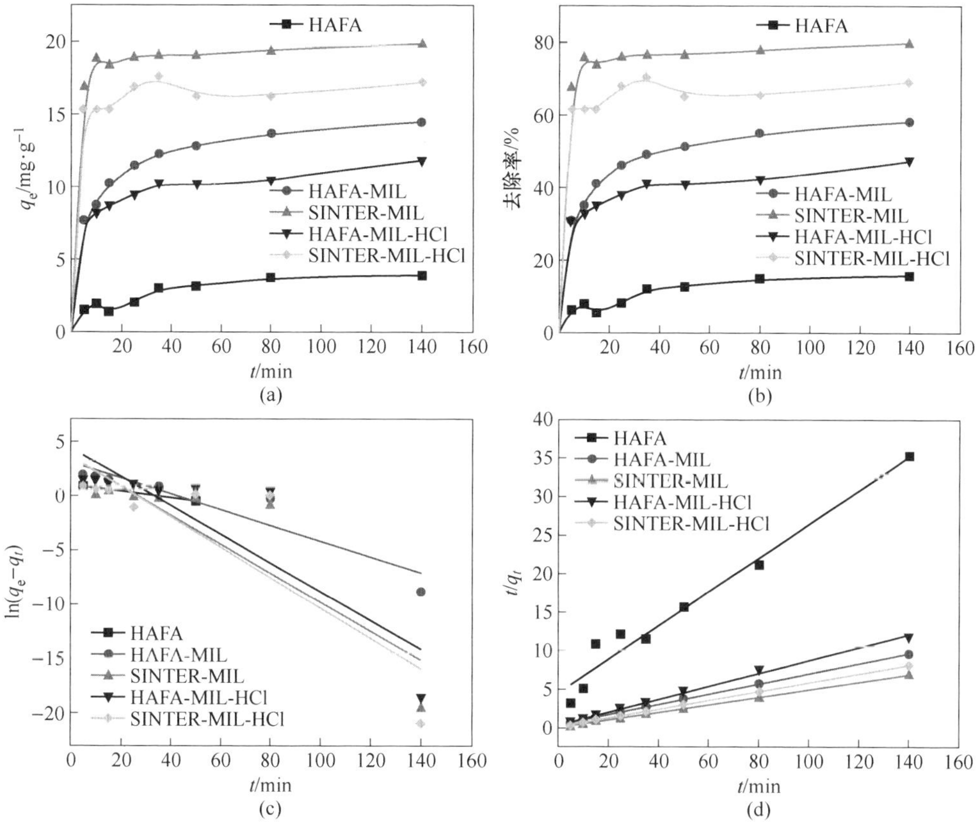

图 5-7 吸附时间对所得样品对 MB 吸附量（a）和去除率（b）的影响，所得样品吸附 MB 的伪一阶动力学模型（c）和伪二阶动力学模型（d）拟合曲线

为了更好地揭示吸附机理，采用伪一阶和伪二阶动力学模型拟合数据，研究 MB 在 SINTER-MIL 上的吸附动力学。从表 5-5 可以看出，不同样品对 MB 的吸附不符合伪一阶模型。显然，根据 R^2 的值，伪二阶模型更适合描述吸附过程，这提示了吸附过程的化学吸附控制速率，与大多数文献报道的结果一致[40-41]。

为了精确确定 SINTER-MIL 对 MB 的潜在吸附能力，吸附等温线如图 5-8(a) 所示。将 5 mg SINTER-MIL 放入 10 mL 5 ~ 30 mg/L MB 溶液中，吸附温度分别为 298 K、308 K、318 K，吸附时间为 60 min。随着溶液初始浓度的增加，MB 的吸附能力提高。MB 溶液浓度越高，MB 与 SINTER-MIL 的接触频率越高，则吸附能力越强。此外，为了进一步探索其吸附机理，利用 Langmuir 和 Freundlich 等温模型分析数据，拟合结果如图 5-8(b) 和(c) 所示，相关参数见表 5-6。由表 5-6 可知，根据 R^2 的取值，Freundlich 模型最能解释 MB 在 SINTER-MIL 上的平衡吸附，说明 MB 可以在 SINTER-MIL[42] 的表面发生多层吸附。此外，随着温度的升高，SINTER-MIL 上 MB 的 q_m 值减小，说明 MB 在 SINTER-MIL 上的吸附是一个放热过程。这一现象的原因可能是温度的升高促进了染料分子的运动，从而使其脱附[41,43]。

表 5-5　MB 吸附动力学模型的拟合参数

样　品	伪一阶动力学模型			伪二阶动力学模型		
	q_e /mg·g^{-1}	k_1 /min^{-1}	R^2	q_e /mg·g^{-1}	k_2 /g·(mg·min)$^{-1}$	R^2
HAFA	2.93	0.032	0.85232	4.54	0.011	0.96688
HAFA-MIL	21.94	0.073	0.86626	15.14	0.009	0.99912
SINTER-MIL	36.72	0.134	0.76775	19.57	0.037	0.99978
HAFA-MIL-HCl	79.16	0.132	0.75812	11.99	0.014	0.99511
SINTER-MIL-HCl	36.69	0.140	0.73101	17.16	0.047	0.99850

众所周知，实际废水中还有许多其他污染物，而不是单一成分。因此，考虑了其他离子的影响，例如 F^-、SO_4^{2-}、Cl^- 和 CH_3COO^-。图 5-8(d) 显示了 SINTER-MIL 在这些离子存在下的 MB 吸附能力，可以发现，这些离子的存在可以抑制 SINTER-MIL 对 MB 的吸附，抑制作用的顺序为：$Cl^- \approx CH_3COO^- > SO_4^{2-} > F^-$[44]。

此外，还研究了 pH 值对 MB 在 SINTER-MIL 上吸附量的影响。将 20 mg SINTER-MIL 样品放入 25 mL MB 溶液（20 mg/L），在 298 K 下吸附 60 min，实验结果如图 5-8(e) 所示，在低 pH 值下 MB 的吸附受溶液中 H^+ 竞争性吸附的影响。相比之下，SINTER-MIL 在 pH 值为 7 ~ 11 之间具有良好的吸附效果，并且在 pH 值为 7 时表现最佳，这意味着该材料在中性至碱性条件下具有更好的 MB 吸附性能。

可再生回收性能对吸附剂的成本至关重要。因此，进行再生实验来研究 SINTER-MIL 的可重用性。在这项工作中，吸附剂的可重用性研究连续进行了四个循环，每次运行后，将吸附剂从 MB 溶液中分离，并用乙醇活化。如图 5-8(f) 所示，在四个循环过程中，SINTER-MIL 的吸附效果略有下降，这可能是由于 SINTER-MIL 的洗涤不能完全去除之前循环中负载在吸附剂表面的 MB 分子，可能会阻塞一些活性位点。因此，SINTER-MIL 具有良好的可回收性。

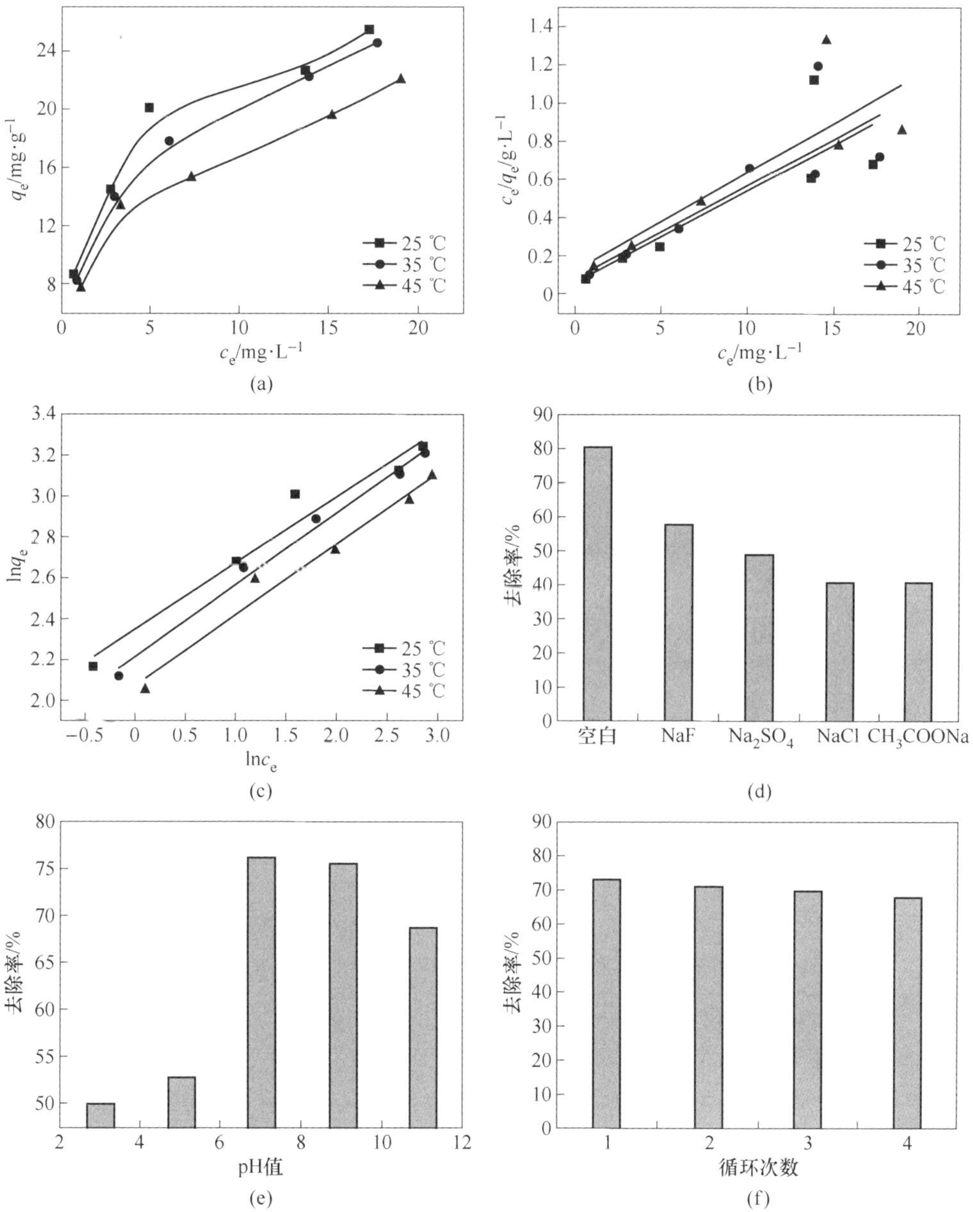

图 5-8 MB 在 SINTER-MIL 上的吸附等温线（a），MB 在 SINTER-MIL 上吸附拟合的 Langmuir 模型（b）、Freundlich 模型（c），阴离子共存（d）和 pH 值（e）对 SINTER-MIL 吸附 MB 的影响以及 SINTER-MIL 对 MB 吸附的可回收性（f）

表 5-6　SINTER-MIL 吸附 MB 的等温线模型参数

模　型	参　数	298 K	308 K	318 K
Langmuir	q_e/mg · g^{-1}	28. 80	20. 64	19. 49
	K_L/L · mg^{-1}	0. 801	0. 582	0. 420
	R^2	0. 71778	0. 68815	0. 70274
Freundlich	K_F/(mg/g) · $(mg/L)^{-1/n}$	10. 478	9. 141	7. 934
	n	3. 121	2. 859	2. 903
	R^2	0. 96236	0. 99097	0. 97622

此外，在表 5-7 中，eco-MIL-53 对 MB 的吸附量（28. 80 mg/g）与传统 MIL-53 和其他 MOFs 相当。

表 5-7　MB 在不同 MOFs 吸附剂上的吸附性能比较

吸附剂	吸附量/mg · g^{-1}	参考文献
MIL-53(Al)	20	[45]
MIL-53(Al)	84. 50	[46]
MIL-53(Fe)	25	[47]
MIL-88B(Fe)	22. 7	[47]
MIL-101(Al)	195	[48]
MIL-101(Fe)	15. 5	[47]
MIL-101(Fe)	58. 82	[49]
介孔 MIL-101	21. 00	[50]
UiO-66	24. 50	[46]
UiO-66-HCl	13. 20	[51]
ZIF-67	16. 8	[52]
MOF-235	187	[53]
Cu-MOF	41. 01	[47]
Ni-MOF	18. 4	[54]
eco-MIL-53(Al)	28. 80	本研究

5.1.5 吸附机理

为了阐明 MB 在 SINTER-MIL 上可能的吸附机理，图 5-9 显示了 SINTER-MIL 吸附 MB 前后的 SEM 图像。与原始 SINTER-MIL 相比，MB 吸附后的 SINTER-MIL 表面变得粗糙，说明 MB 染料分子被 SINTER-MIL 吸附了。因此，吸附性能的增强可能是由于 MB 与 SINTER-MIL 之间有很强的化学相互作用。

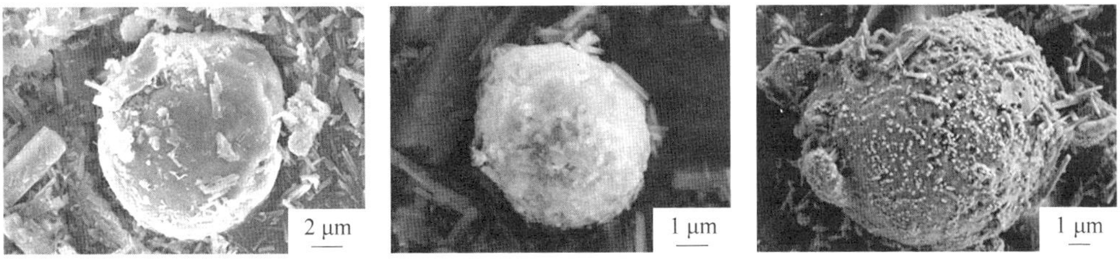

(a) (b) (c)

图 5-9 SINTER-MIL 吸附 MB 前（a）和后（b）（c）的 SEM 像

进一步分析了 SINTER-MIL 在吸附 MB 前后的 XRD、FT IR 和 N_2 吸附 脱附测试结果。根据 XRD 衍射谱结果，SINTER-MIL 吸附 MB 后，所有属于 SINTER-MIL 的典型衍射峰都被保留了下来，说明 MB 吸附后的 SINTER-MIL 晶体结构非常稳定，如图 5-10(a) 所示。此外，利用 FT-IR 光谱解释 SINTER-MIL 和 MB 之间的相互作用，如图 5-10(b) 所示。吸附后，吸收峰的位置和强度有轻微的变化，说明染料在表面的吸附是成功的[55]，表明沉积的 MB 分子与 SINTER-MIL[56] 之间可能存在氢键相互作用，同时给出了 SINTER-MIL 吸附前后的 N_2 吸附-脱附等温线。如图 5-10(c) 所示，SINTER-MIL 的比表面积有一定的减小（从 13 m^2/g 减小到 9 m^2/g），这可能是因为 MB 分子被吸附在 SINTER-MIL 的表面，减少了比表面积，上述结果验证了 MB 分子被 SINTER-MIL 吸附。

为了评价制备样品的普适性，研究了 SINTER-MIL 对孔雀石绿（MG）、甲基橙（MO）、刚果红（CR）、罗丹明 B（RhB）等一系列有机污染物的吸附能力，实验结果如图 5-10(d) 所示。与其他特定的有机污染物相比，SINTER-MIL 对 MB 具有优异的吸附去除能力。实验结果表明，SINTER-MIL 在环境修复方面具有很大的潜力[57]。

根据上述实验结果，提出了 SINTER-MIL 去除 MB 的可行机制，MB 的去除可能是由于 MB 中的芳香环与 SINTER-MIL 结构之间的 π-π 叠加作用，以及 MB 与 SINTER-MIL 官能团之间的氢键。此外，MB 与 SINTER-MIL 的静电相互作用也有助于吸附去除 MB。

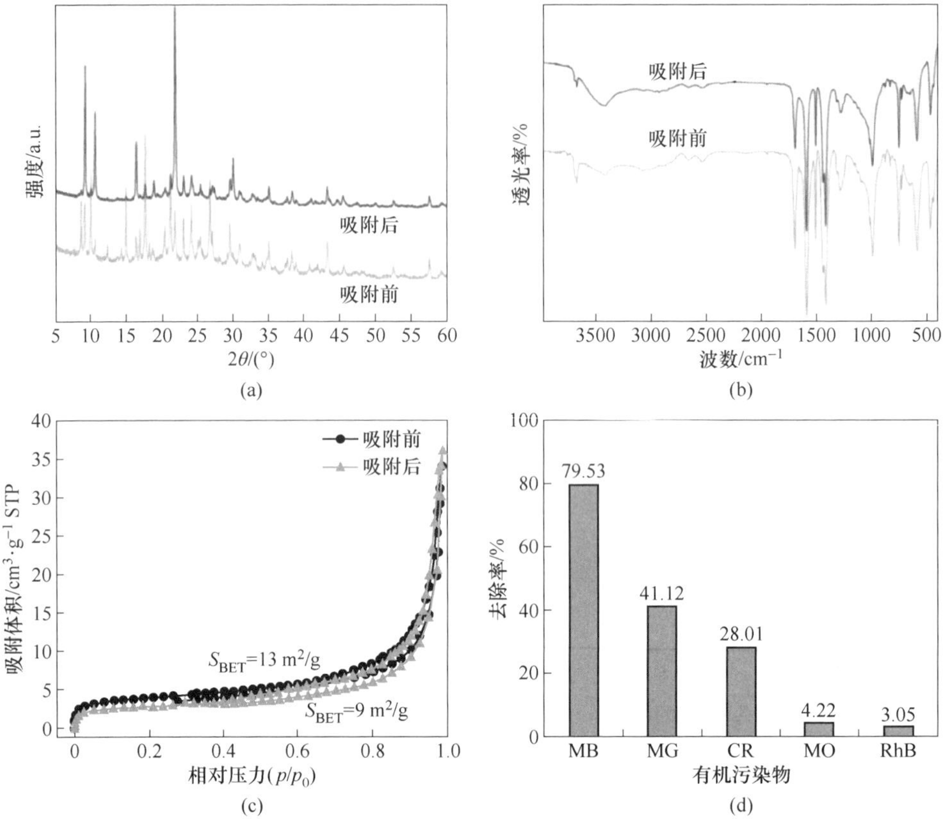

图 5-10　SINTER-MIL 吸附 MB 前后的 XRD(a)、FT-IR(b) 和 N_2 吸附-脱附等温线(c)，SINTER-MIL 对各种有机污染物的吸附去除率(d)

(初始浓度 20 mg/L，吸附剂量 5 mg，溶液体积 10 mL，平衡时间 60 min)

5.1.6　结论

综上所述，采用一锅法合成了以 HAFA 或烧结产物为铝源的 eco-MIL-53(Al) 材料，并应用于废水中有机染料分子的去除。SEM 结果表明，MOFs 从原料表面开始生长，并以柱状晶的形式出现。合成体系中盐酸的加入使烧结产物表面形成随机分布的楔形孔洞，使烧结产物原有孔洞扩大。在所有制备的 eco-MIL-53(Al) 样品中，SINTER-MIL 对 MB 的吸附性能最好。除了 MIL-53(Al) 组分的微孔外，其余烧结产物的性质也是多孔的，这可能与增强的 MB 吸附性能有关。其中，SINTER-MIL 在 pH 值 7 ~ 11 之间具有良好的吸附效果，在 pH 值为 7 时吸附性能最佳。吸附数据服从 Freundlich 等温线模型与伪二阶动力学模型，在 298 K 下计算出 MB 的最大吸附量为 28.80 mg/g。因此，本研究为煤基固体废弃物制备铝基 MOFs 复合材料提供了一种简易的方法，在环境修复中具有潜在应用前景。

5.2 高铝粉煤灰制备 MIL-53(Al) 的工艺优化及氟离子吸附性能

5.2.1 概述

我国现代煤化工正在高速发展，每年产生大量的粉煤灰，煤基固体废弃物的大量堆积，影响环境并且占用土地资源，甚至危害人体健康，目前主要通过填埋及建材方面进行处理，高附加值利用率较低。另外，粉煤灰尤其是高铝粉煤灰中含有大量的铝元素，可视为一种潜在的铝资源，可以作为金属原料合成铝基 MOFs 材料。目前只有极少数开创性的研究侧重于利用粉煤灰合成 MOFs 材料，如 Rambau 等人，利用硫酸从粉煤灰中提取出铝元素，再通过高温蒸发收集铝元素与富马酸合成 Al-FumMOF；然而，该研究是将铝元素从粉煤灰中提取出来，剩余的粉煤灰渣仍为需要处理的固废，且提取过程伴随产生酸性气体，造成二次污染[58]；本书作者课题组将高铝粉煤灰与无水碳酸钠在 890 ℃高温下煅烧活化后合成 MIL-53(Al)，合成的样品中 MIL-53(Al) 含量较低，材料比表面积低且煅烧活化过程所需能耗较高[59]。

目前，已有许多研究利用 MOFs 材料或粉煤灰改性材料进行水中氟离子的吸附，然而利用粉煤灰制备的 MOFs 是否并如何吸附和去除水中的氟化物，以及哪些因素（如反应温度和 pH 值）会影响 MOFs 的氟化物吸附性能，仍没有相关的研究。本研究旨在直接利用高铝粉煤灰（HAFA）合成 MIL-53(Al) 材料，优化合成路线，并将其应用于含氟废水的处理，探究其吸附特性与机理，最终应用到真实矿井水中去除氟离子，达到“以废治废”的双赢效果。

5.2.2 材料制备

原料预处理与材料制备流程如图 5-11 所示。

预处理：把从电厂里得到的高铝粉煤灰烘干，称取一定质量的高铝粉煤灰按照固液比为 1∶10，在不同质量分数的氢氧化钠溶液中搅拌加热，在一定温度下反应一段时间，搅拌结束后用去离子水洗涤至滤液为中性，烘干得到高铝粉煤灰的脱硅产物。称取一定量脱硅产物，按照灰碱比为 1∶0.6（碱为碳酸钠）混合，在 890 ℃下煅烧 90 min，然后研磨成粉末状，得到样品为烧结产物。

样品合成：用脱硅产物和烧结产物分别与对苯二甲酸和去离子水按照摩尔比 1∶1∶160 的比例混合搅拌 1 h，放入水热反应釜中，在 220 ℃下水热反应 3 d，得到的产物经过洗涤烘干后在一定温度下煅烧，去除材料孔隙中多余未反应的有机配体即对苯二甲酸，这样得到的产物分别为 HAFA-DS-MIL 和 HAFA-SI-MIL。

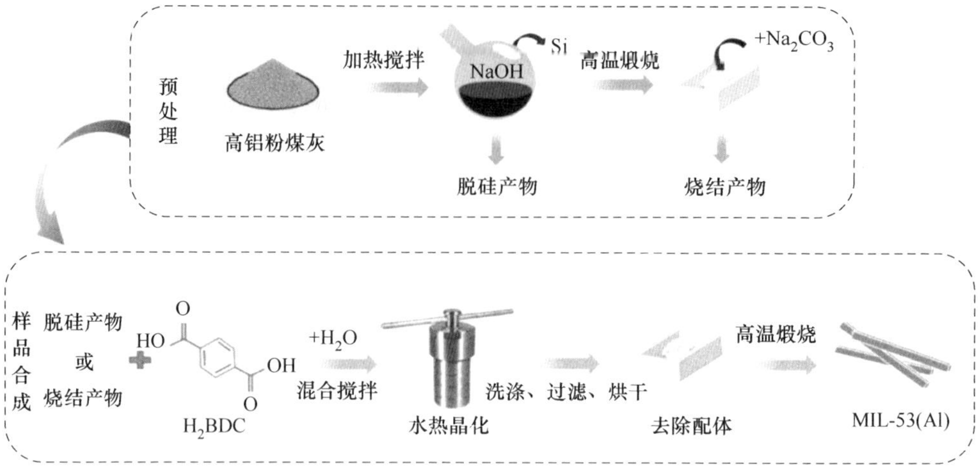

图 5-11 原料预处理与样品合成工艺路线

5.2.3 脱硅条件的探究

由于在合成 MIL-53(Al) 过程中利用的是 HAFA 中的铝元素，而硅元素以杂质的形式存在，且硅元素在 HAFA 中含量较多，因此本研究采用碱浸脱硅的方法预先脱除一部分的硅元素，以提高后续合成的效率，探究了不同温度、碱溶液浓度与时间对脱硅效果的影响，并选择适合的脱硅条件为预处理条件。脱硅率的计算公式如下：

$$X = \frac{\frac{A}{S} - \frac{A_D}{S_D}}{\frac{A}{S}} \times 100\% \tag{5-5}$$

式中 A/S——HAFA 原料的铝硅比（Al_2O_3 和 SiO_2 的质量比）；

A_D/S_D——脱硅后脱硅产物的铝硅比。

根据实验结果表 5-8，脱硅效果最佳的条件为在 120 ℃下，在质量分数为 15% 的 NaOH 溶液下加热搅拌 4 h，脱硅率为 34.49%；不同条件下脱硅率在 27.4% ~34.5%之间，影响结果较小，且对以 15%质量浓度的 NaOH 下不同条件的脱硅产物进行 XRD 表征（见图 5-12），其矿相组成并未有变化。最后考虑能耗问题，选择了耗能最低的条件，即在 100 ℃下，在质量分数为 10% 的 NaOH 溶液下加热搅拌 2 h。最后对合成 MIL-53(Al) 的原料拍摄了扫描电镜照片，从图 5-13 中可以看到 HAFA 为圆球状颗粒，在经过脱硅处理后，脱硅产物［见图 5-13(b)］还保持着 HAFA 圆球状结构［见图 5-13(a)］，但颗粒表面出现了孔隙，脱硅产物表面附着许多小颗粒，可能是脱硅产物表面产生了吸附性，吸附了周围细小的粉煤灰杂质。烧结产物［见图 5-13(c)］为脱硅产物与无水碳酸钠高温烧结的产物，粉煤灰圆球状的结构受高温处理发生了改变，形成具有多孔结构不规则的灰渣状颗粒。处理后的 HAFA 中硅元素减少并产生多孔结构，增加了后续反应的接触面积，提高了原料中铝元素的利用率。

表 5-8 不同条件下脱硅样品 XRF 实验结果及脱硅率

不同条件脱硅样品①	Al_2O_3	SiO_2	Fe_2O_3	CaO	Na_2O	脱硅率/%
原料	54.41	35.79	2.55	2.43	—	—
120-15-4（水热法）	57.82	28.43	2.99	2.58	3.74	33.78
120-15-4	55.10	26.95	2.95	2.70	7.22	34.49
120-15-2	55.41	28.45	2.86	2.67	5.96	28.11
120-20-2	55.17	28.49	2.34	2.57	6.84	27.37
120-10-2	57.33	28.96	2.51	2.64	3.96	30.21
100-10-2	56.53	29.09	2.53	2.75	3.45	27.83
100-15-4	56.39	28.26	2.64	2.67	5.62	31.25

① 样品命名规律为温度(℃)-NaOH 溶液质量浓度(%)-反应时间（h）。

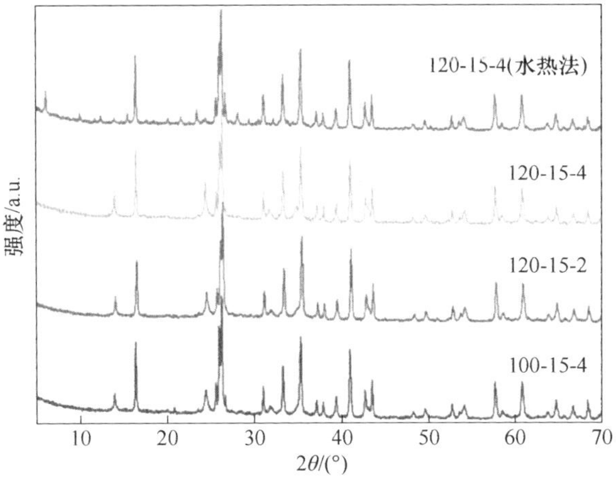

图 5-12 不同脱硅样品（15% NaOH 脱硅条件）的 XRD 结果

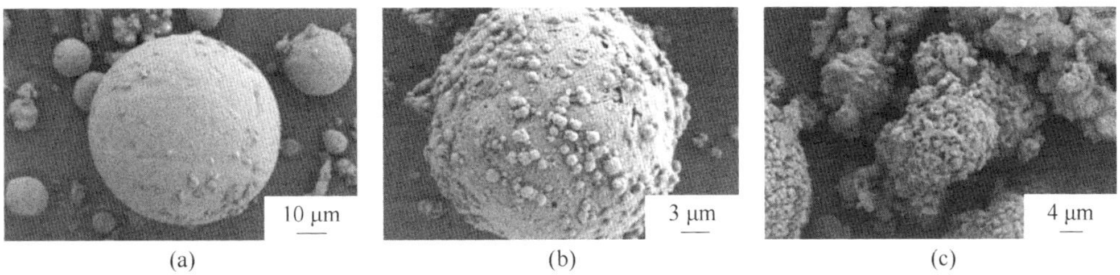

图 5-13 高铝粉煤灰(a)、脱硅产物（100-10-2)(b）和烧结产物(c）的 SEM 照片

5.2.4　材料表征

在利用高铝粉煤灰中铝元素合成 MOFs 材料前，首先需了解原料及预处理粉煤灰的矿相组成，通过 XRD 谱图（见图 5-14）分析，高铝粉煤灰主要为莫来石和刚玉矿相结构，在 15°~30°之间存在一个低矮的“馒头峰”，对应高铝粉煤灰中非晶态的玻璃体物相。经过脱硅处理后，原灰中的“馒头峰”消失，表明脱硅处理过程中去除了高铝粉煤灰中非晶态的玻璃体结构相，此时产物基本为结晶态物质；XRD 谱图中新增了钠硅渣的吸收峰[60]，这是高铝粉煤灰在氢氧化钠中脱硅形成的，其他矿相结构的吸收峰基本保持不变。当脱硅产物在 890 ℃下煅烧后，粉煤灰的矿相结构发生了彻底的变化，原有的莫来石刚玉结构转化为具有更高的活性的霞石结构[59]，可能有利于后续 MOFs 合成中铝元素的利用。

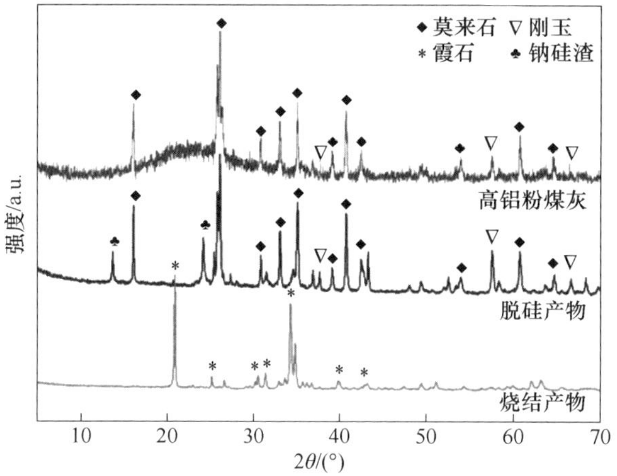

图 5-14　高铝粉煤灰、脱硅产物与烧结产物 XRD 结果

分别将脱硅产物和烧结产物用于 MOFs 的合成，从图 5-15(a) 中可知，以脱硅产物为原料制备的样品在 $2\theta=8.8°$、15.1°、17.5°处均出现了与 MIL-53(Al) 相同的特征吸收峰，表明成功合成了含 MIL-53(Al) 相的样品，样品的 XRD 谱图中仍存在许多杂峰，这可能是样品中残留了部分未反应的高铝粉煤灰或中间体产物，并且随着煅烧温度升高，杂峰变少，产品纯度变高。图 5-15(b) 为烧结产物制备的样品，在不同煅烧温度处理下，样品基本能对应上 MIL-53(Al) 的特征峰，但 HAFA-SI-MIL-300 与 HAFA-SI-330 样品在 8.6°处的特征峰存在偏移，可能是由于原料不纯导致晶格发生畸变，产生的 MIL-53(Al) 晶体结构不标准，而 HAFA-SI-MIL-400 样品的特征峰与标准卡片吻合较好，表明高温处理能去除样品中的杂原子使其结构趋于标准。

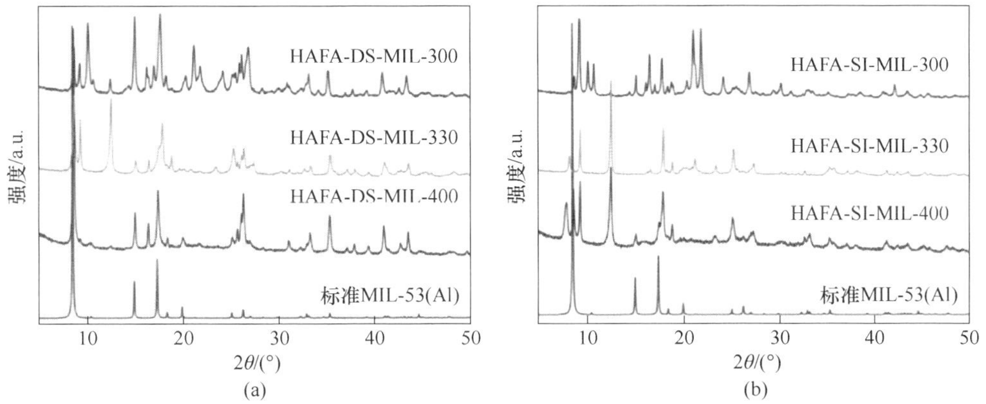

图 5-15　脱硅产物(a) 与烧结产物 (b) 不同煅烧温度制备 MIL-53(Al) 的 XRD 结果

FT-IR 光谱可以用来表征材料官能团和化学键结构，在图 5-16 中，不同样品出现吸收峰的位置相同，表明不同预处理方法和煅烧去除配体温度合成的样品具有相同的官能团和化学键结构，且与 MIL-53(Al) 的 FT-IR 光谱特征吸收峰相吻合[37]，进一步证明合成的材料具有 MIL-53(Al) 的结构，成功合成出具有 MIL-53(Al) 结构的材料。样品的谱图结构中 3611 cm^{-1} 与 3459 cm^{-1} 处出现的吸收峰为水的羟基吸收峰[37,61]。730 ~ 1100 cm^{-1} 的峰是 C—H 键拉伸振动产生的吸收峰，表明结构中存在一个苯环，1697 cm^{-1} 处存在一个额外的吸收峰，这可以归因于游离的 BDC 分子在结构的孔隙中以质子化的形式被包裹起来（—COOH），即孔隙中多余的配体分子仍存在[37]，而 HAFA-DS-MIL-400 及 HAFA-SI-MIL-400

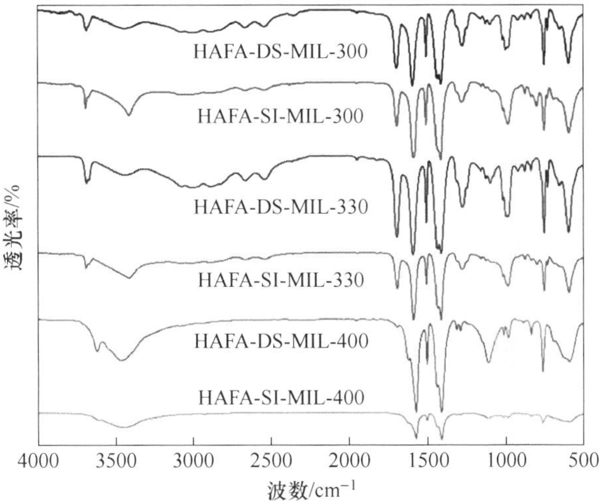

图 5-16　脱硅产物与烧结产物不同煅烧温度制备 MIL-53(Al) 的 FT-IR 结果

在该处吸收峰大幅度变小甚至消失，表明材料中孔隙中多余的配体分子基本被除去。1506 cm^{-1}和1577 cm^{-1}处的吸收峰为—C ═O 不对称拉伸振动。1417 cm^{-1}处的吸收峰是—C ═O 的对称拉伸振动[14]，761 cm^{-1}和587 cm^{-1}处出现的吸收峰分别是Al—O 和 Fe—O 键的拉伸振动峰，表明对苯二甲酸的羧基与Al(Ⅲ)和Fe(Ⅲ)之间形成金属氧键[61,16]。468 cm^{-1}处的吸收峰则是Si—O—Si 的拉伸峰[16]。

由于材料的组成和结构不同，其质量会随着温度的变化而变化。图5-17显示了所有样品的TG曲线。随着温度的升高样品质量逐渐减少，373 K以下的质量损失主要归因于材料中自由水的蒸发[62]。鉴于 H_2BDC 的沸点约为487 K，所以在373～487 K之间的质量损失是由于结合水的析出，而487～700 K之间的质量损失是由于未反应 H_2BDC 的蒸发。然而，这两种质量损失并不明显，表明煅烧步骤基本上已经从所得材料的孔隙中去除多余的 H_2BDC，并且所得材料在常规废水处理的操作温度下具有热稳定性。当温度达到700 K左右时，材料开始热降解，可以归因于MIL-53(Al) 中连接配体的逐渐断裂和分解[37]，导致框架的崩溃，MIL-53(Al) 转化为无定形的 Al_2O_3，由此可以推断材料中MIL-53(Al) 的含量。

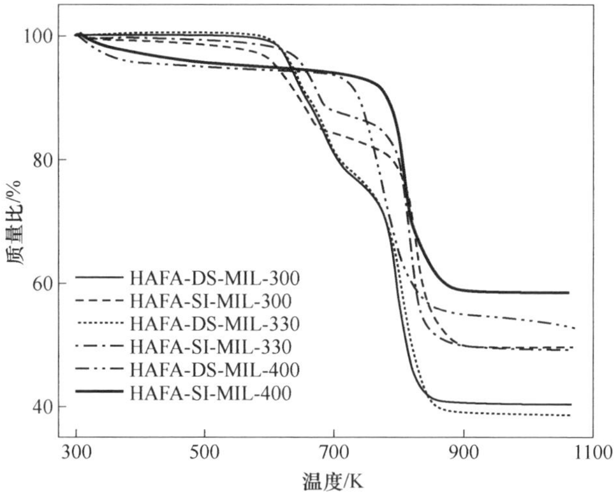

图5-17　脱硅产物与烧结产物不同煅烧温度制备样品中MIL-53(Al) 的TG结果

HAFA-DS-MIL和HAFA-SI-MIL在300 ℃和330 ℃下煅烧的样品均在600～700 K之间存在质量损失，该部分质量损失为孔隙中多余的 H_2BDC 蒸发，证明了这两个温度下样品中的配体均未能去除干净；400 ℃煅烧处理的样品在700 K前基本无质量损失，说明该样品中配体去除效果好，能得到更多孔隙结构获得更高的比表面积。根据样品在700 K后的质量损失可大致计算出样品中MIL-53(Al) 的含量，计算结果见表5-9，其中HAFA-DS-MIL-400中MIL-53(Al) 含量最高，约有55%的MIL-53(Al)。

表 5-9　脱硅产物与烧结产物不同煅烧温度制备样品中 MIL-53(Al) 的含量

样品	质量损失/%	MIL-53(Al) 含量/%
HAFA-DS-MIL-300	36.39	45.58
HAFA-SI-MIL-300	34.79	43.95
HAFA-DS-MIL-330	39.14	49.03
HAFA-SI-MIL-330	38.10	48.04
HAFA-DS-MIL-400	41.74	55.32
HAFA-SI-MIL-400	36.26	45.68

材料的微观图像可通过扫描电镜观察（见图 5-18），不同预处理的原料与不同煅烧温度制备的样品均出现了长柱状的晶体结构，长柱状晶体为 MIL-53(Al) 晶体，样品中基本无粉煤灰颗粒的存在。图 5-18(a)~(d) 中的样品基本都为柱状 MIL-53(Al) 晶体，但样品中柱状晶体尺寸大小不一，最大的颗粒长度 6 μm、最小 0.5 μm，且大的颗粒表面堆叠着尺寸较小的柱状颗粒，不同样品之间并无明显区别。HAFA-DS-MIL-400 与 HAFA-SI-MIL-400 样品尺寸基本约为 2 μm，对应了 XRD 谱图峰值特征［与 MIL-53(Al) 特征峰一一对应，杂峰少］。

(a) (b) (c) (d)

(e)　　(f)

图 5-18　脱硅产物与烧结产物不同煅烧温度制备 MIL-53(Al) 的 SEM 照片

(a) HAFA-DS-MIL-300；(b) HAFA-SI-MIL-300；(c) HAFA-DS-MIL-330；
(d) HAFA-SI-MIL-330；(e) HAFA-DS-MIL-400；(f) HAFA-SI-MIL-400

以 HAFA-DS-MIL-400 样品为例，EDS（见图 5-19）分析表明，样品的 C、O 和 Al 元素在扫描材料中均匀分布，其质量分数分别高达 39.2%、39.6% 和 15.9%，与 MIL-53(Al) 元素组成相同且比例相近（分子式：$C_8H_5AlO_5$，质量比 C：O：Al＝48：40：13)，且三者之和占总样品质量的 94.7%，而其他元素，例如 Si、Fe 和 Na 分布不均，且质量比例分别为 1.8%、3.1% 和 0.01%。

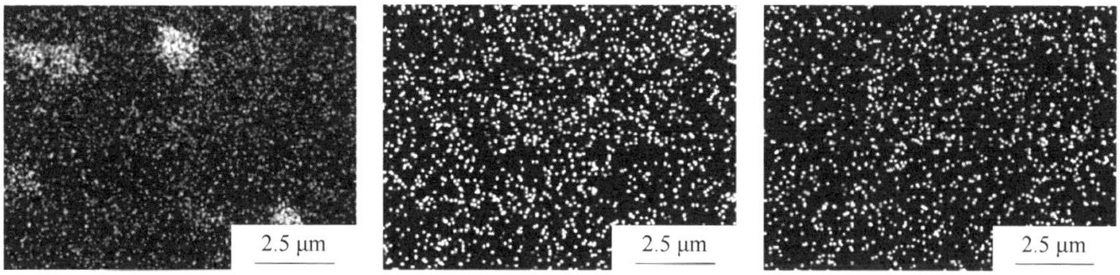

Si　　Fe　　Na

(c)

图 5-19　HAFA-DS-MIL-400 的能量分布面扫描分析

(a) SEM 图像；(b) EDS 分层图像；(c) Al、O、C、Si、Fe、Na 元素分布图像

图 5-19 彩图

对所有样品进行了 N_2 吸附-脱附测试，结果如图 5-20 所示。图 5-20(a) 中四组样品均符合 I 型等温吸附曲线，存在 H3 型吸附回滞环，是介孔材料典型的 N_2 吸附-脱附等温线特征[63]。图 5-20(b) 中 HAFA-DS-MIL-400 样品同样符合 I 型等温吸附曲线，存在 H3 型吸附回滞环，表明材料中可能存在狭缝或裂缝结构，可能是颗粒堆积形成了狭缝孔。表 5-10 列举了样品详细的孔结构表征数据，300 ℃及 330 ℃处理的样品比表面积较小，且相差不大。当处理温度达到 400 ℃时材料比表面积大大提高，HAFA-DS-MIL-400 与 HAFA-SI-MIL-400 比表面积分别达到 353.1 m^2/g 和 313.3 m^2/g，表明温度较低时未能除去 MIL-53(Al) 孔隙中多余的有机配体，导致材料孔径堵塞，比表面积下降，此时孔容也较低；提高温度至 400 ℃时孔容体积呈几十倍增长，表明更多的配体被除去，孔隙率大大提高，得到更高的比表面积。I 型等温吸附线一般表征的是微孔结构，但所有样品的平均孔径均在介孔范围内（2～50 nm），这可能归因于材料为混合物，MIL-

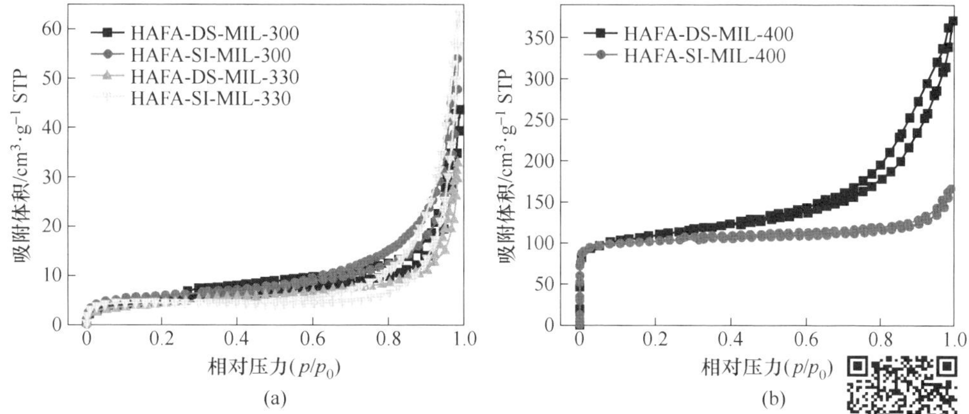

图 5-20　脱硅产物与烧结产物不同煅烧温度制备 MIL-53(Al) 的 N_2 吸附-脱附等温线

图 5-20 彩图

53(Al) 提供微孔结构，同时材料存在狭缝孔及残留粉煤灰的孔。

表 5-10　脱硅产物与烧结产物不同煅烧温度制备 MIL-53(Al) 的孔结构表征结果

样　品	$S_{BET}/m^2 \cdot g^{-1}$	D_{AVG}/nm	$V_{total}/cm^3 \cdot g^{-1}$
HAFA-DS-MIL-300	17.6	7.0	0.067
HAFA-SI-MIL-300	20.1	6.9	0.084
HAFA-DS-MIL-330	15.4	5.4	0.051
HAFA-SI-MIL-330	12.8	12.2	0.097
HAFA-DS-MIL-400	353.1	7.9	0.56
HAFA-SI-MIL-400	313.3	4.2	0.26

5.2.5　吸附性能

对比了脱硅产物与烧结产物不同温度煅烧得到的样品对氟离子的吸附情况，对制备的所有样品进行氟离子吸附探究实验，对比了利用脱硅产物和烧结产物合成样品在不同煅烧温度处理下后，对氟离子吸附的性能差异。将所有样品置于 20 mg/L 氟离子溶液中，加入相同剂量的样品（0.4 g/L），实验结果如图 5-21 所示；整体来说 400 ℃煅烧得到的 MIL-53(Al) 样品吸附效果好，对应了材料 N_2 吸附-脱附与孔结构表征的结果，且同样是 400 ℃煅烧处理的样品中，脱硅产物制备的材料吸附效率更高，即 HAFA-DS-MIL-400 吸附效果最好。因此，后续选用 HAFA-DS-MIL-400 探究合成材料的吸附特性。

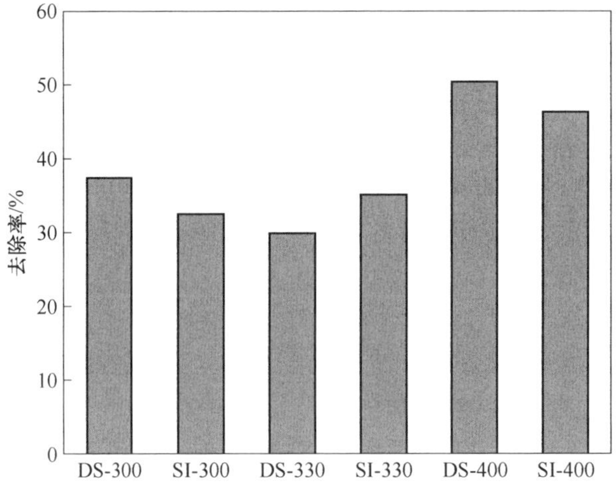

图 5-21　脱硅产物与烧结产物不同煅烧温度制备 MIL-53(Al) 对氟离子吸附性能

选取 20 mg/L、50 mg/L、100 mg/L 初始浓度的氟离子水样，在不同时间点取出吸附水样，研究材料的吸附动力学特性。实验结果如图 5-22 所示，它说明了吸附过程中 HAFA-DS-MIL-400（0.4 g/L）的吸附容量和去除率随时间的变化。根据实验结果，吸附量和去除率在前 12 h 内急速上升，在 12～24 h 内速率减慢，约 24 h 后吸附达到平衡，最大吸附容量和去除率分别达到 114 mg/g 和 57.3%。此外，在吸附剂用量（0.4 g/L）不变的情况下，较高的氟化物初始浓度可以促进氟离子与吸附位点的竞争结合，从而得到更高的吸附容量和去除率，如图 5-22(a) 和(b) 所示。此外，在初始浓度为 100 mg/L 时，其去除率低于其他两组，这是因为在如此高的浓度下，吸附剂活性位点基本达到饱和，当添加更多的吸附剂时，去除率可以进一步上升。

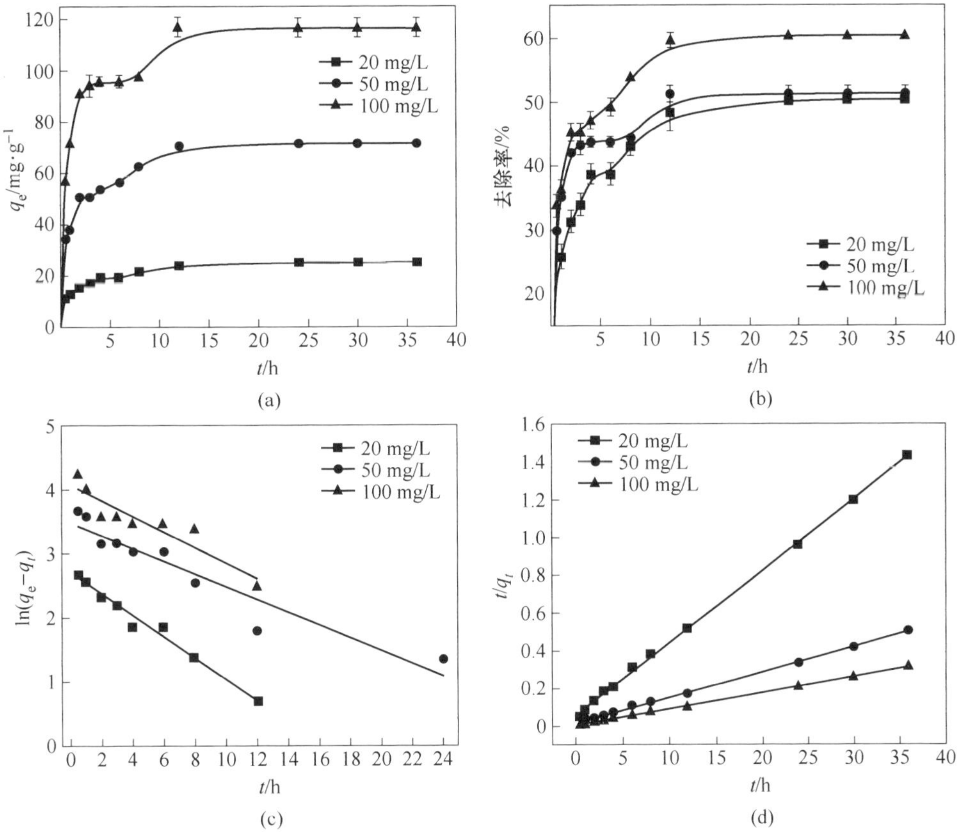

图 5-22　HAFA-DS-MIL-400（0.4 g/L）的吸附动力学特性及其模型拟合结果

（a）吸附容量；（b）去除率；（c）伪一阶动力学模型拟合结果；（d）伪二阶动力学模型拟合结果

进一步使用伪一阶和伪二阶动力学模型来拟合和探究 HAFA-DS-MIL-400 的吸附情况，其结果如图 5-22(c)（d）和表 5-11 所示，伪二阶动力学模型的相关系数 R^2（>0.998）大于伪一阶动力学模型的相关系数 R^2（<0.975），表明氟化物吸附过程倾向于遵循伪二阶动力学模型。在这种情况下，氟化物吸附到 HAFA-

DS-MIL-400 上是一种化学吸附[17]。基于伪二阶动力学模型，与前人的研究相比，参数 k_2 相对较大［0.0100～0.0242 g/(mg · min)，见表5-11］，这表明氟化物吸附到 HAFA 上的吸附速率高。

表 5-11　氟化物在 HAFA-DS-MIL-400 上的吸附动力学参数

c_0 /mg · L^{-1}	伪一阶动力学模型			伪二阶动力学模型		
	q_e /mg · g^{-1}	k_1 /min^{-1}	R^2	q_e /mg · g^{-1}	k_2 /g · (mg · min)$^{-1}$	R^2
20	14.87	0.1654	0.97519	26.38	0.0242	0.99867
50	32.51	0.9922	0.89036	74.13	0.0120	0.99867
100	58.40	0.1213	0.83115	116.96	0.0100	0.99890

作为两种最常用的吸附模型，Langmuir 和 Freundlich 吸附等温模型被应用于分析 HAFA-DS-MIL-400 材料对氟离子的吸附过程。如图 5-23(a) 所示，随着初

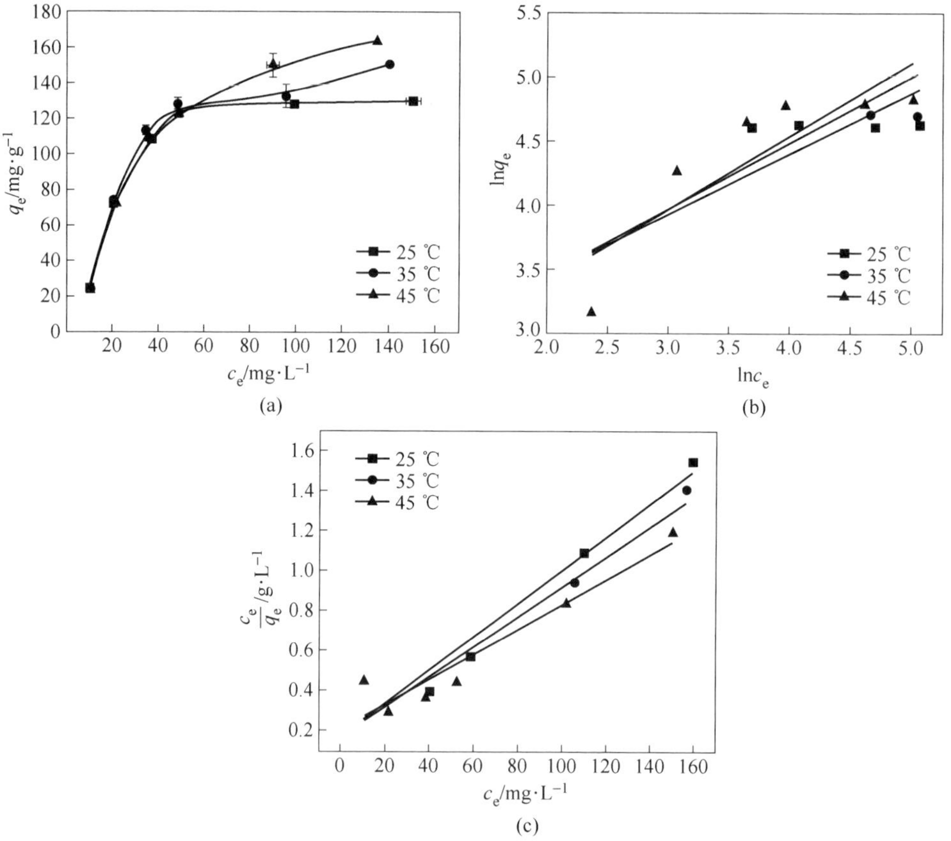

图 5-23　温度和浓度对 HAFA-DS-MIL-400 吸附能力的影响与模型拟合结果

(a) 吸附容量；(b) Freundlich 等温线模型拟合结果；(c) Langmuir 等温线模型的拟合结果

始氟化物浓度从 20 mg/L 增加到 200 mg/L，三组反应温度下的所有吸附容量在低初始浓度下均急剧增加，然后达到接近吸附饱和，在 100 mg/L 后基本保持平衡。此外，实验数据与 Freundlich 和 Langmuir 模型的拟合结果如表 5-12 以及图 5-23(b) 和 (c) 所示。Langmuir 模型的相关系数 R^2 (>0.8949) 均大于 Freundlich 模型 (<0.68761)，这表明 HAFA-DS-MIL-400 的氟化物吸附更符合 Langmuir 模型。在这种情况下，HAFA-DS-MIL-400 的氟化物吸附符合单分子层吸附[17,64]。计算得出的最大吸附容量在 298 K 时为 119.76 mg/g，在 318 K 时为 160.00 mg/g（见表 5-12），与其他 MOFs 材料或由煤基固体制备的吸附材料相比吸附性能优异。例如，Wang 等人利用 MIL-96(Al) 材料对水中氟离子进行吸附，其氟化物吸附能力为 42.19 mg/g[64]；Chen 等人研究利用粉煤灰合成沸石并负载 $Al(OH)_3$，其氟化物吸附能力为 18.12 mg/g[65]。

表 5-12 HAFA-DS-MIL-400 对氟离子吸附的等温线模型参数

T/K	Langmuir 模型				Freundlich 模型		
	q_m /mg · g^{-1}	K_L /L · mg^{-1}	R_L	R^2	K_F/(mg/g) · (mg/L)$^{-1/n}$	$1/n$	R^2
298	119.76	0.0491	0.09 ~ 0.50	0.9365	12.35	0.4722	0.58235
308	132.63	0.0444	0.01 ~ 0.53	0.90898	11.40	0.5133	0.58947
318	160.00	0.0299	0.14 ~ 0.63	0.8949	9.48	0.5733	0.68761

基于 Langmuir 模型，参数 q_m 随着反应温度升高有增加的趋势，表明温度对吸附容量有促进作用，而参数 K_L 随着反应温度升高有降低的趋势，表明在温度较高时吸附率提高速率逐渐降低[64]。此外，平衡参数 R_L [$R_L = 1/(1 + K_L \times C_0)$] 计算为 $0 < R_L < 1$（见表 5-12），这表明氟化物吸附到 HAFA-DS-MIL-400 上可以很容易地进行[17,64]。根据 Freundlich 模型，$1/n$ 的值在 298 K 时小于 0.5（见表 5-12），表明氟化物吸附可以很容易地进行[64]，但 $1/n$ 的值在 308 K 和 318 K 时则大于 0.5（见表 5-12）。随着反应温度升高，$1/n$ 的值也增加，这些现象表明升高温度可能会减慢氟化物在 HAFA-DS-MIL-400 上的吸附。

根据等温吸附实验数据分析了 HAFA-DS-MIL-400 对氟离子吸附热力学特性，其结果在图 5-24 和表 5-13 中显示。$\Delta H^\ominus$（10.41 kJ/mol）大于零表明，吸附过程是吸热的，这解释了随着反应温度升高，吸附能力增加［见图 5-23(a)］。就 $\Delta S^\ominus$ 而言，当包括氟离子在内的溶质分子从液相移动到液－固界面时，它们失去部分自由能并导致熵的减少（$\Delta S^\ominus < 0$）。然而，在本研究中 $\Delta S^\ominus > 0$，这可能是因为有其他分子在吸附过程中释放出来[17]，从而导致熵的增加，以覆盖熵的减少，导致整个系统的 $\Delta S^\ominus$ 为正［39.70 J/(mol · K)，见表 5-13］。氟化物吸附过程的自由能（$\Delta G^\ominus$）的变化计算为负值，表明吸附过程是自发的。此外，温度升

高可以降低 $\Delta G^{\ominus}$，说明较高的温度对氟化物吸附的自发性是有利的。

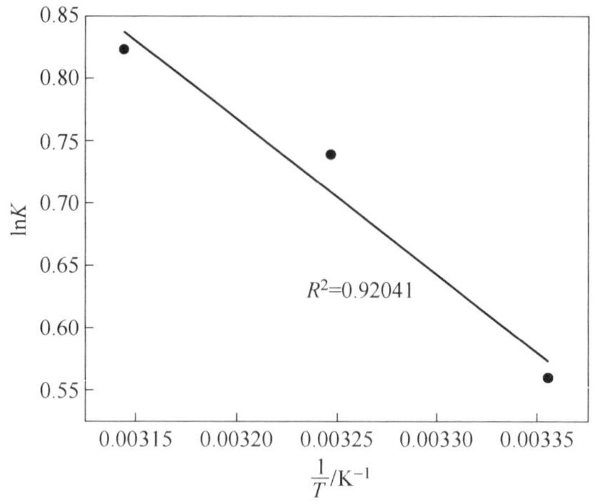

图 5-24　HAFA-DS-MIL-400 对氟化物的吸附平衡常数（K）与温度（T）的拟合结果

表 5-13　HAFA-DS-MIL-400 对氟化物吸附的热力学参数

$\Delta H^{\ominus}$ /kJ · mol^{-1}	$\Delta S^{\ominus}$ /J · (mol · K)$^{-1}$	$\Delta G^{\ominus}$/kJ · mol^{-1}		
		298.15 K	308.15 K	318.15 K
10.41	39.70	−1.42217	−1.81922	−2.21626

材料的吸附反应往往受到很多因素的影响，图 5-25(a) 显示了吸附剂用量对氟化物（20 mg/L）吸附的影响。当吸附剂用量从 0.1 mg/L 增加到 0.8 mg/L 时，材料的去除率从 30% 增加到 82%；相应地，吸附能力从 60 mg/g 下降到 20 mg/g。在氟化物浓度不变的情况下，一方面，增加吸附剂的用量可以提供更多的可用吸附位点，从而使去除率提高；另一方面，由于可用吸附位点的不饱和，吸附剂用量增加会导致吸附能力下降。就反应温度的影响而言[见图 5-23(a)]，对于氟浓度较低的群体（c_e 为 10～40 mg/L），三个反应温度（298 K、308 K 和 318 K）之间的吸附能力差异是有限的；对于氟浓度相对较高的溶液（c_e > 60 mg/L），温度上升 10 K 可以导致吸附能力增加约 10 mg/g。由于常见地表水废水中的氟化物浓度通常低于 60 mg/L[66]，因此在废水处理过程中反应温度对氟化物吸附的影响可以忽略不计。

此外，溶液中的 pH 值也是影响吸附效果的重要因素。如图 5-25(b) 所示，随着溶液中 pH 值从 1 增加到 11 时，氟化物的去除率总体呈下降趋势（从 60% 下降到 30%）。根据静电吸引理论，当溶液呈酸性至弱碱性时，材料表面会带正电，由于正负电荷之间的吸引原理，带负电荷的氟离子会被材料吸附到表面，从而降低溶液中氟离子的浓度[67-68]。因此，在高 pH 值下，材料的表面带负电，排斥氟离子，从而导致去除率下降。从另一个角度来看，根据静电作用理论[67]，MIL-53(Al) 吸附剂在溶液中通常带正电，特别是当 pH 值低于吸附剂的零电荷点时；在这种情况下，带正电荷的吸附剂将以静电力吸引溶液中的氟离子，从而促进水中氟化物的去除。相反，当溶液中的 pH 值较高时，材料表面的负电荷将排斥氟离子的接近，抑制氟离子的吸附。这一理论可以通过吸附剂的 zeta 电位［见图 5-25(b)］得到进一步验证，HAFA-DS-MIL-400 在酸性至弱碱性溶液环境中带正电、在碱性环境中带负电。

最后，探讨了溶液中共存的阴离子对材料吸附氟离子的影响，图 5-25(c) 显示，共存的阴离子（Cl^-、SO_4^{2-}、CO_3^{2-}、NO_3^- 和 CH_3COO^-）对 HAFA-DS-MIL-400 吸附的影响一般来说可以忽略不计，即使它们的添加浓度比较高(100 mg/L)。NO_3^- 与 CH_3COO^- 对吸附结果稍有影响，这可能与氟离子竞争活性位点，从而导致去除率的小幅下降有关。尽管如此，这种影响仍然是有限的，这些结果与其他研究报告中关于共存阴离子影响的结论一致[69-70]。

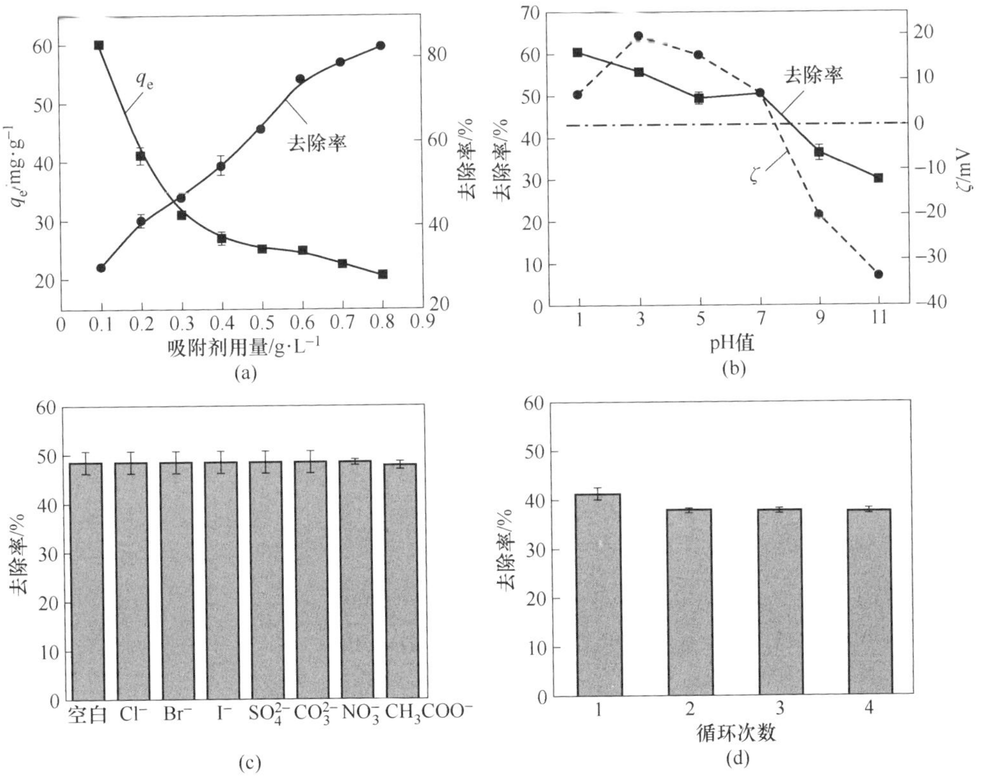

图 5-25 HAFA-DS-MIL-400 对氟化物去除率的影响以及吸附氟化物的可回收性

(a) 吸附剂用量；(b) 溶液中的 pH 值以及 zeta 电位；(c) 共存阴离子；(d) 可回收性

通过上述分析，确定了吸附剂的用量和pH值是影响HAFA-DS-MIL-400对氟化物吸附的主导因素。在此基础上，将获得的HAFA-DS-MIL-400应用于去除真实矿井水样品中的氟化物（氟化物浓度4.4 mg/L，pH值为9），其结果见表5-14。当HAFA-DS-MIL-400的剂量增加到1.2 g/L，并将pH值调整到7时，矿井水中的氟化物浓度可以经济地降低到符合WHO要求的水平（1.46 mg/L）；当用量达到2.0 g/L时矿井水残留氟离子浓度低于1.0 mg/L，满足了绝大多数国家饮用水中含氟离子浓度要求。

表5-14 吸附后矿井水中氟离子浓度

吸附剂用量/g · L^{-1}	0.4	0.8	1.2	1.6	2.0
氟离子浓度/mg · L^{-1}	2.14	1.77	1.46	1.16	0.96

对于废水净化的实际应用，吸附剂的可重复使用性对于降低成本至关重要。在此，通过将20.0 mg HAFA-DS-MIL加入100.0 mL 20.0 mg/L NaF溶液中，评价样品的循环使用性能。在每次循环前，将吸附剂浸泡在超纯水和5 mL 0.1 mol/L NaOH溶液中。HAFA-DS-MIL在NaOH溶液中再生后的吸附性能如图5-25(d)所示，氟化物去除性能在第一次循环后下降，然后随着循环次数的增加而保持不变。这些结果表明，HAFA-DS-MIL具有良好的可回收性，可以作为去除氟化物的有前途的吸附剂。

5.2.6 吸附机理

在水系统中吸附剂通常包括物理吸附或化学吸附。由于范德华力的作用，物理吸附倾向于在吸附剂表面进行。化学吸附发生在吸附剂和吸附质之间，由化学键的作用，包括离子交换、配合等，通常发生在吸附剂表面[71]。由于吸附剂样品存在高比表面积与多孔结构，因此在溶液环境中容易发生表面吸附。

从前述材料对水中氟离子吸附影响中溶液pH值［见图5-25(b)］的影响结果可知，材料的吸附性能随溶液pH值环境的变化而产生明显变化，溶液pH值升高，材料表面电荷发生变化，材料吸附性能下降。吸附过程中存在静电吸引机制，HAFA-DS-MIL-400吸附性能随着其表面电荷特性变化，当溶液中的pH值小于材料的零电荷点（PZC）时，材料表面带正电，吸引带负电的粒子，因此氟离子被吸附在材料的表面，达到去除水中氟离子的效果；随着溶液pH值高于PZC时，材料在溶液中表面带负电，与带负电的氟离子互相排斥，使材料对氟离子的吸附性能减小。

当含有金属中心的吸附剂加入水溶液中时，将会通过水化反应而在吸附剂表面形成一层羟基。如果金属中心对氟化物的亲和力强于羟基，则氟化物和羟基之间会发生配体交换反应[67]。对吸附后的 HAFA-DS-MIL-400 样品进行红外测试，如图 5-26 所示。吸附后样品在 3611 cm^{-1} 与 3459 cm^{-1} 处水的羟基峰强度下降，表明材料表面形成的羟基与氟离子发生配体交换反应。除羟基峰的吸收峰下降外，吸附后样品在 761 cm^{-1} 处的红外吸收峰同样发生下降，该峰为 Al—O 拉伸振动峰，表明 Al—O 也参与了吸附氟离子的反应。

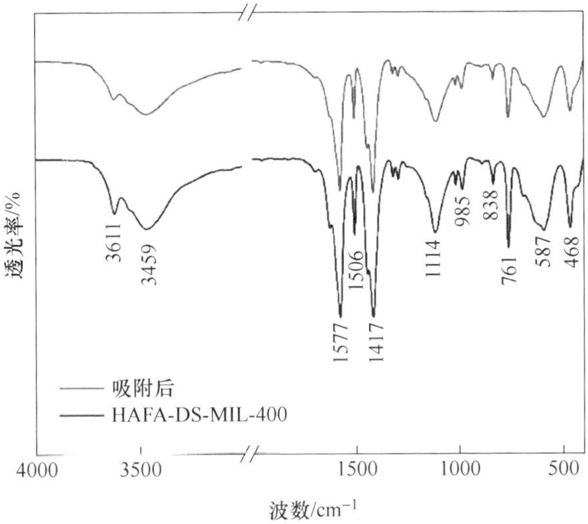

图 5-26 HAFA-DS-MIL-400 吸附前后 FT-IR 谱图

进一步对吸附前后的样品进行了 X 射线光电子能谱分析表征，根据图 5-27(a) 样品 HAFA-DS-MIL-400 的全谱图中可见，吸附后样品自 685.10 eV 处增加了一个峰，对应图 5-27(b) 可确定为 F 1s 峰，表明氟离子被吸附到了材料上，且 F 1s 峰的结合能（685.10 eV）比 NaF 的结合能 684.50 eV 略高，表明氟化物和金属离子之间发生了反应[72]。进一步分析在氟化物吸附后，Al 2p 的结合能从 74.48 eV 变为 74.59 eV，表明氟离子与材料的金属离子间发生相互作用。O 1s 谱图在 531.30 eV、531.90 eV、532.80 eV 的峰可以分别来自 Al—OH、Al—O、O—C ═O，吸附后峰值位置发生变化，证明这些键参与了氟离子的吸附[73]，与红外测试结果（图 5-26）相一致，表明 MIL-53(Al) 金属中心与氟离子发生结合形成协同作用从而达到吸附效果[74]。Si 2p 谱图的峰包括 SiO_2 和 Si—O—C/Si—O 的化学键[75]，而 Si 2p 谱结合能从 103.20 eV 升高到 104.00 eV，表明 HAFA-DS-MIL-400 中残留硅元素即粉煤灰中的硅也为氟化物的吸附提供了帮助。

综上所述，利用粉煤灰制备的 MIL-53(Al) 对水中氟离子涉及的吸附机理包括静电吸引与配体交换，其中 MIL-53(Al) 中的金属中心与 F^- 结合，起到了协同作用。吸附机理如图 5-28 所示。

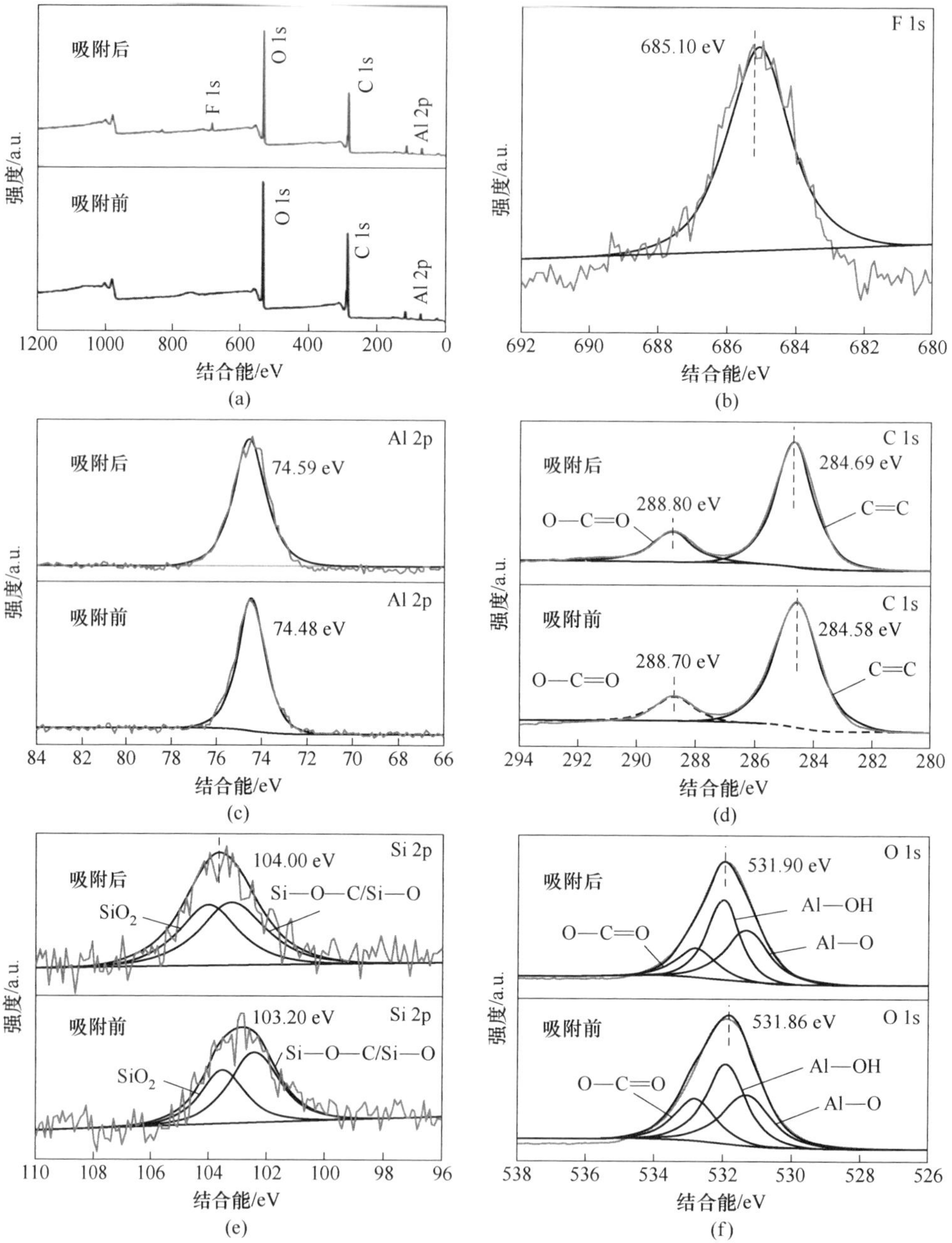

图 5-27　HAFA-DS-MIL-400 吸附前后的 X 射线光电子能谱分析

（a）XPS 全谱图；（b）吸附后 1s 谱图；（c）吸附前后 Al 2p 谱图；
（d）吸附前后 C 1s 谱图；（e）吸附前后 Si 2p 谱图；（f）吸附前后 O 1s 谱图

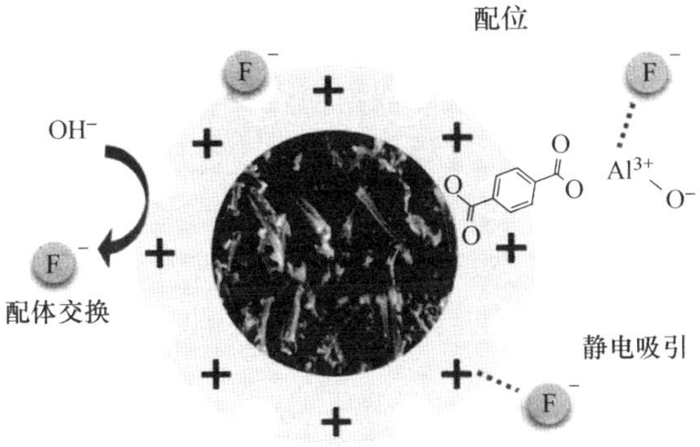

图 5-28 HAFA-DS-MIL-400 吸附机理

5.2.7 结论

综上所述，采用水热法合成了以经过脱硅及煅烧后的高铝粉煤灰为铝源的MIL-53(Al)，并应用于水中氟离子的去除。材料表征结果表明，合成的 MIL-53(Al) 样品为尺寸不一的长柱状晶体，在 400 ℃下能较好地去除 MIL-53(Al) 中残余的有机配体。由于预处理中高温煅烧导致材料孔隙结构坍塌，使得以脱硅产物为原料制备的 MIL-53(Al) 含量均高于烧结处理制备的样品。HAFA-DS-MIL 是一种高效的吸附剂，可以去除水溶液中的氟化物。通过增加用量、提高反应温度（在高初始氟浓度下）和降低水中的 pH 值可以提高氟化物的去除效率，样品吸附符合 Langmuir 等温吸附模型，在 318 K 下理论最大吸附量为 160.0 mg/g，且样品能够将实际矿井排水中的氟化物浓度降低到 1 mg/L。HAFA-DS-MIL 的吸附机理可以通过静电吸引和配体交换反应解释，得到 HAFA-DS-MIL 的 Al 金属节点与氟离子配位，达到吸附效果。该方法成功合成了 HAFA-DS-MIL 吸附剂，不仅是解决氟化物相关环境风险的创新性方案，也为粉煤灰资源化利用提供了契机。

5.3 普通粉煤灰和高钙粉煤灰制备 MIL-53(Al) 及氟离子吸附性能

5.3.1 概述

我国煤炭资源丰富，电力资源偏紧，在未来发展较长的一段时间内，燃煤发电依旧是我国主要能源供应手段。粉煤灰作为燃煤发电主要的固体废弃物，产量大、种类多，对于其高附加值的利用不能以偏概全，在粉煤灰的资源化利用研究中，探究不同粉煤灰的差异是常用的手段。粉煤灰的基本化学组成为氧化铝、二氧化硅、氧化钙等，具体含量受原煤种类与反应工艺、条件不同而存在差异，而粉煤灰种类的划分也无统一的界限。根据粉煤灰中铝含量的高低可将其划分为高铝粉煤灰和普通粉煤灰；在发电过程中为了减少反应过程中硫化物的排放，会在燃烧过程中加入大量石灰石，导致排放的粉煤灰氧化钙含量极高，可称为高钙粉煤灰。本研究以不同的粉煤灰为原料，探究该合成工艺路线能否成为一个普适的粉煤灰基 MIL-53(Al) 合成方法，并进一步探究不同合成样品的除氟性能。

5.3.2 材料制备

材料制备过程与5.2节中利用高铝粉煤灰制备 MOFs 的工艺基本相同。

预处理：先把得到的普通粉煤灰（CFA）与高钙粉煤灰（HCFA）烘干，分别称取一定质量的 CFA 和 HCFA 灰，按照固液比为 1∶10 加入氢氧化钠溶液中，在质量分数为10%的氢氧化钠溶液中加热搅拌，在 100 ℃下反应 2 h，搅拌结束后用去离子水将两种原料粉煤灰洗涤至滤液呈中性，烘干得到普通粉煤灰与高钙粉煤灰的脱硅产物。称取一定量的这两种脱硅产物，分别按照灰碱比 1∶0.6 混合碳酸钠（碱），在 890 ℃下煅烧 90 min，然后研磨成粉末状，得到样品为烧结产物。

合成：用脱硅产物和烧结产物分别与对苯二甲酸和去离子水按照摩尔比 1∶1∶160 的比例混合搅拌 1 h，放入水热反应釜中，在 220 ℃下水热反应 3 d，得到的产物经过洗涤烘干后在一定温度下煅烧，去除材料孔隙中多余未反应的有机配体即对苯二甲酸，这样得到的产物分别为 CFA-DS-MIL、CFA-SI-MIL 和 HCFA-DS-MIL、HCFA-SI-MIL。

5.3.3 材料表征

选取普通粉煤灰与高钙粉煤灰的脱硅产物与烧结产物制备 MOFs 材料，两种原料灰 XRD 结果如图 5-29 所示，其物相结构与高铝粉煤灰相似，主要矿物组成是莫来石和刚玉结构。图 5-30(a) 为利用普通粉煤灰制备的样品，CFA-DS-MIL 与 CFA-SI-MIL 样品基本具有 MIL-53(Al) 的特征峰，但在 $2\theta=8.8°$ 处的衍射峰与标准卡片 MIL-53(Al) 的特征峰相比存在小角度的偏移，这可能是由于不纯的原料使合成的 MIL-53(Al) 晶体掺杂了其他杂质原子发生畸变，导致晶体衍射角度发生差异。材料均保留了原料矿物组成的一些衍射峰，表明存在一些粉煤灰原料未发生反应。图 5-30(b) 为利用高钙粉煤灰制备的样品，合成的材料与普通粉煤灰衍生的样品相似，HCFA-DS-MIL 与 HCFA-SI-MIL 对应标准卡片 MIL-53(Al) 的特征峰发生偏移，表明合成的 MIL-53(Al) 晶体不标准，且峰强较弱，表明合成的 MIL-53(Al) 含量可能较少。

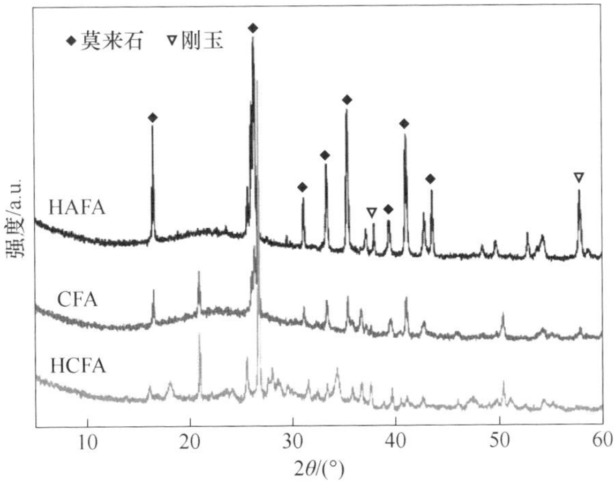

图 5-29 高铝粉煤灰、普通粉煤灰与高钙粉煤灰 XRD 结果

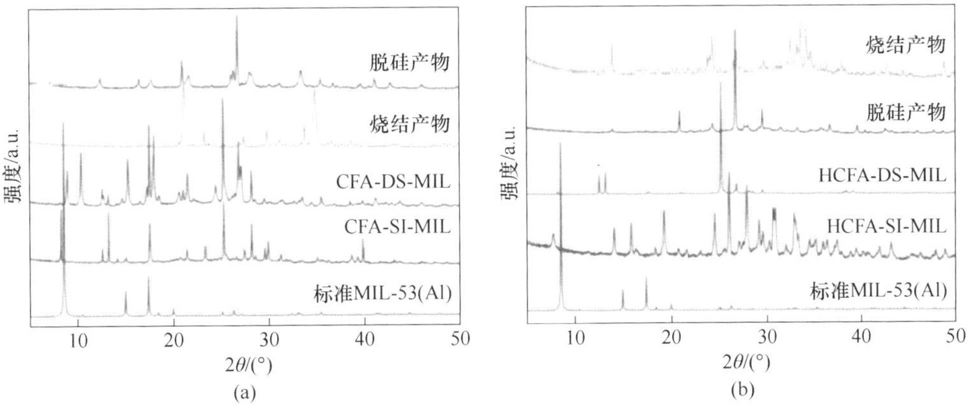

图 5-30 普通粉煤灰（a）与高钙粉煤灰（b）制备 MIL-53(Al) 的 XRD 结果

用 FT-IR 表征得到 MOFs 样品的官能团和化学键结构，结果如图 5-31 所示，四组样品红外吸收峰的位置基本相同，样品的图谱结构中 3611 cm^{-1} 处出现微弱的吸收峰为自由水羟基的吸收峰[37,61]。730～1100 cm^{-1} 处的吸收峰是 C—H 键拉伸振动产生的吸收峰，表明结构中存在一个苯环，1506 cm^{-1} 和 1569 cm^{-1} 处的吸收峰为—C ═O 的不对称拉伸振动。1410 cm^{-1} 处出现的峰是—C ═O 的对称拉伸振动[14]，755 cm^{-1} 和 581 cm^{-1} 处出现的吸收峰分别是 Al—O 和 Fe—O 键的拉伸振动峰，表明对苯二甲酸的羧基与 Al(Ⅲ) 和 Fe(Ⅲ) 之间形成金属氧键[16,61]。四组样品在 1700 cm^{-1} 处附近均无游离 BDC 分子形成的吸收峰，表明

材料孔隙的多余配体基本去除完全。不同样品出现吸收峰的位置也基本相同，表明不同原料合成的样品具有相同的官能团和化学键结构，且与 MIL-53(Al) 的 FT-IR 特征吸收峰相吻合[37]，进一步证明成功合成了具有 MIL-53(Al) 结构的材料。

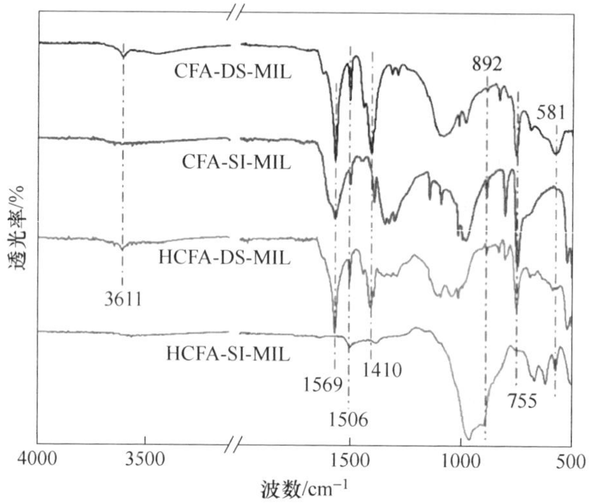

图 5-31　普通粉煤灰和高钙粉煤灰制备 MIL-53(Al) 的 FT-IR 结果

图 5-32 为四组 MOFs 样品的热重曲线，根据程序升温，材料中物质质量发生变化，由于 373 K 以下的质量损失主要归因于材料中自由水的蒸发[62]，以脱硅

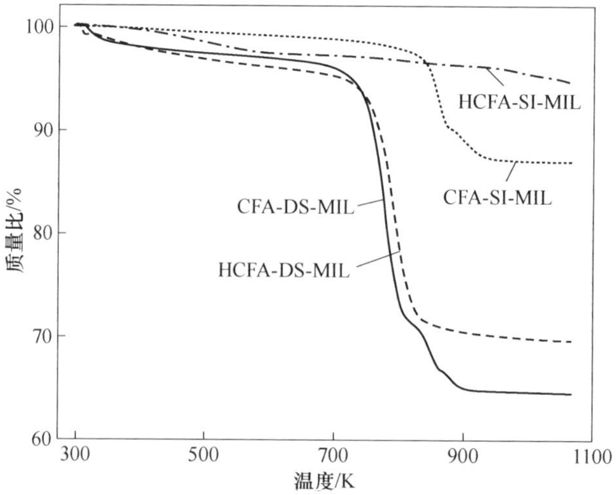

图 5-32　普通粉煤灰和高钙粉煤灰制备 MIL-53(Al) 的 TG 结果

产物为原料制备的 CFA-DS-MIL 与 HCFA-DS-MIL 在温度达到 373 K 前均发生约 5% 的质量损失，而 CFA-SI-MIL 与 HCFA-SI-MIL 在同温度下基本无质量损失，表明以脱硅产物为原料合成的样品可能具有较强的吸附性能，在相同条件下易吸收空气中的自由水。由于 H_2BDC 的沸点约为 487 K，所以 373 ~ 487 K 之间的质量损失是由于结合水的逸出，而 487 ~ 700 K 之间的质量损失是由于未反应 H_2BDC 的蒸发[37]，然而，这两种质量损失在 CFA-DS-MIL、CFA-SI-MIL、HCFA-DS-MIL 不明显，表明这些样品孔隙中多余的配体分子基本除去，与 FT-IR 结果相一致，且样品具有较高的热稳定性。当温度达到 700 K 左右时，材料开始热降解，可归因于 MIL-53(Al) 中连接配体的逐渐断裂和分解[37]，导致框架的崩溃，MIL-53(Al) 转化为无定形的 Al_2O_3。由此可以推断出材料中 MIL-53(Al) 的含量，结果见表 5-15；其中，CFA-DS-MIL 所含 MIL-53(Al) 最多，约 38%；HCFA-DS-MIL 次之，约 30%。另外 CFA-SI-MIL 样品在相对更高的温度下才开始发生质量损失，表明它可能具有更高的热稳定性。HCFA-SI-MIL 样品在 373 K 后为一个持续下降的曲线，无较大差异的质量损失，可能是样品合成的 MIL-53(Al) 较少，在框架结构坍塌温度阶段仅产生约 1% 的质量损失。综合 XRD、FT-IR 的结果，该样品合成 MIL-53(Al) 的效果较差。

表 5-15 普通粉煤灰和高钙粉煤灰制备样品中 MIL-53(Al) 的含量

样　品	质量损失/%	MIL-53(Al) 含量/%
CFA-DS-MIL	30.50	38.40
CFA-SI-MIL	12.09	15.16
HCFA-DS-MIL	23.56	29.66
HCFA-SI-MIL	1.00	1.25

在扫描电镜下可直观观察到（见图 5-33），四组样品中均存在长柱状的 MIL-53(Al) 结构，以普通粉煤灰为原料制备的 MIL-53(Al) 晶体结构与高铝粉煤灰制备的结构相似，且 CFA-DS-MIL 中 MIL-53(Al) 晶体尺寸较为统一，均在 1 μm 长左右。以高钙粉煤灰为原料合成的 MIL-53(Al) 晶体为扁平的短柱状，且表面带有较多“沟壑”，表明该原料合成的 MIL-53(Al) 晶型较差，也解释了这两种样品 XRD 结果中特征峰偏移的情况。

以 CFA-DS-MIL 样品为例，其 EDS（见图 5-34）照片分析表明，样品的 C、O 和 Al 元素在扫描材料中较为均匀分布，其质量比例分别为 75.7%、21.8% 和 1.48%，其中 C、O 含量较高，可能是由于样品下方的导电胶成分

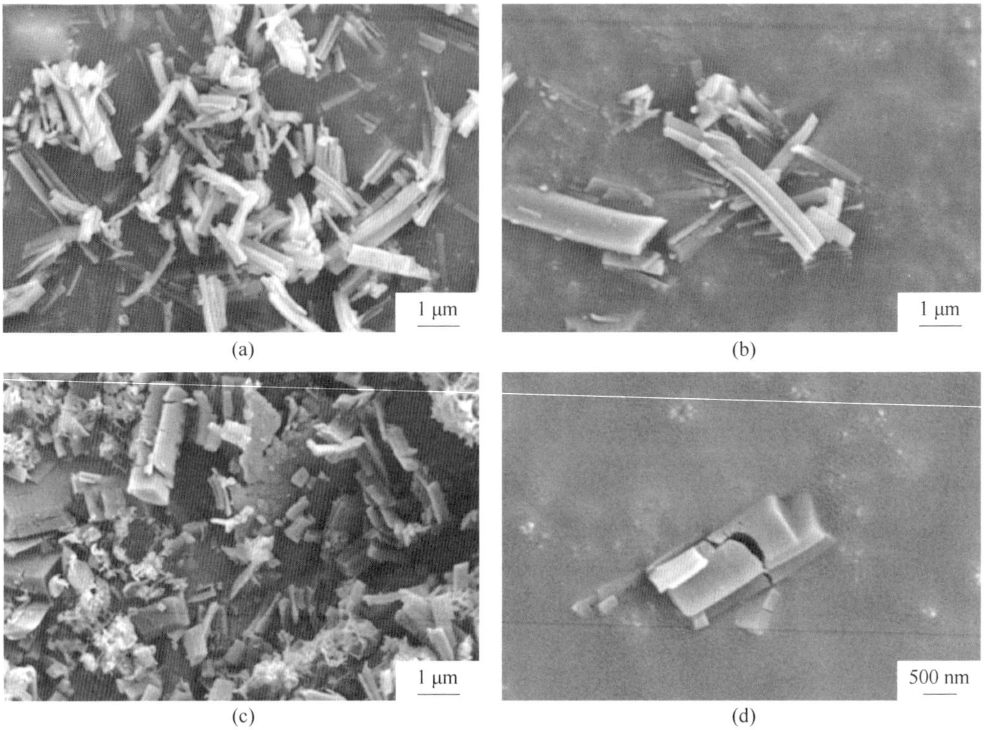

图 5-33　普通粉煤灰与高钙粉煤灰制备 MIL-53(Al) 的 SEM 照片

(a) CFA-DS-MIL; (b) CFA-SI-MIL; (c) HCFA-DS-MIL; (d) HCFA-SI-MIL

造成的。从图 5-34(c) 可观察到材料中存在的硅元素分布以团聚形式存在，而铝元素分布均匀，表明材料基本为铝基的 MOFs 材料，且残余少量为反应的粉煤灰。

合成的四组样品 N_2 吸附-脱附等温线如图 5-35 所示。四组样品的等温吸附曲线符合 I 型等温曲线，随着压力的增加材料对氮气的吸附量迅速增加，且没有出现明显的拐点，此时是氮气与材料发生的单分子层吸附。在中压区域对气体的吸附量增加速度较为平缓，此时是氮气与材料发生的多层吸附。样品 CFA-SI-MIL 与 HCFA-SI-MIL 均出现闭合的回滞环，表明材料中存在介孔结构。样品 CFA-DS-MIL 与 HCFA-DS-MIL 同样存在回滞环，但吸脱附曲线没有闭合，这归因于 MIL-53(Al) 为柔性材料，存在呼吸作用，导致脱附时气体不能顺利从孔隙中脱出[76]。样品详细的孔结构表征数据见表 5-16，其中 CFA-DS-MIL 样品比表面积远高于其他三组样品，达到 366.3 m^2/g，与 5.2 节高铝粉煤灰为原料制备出的 HAFA-DS-MIL 比表面积相近，其次为 HCFA-DS-MIL，比表面积为 62.4 m^2/g，仍远低于 CFA-DS-MIL 样品的比表面积。

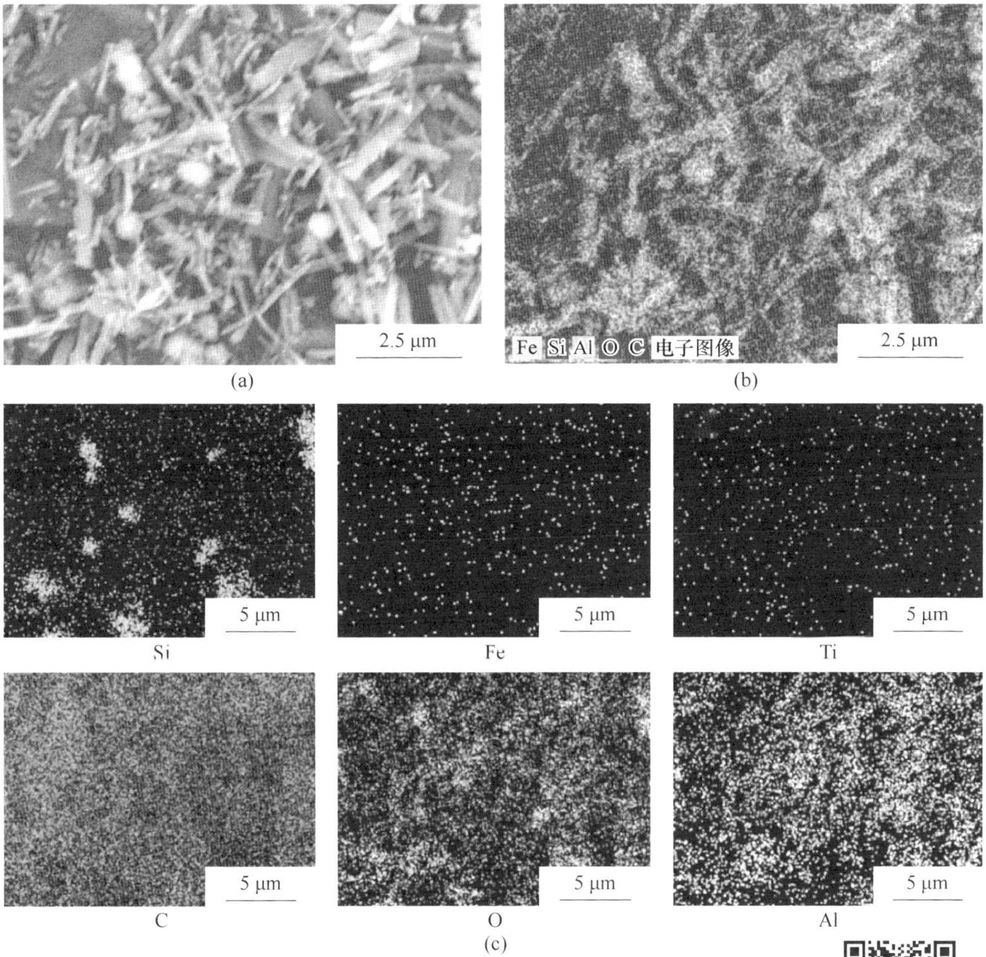

图 5-34 CFA-DS-MIL 的能量分布面扫描分析

（a）SEM 照片；（b）EDS 分层照片；（c）Si、Fe、Ti、C、O、Al 元素分布照片

图 5-34 彩图

表 5-16 普通粉煤灰和高钙粉煤灰制备 MIL-53(Al) 的孔结构表征结果

样　品	$S_{BET}/m^2 \cdot g^{-1}$	D_{AVG}/nm	$V_{total}/cm^3 \cdot g^{-1}$
CFA-DS-MIL	366.3	2.1	0.30
CFA-SI-MIL	7.4	19.5	0.047
HCFA-DS-MIL	62.4	6.9	0.16
HCFA-SI-MIL	10.9	8.6	0.042

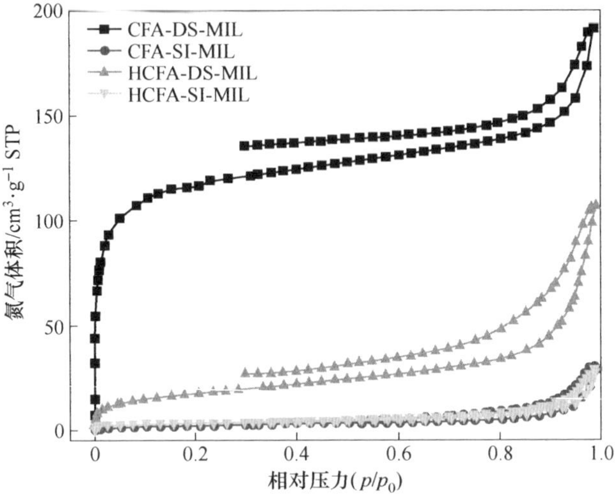

图 5-35　普通粉煤灰和高钙粉煤灰制备 MIL-53(Al) 的 N_2 吸附-脱附等温线

5.3.4　吸附性能

将不同粉煤灰原料制备的四组样品置于 20 mg/L 的氟离子溶液中，加入相同剂量的样品（0.4 g/L），对比其对水中氟离子吸附性能，实验结果如图 5-36 所示。CFA-DS-MIL 吸附性能远高于其他三组样品，这与其比表面积结果相符，因此进一步选用 CFA-DS-MIL 样品进行后续吸附性能的探究。

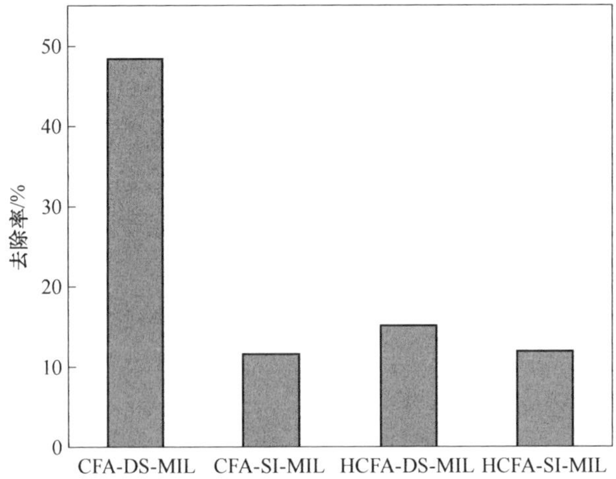

图 5-36　普通粉煤灰与高钙粉煤灰制备 MIL-53(Al) 对氟离子吸附性能

进一步研究材料的吸附动力学特性，选取 20 mg/L、50 mg/L、100 mg/L 初始浓度的氟离子水样，在不同时间点取出吸附水样，实验结果如图 5-37(a) 和 (b) 所示，它说明了吸附过程中 CFA-DS-MIL（0.4 g/L）的吸附容量和去除率的时间演变。根据实验结果，在较低浓度时，吸附量和去除率在前 12 h 内急速上升，在 12～24 h 内速率减慢，约 24 h 后吸附达到平衡；浓度较高时，如 100 mg/L 吸附量和去除率在前 24 h 内急速上升，24 h 后达到平衡，最大吸附容量和去除率分别达到 65 mg/g 和 48.2%。此外，在吸附剂用量（0.4 g/L）不变的情况下，较高的氟化物初始浓度可以促进氟离子与吸附位点的竞争结合，从而得到更高的吸附容量；随着氟化物初始浓度提高，去除率下降，这是因为溶液中氟离子浓度高，材料吸附量提高但整体占比降低，当添加更多的吸附剂时，去除率可以上升。

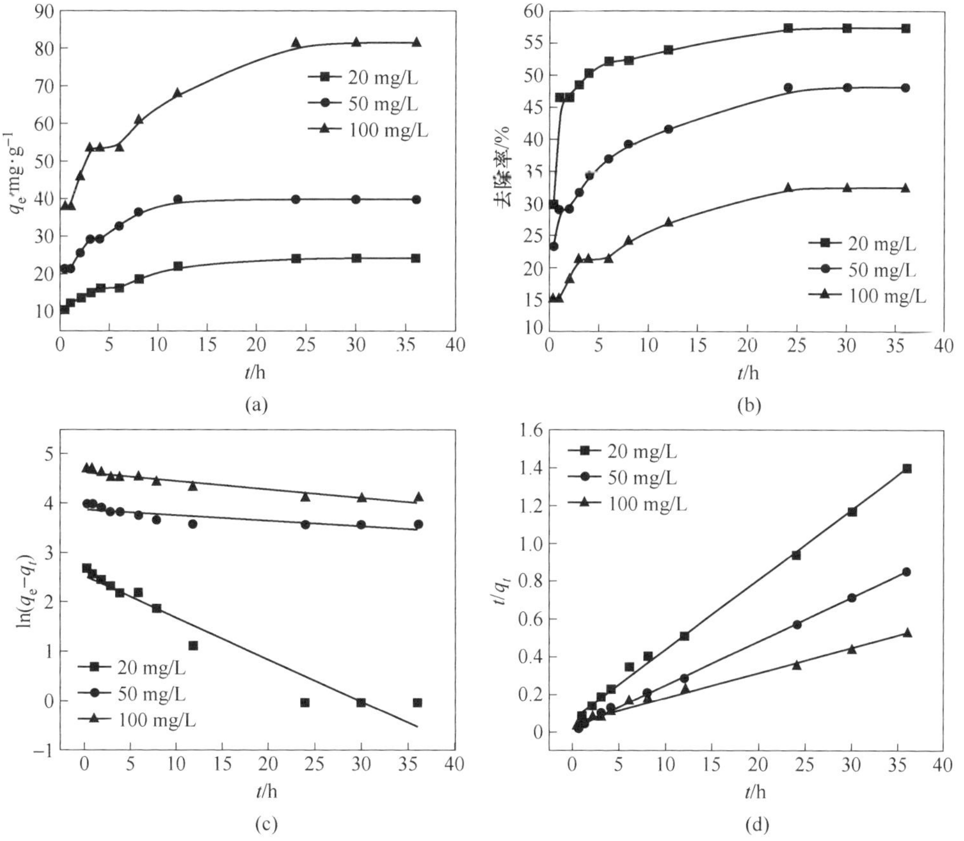

图 5-37　CFA-DS-MIL（0.4 g/L）的吸附性能及其模型拟合结果

（a）吸附容量；（b）去除率；（c）伪一阶动力学模型拟合结果；（d）伪二阶动力学模型拟合结果

进一步使用伪一阶和伪二阶动力学模型来拟合和探究 CFA-DS-MIL 的吸附情况，其结果如图 5-37(c)（d）和表 5-17 所示。伪二阶动力学模型的相关系数 R^2 大于伪一阶动力学模型的相关系数，表明氟化物吸附过程倾向于遵循伪二阶动力学模型。在这种情况下，氟化物吸附到 CFA-DS-MIL 上是一种化学吸附[17]。基于伪二阶动力学模型，与之前的研究相比，参数 k_2 相对较大［0.0031 ~ 0.0230 g/(mg · min)，见表 5-17］，这表明氟化物吸附到样品上的速率快。

表 5-17 氟化物在 CFA-DS-MIL 上的吸附动力学参数

c_0 /mg · L^{-1}	伪一阶动力学模型			伪二阶动力学模型		
	q_e /mg · g^{-1}	k_1 /min^{-1}	R^2	q_e /mg · g^{-1}	k_2 /g · (mg · min)$^{-1}$	R^2
20	12.78	0.0851	0.93063	25.60	0.0199	0.99583
50	48.45	0.1102	0.64424	41.20	0.0230	0.99897
100	102.65	0.0170	0.89045	72.46	0.0031	0.98461

通过 Langmuir 和 Freundlich 吸附等温模型分析 CFA-DS-MIL 材料对氟离子的吸附过程。如图 5-38(a) 所示，随着初始氟化物浓度从 20 mg/L 增加到 260 mg/L，三组反应温度下的所有吸附容量均不断增加，在较低浓度时温度越高吸附效果越好，然而在较高浓度时趋于相同且达到接近吸附饱和，在 160 mg/L 后基本保持平衡。此外，实验数据与 Freundlich 和 Langmuir 模型的拟合结果如表 5-18 以及图 5-38(b) 和 (c) 所示。Freundlich 模型的相关系数 R^2 均大于 Langmuir 模型的相关系数，这表明 CFA-DS-MIL 的氟化物吸附更符合 Freundlich 模型，表明材料表面不均匀，吸附热不均匀分配。$1/n$ 值小于 1，在这种情况下，CFA-DS-MIL 的氟化物吸附符合单分子层吸附，计算得出的最大吸附容量在 120 mg/g。根据 Freundlich 模型，$1/n$ 的值在 308 K 和 318 K 时小于 0.5，表明氟化物吸附可以很容易地进行[64]，而在 298 K 下 $1/n$ 的值大于 0.5，随着反应温度升高，$1/n$ 的值减小，这些现象表明升高温度可增加氟化物在 CFA-DS-MIL 上的吸附。

表 5-18 CFA-DS-MIL 对氟离子吸附的等温线参数

T/K	Langmuir 模型				Freundlich 模型		
	q_m /mg · g^{-1}	K_L /L · mg^{-1}	R_L	R^2	K_F/(mg/g) · (mg/L)$^{-1/n}$	$1/n$	R^2
298	132.45	0.0129	0.23 ~ 0.79	0.93161	6.3583	0.5147	0.98031
308	115.74	0.0233	0.14 ~ 0.68	0.97797	11.1919	0.4088	0.99383
318	111.61	0.0292	0.11 ~ 0.63	0.9832	13.4293	0.3752	0.9885

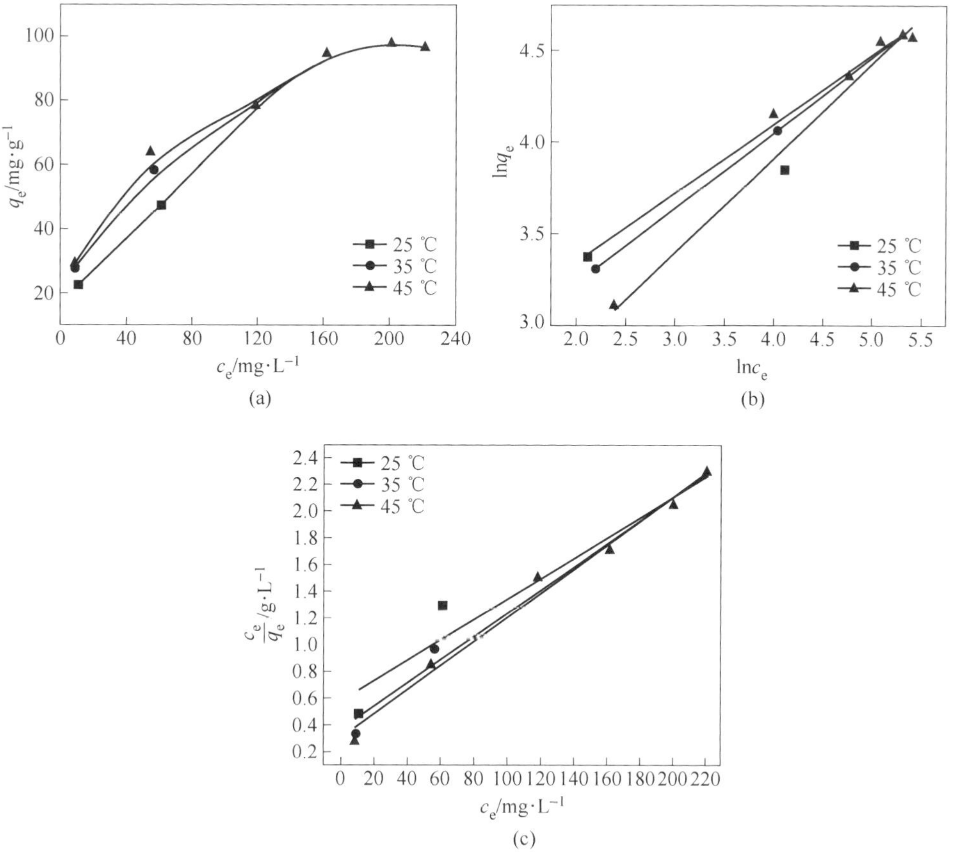

图 5-38 反应温度和浓度对 CFA-DS-MIL 吸附能力的影响与模型拟合结果

(a) 吸附容量；(b) Freundlich 等温线模型拟合结果；

(c) Langmuir 等温线模型的拟合结果

根据等温吸附实验的数据分析了 CFA-DS-MIL 对氟离子吸附热力学特性，其结果在图 5-39 和表 5-19 中显示。$\Delta H^{\ominus}$（20.94 kJ/mol）大于零表明，吸附过程是吸热的，这解释了随着反应温度的增加，吸附能力的增加，如图 5-38(a) 所示。就 $\Delta S^{\ominus}$而言，当包括氟离子在内的溶质分子从液相移动到液－固界面时，它们失去部分自由能并导致熵的减少（$\Delta S^{\ominus}<0$）。然而，在本研究中观察到的吸附过程中，$\Delta S^{\ominus}>0$。这可能是因为其他分子在吸附过程中释放[17]，从而导致熵的增加，以覆盖熵的减少，导致整个系统的 $\Delta S^{\ominus}$ 为正［76.54 J/(mol·K)，见表 5-19］。氟化物吸附过程的自由能（$\Delta G^{\ominus}$）的变化被计算为负值，表明吸附过程是自发的。此外，温度升高可以降低 $\Delta G^{\ominus}$，说明较高的温度对氟化物吸附的自发性是有利的。

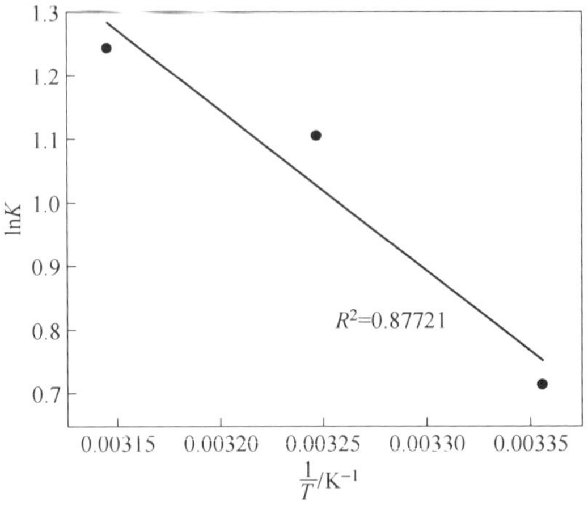

图 5-39　CFA-DS-MIL 对氟化物的吸附平衡常数（K）与温度（T）的拟合结果

表 5-19　CFA-DS-MIL 对氟化物吸附的热力学参数

$\Delta H^\ominus$ /kJ · mol^{-1}	$\Delta S^\ominus$ /J · (mol · K)$^{-1}$	$\Delta G^\ominus$/kJ · mol^{-1}		
		298.15 K	308.15 K	318.15 K
20.94	76.54	−1.8651	−2.6306	−3.3960

最后探究了各种影响因素对材料吸附水中氟离子的影响。图 5-40(a) 显示了吸附剂用量对氟化物（0.2 g/L）吸附的影响。当吸附剂用量从 1.0 g/L 增加到 1.2 g/L 时，去除率从 37% 增加到 59%；相应地，吸附能力从 0.75 g/g 下降到 0.10 g/g。在氟化物浓度不变的情况下，一方面，增加吸附剂的用量可以提供更多的可用吸附位点，从而使去除率提高；另一方面，由于可用吸附位点的不饱和，吸附剂用量的增加会导致吸附能力的下降。就反应温度的影响而言［见图 5-38(a)］，在较低浓度的条件下，温度升高能在一定限度下提高材料的吸附能力，随着初始浓度的提高，温度基本对吸附能力不产生影响，表明材料只在较低氟化物初始浓度时升高温度能提高材料的吸附性能。

此外，溶液中的 pH 值也是影响吸附效果的重要因素，图 5-40(b) 显示，随着溶液中 pH 值从 1 增加到 11 时，氟化物的去除率在中性条件下最高，当溶液呈碱性时，材料表面带负电，排斥氟离子，从而导致去除率下降。结合静电作用理论[67]与吸附剂的 zeta 电位［见图 5-40(b)］变化，当溶液中的 pH 值小于材料的 PZC 时，材料表面带正电，吸引带负电的氟离子，氟离子被吸附在材料的表面，达到去除水中氟离子的效果；随着溶液 pH 值升高到高于 PZC 时，材料在溶液中表面带负电，与带负电的氟离子相排斥，使材料对氟离子的吸附性能减小。CFA-DS-MIL 在酸性至弱碱性溶液环境中带正电，在碱性环境中带负电，而酸性溶液环境吸附效果稍差于中性溶液环境，可能是由于酸性条件下溶液中的 H^+ 与 F^- 结合形成 HF，降低了 CFA-DS-MIL 的吸附效率。

最后，探讨了溶液中共存的阴离子对材料吸附氟离子的影响，图 5-40(c) 显示，共存的阴离子（Cl^-、SO_4^{2-}、CO_3^{2-}、NO_3^- 和 CH_3COO^-）对 CFA-DS-MIL 吸附的影响较小，即使它们的添加浓度比较高（100 mg/L）。SO_4^{2-} 影响效果最大，这可能与氟离子竞争活性吸附点，从而导致去除率的小幅下降。尽管如此，这种影响仍然是有限的，这些结果与其他研究报告中关于共存阴离子影响的结论一致[69-70]。

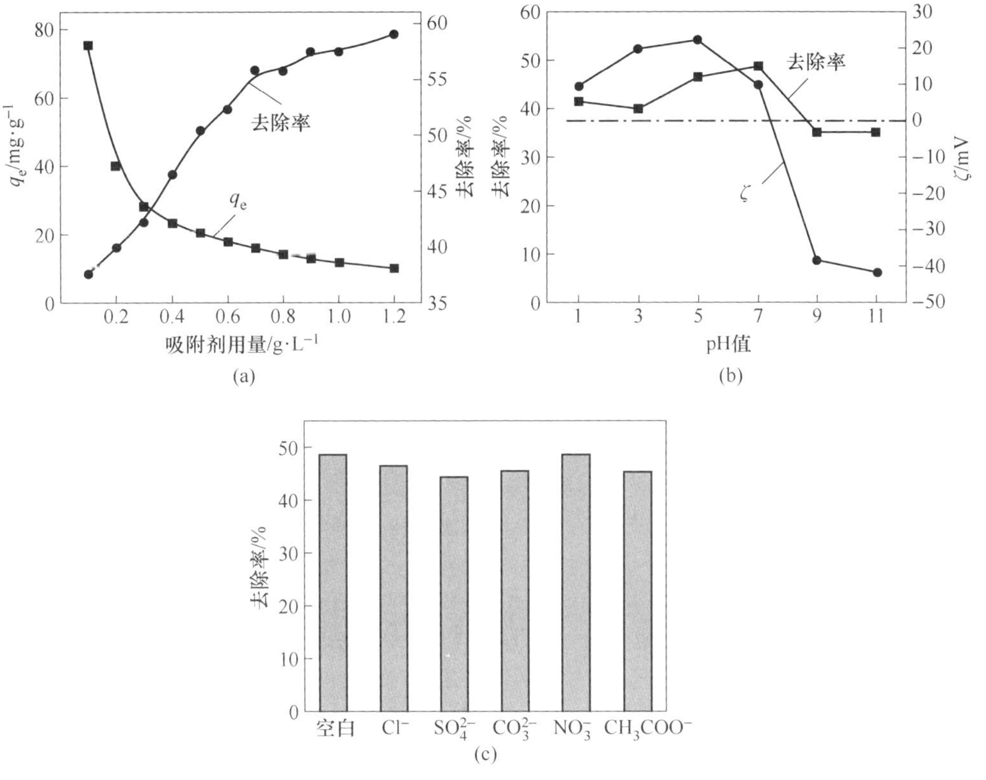

图 5-40 吸附剂用量（a）和溶液中的 pH 值以及 zeta 电位（b）和共存阴离子（c）对 CFA-DS-MIL 的氟化物去除率的影响

经过上述分析，吸附剂的用量和 pH 值是影响样品对氟化物吸附的主导因素。在此基础上，将获得的 CFA-DS-MIL 应用于去除真实矿井水样品中的氟化物(氟化物浓度4.4 mg/L，pH 值为9)。将水样 pH 值调整到7 时，吸附样品剂量在

1.6 g/L，矿井水中的氟化物浓度可以降低到 WHO 要求的水平（1.21 mg/L），进一步将剂量提高到2.0 g/L 时，矿井水中氟离子浓度可降低至1.0 mg/L 以下，满足了绝大多数国家饮用水中含氟离子浓度要求。

5.3.5 结论

综上所述，以普通粉煤灰与高钙粉煤灰为原料成功合成了 MIL-53(Al) 材料。表征结果表明，以普通粉煤灰为原料合成的 MIL-53(Al) 与高铝粉煤灰制备的样品形貌相近，其中 CFA-DS-MIL 样品比表面积最高，达到366 m^2/g，含有约38% 的 MIL-53(Al)，吸附性能最好；样品吸附符合 Freundlich 吸附模型，遵循伪二阶动力学模型，是一个吸热和自发的过程，理论计算在 318 K 下最大吸附量为111.6 mg/L。当初始浓度低时升高温度吸附量增加，初始浓度大于 150 mg/L 时温度对吸附不产生影响，在中性条件下吸附性能最好，且对氟离子选择性强；样品能够将实际矿井排水中的氟化物浓度降低到 1.5 mg/L，满足了绝大多数国家饮用水中含氟离子浓度要求。

5.4 高铝粉煤灰与 PET 塑料制备 MIL-53(Al) 及氟离子吸附性能

5.4.1 概述

MOFs 材料是由金属中心与有机配体桥接形成的，其金属中心可由粉煤灰固废提供，而有机配体是否也能被固废所替代呢？本节研究进一步从固废材料中获得有机降解产物替代纯有机配体试剂合成全固废 eco-MOFs 材料。PET 塑料广泛地存在于人类的生活之中，应用于包装、化工、食品等行业，人们日常生活所用的矿泉水瓶、饮料瓶、包装膜等也基本为 PET 制品。PET 即聚对苯二甲酸乙二酯，是对苯二甲酸与乙二醇的缩聚物，可降解为对苯二甲酸，作为合成 MOFs 的配体，目前已有研究利用废旧 PET 塑料降解合成 MOFs 材料[77-80]。例如，Cabrera-Munguia 等人通过乙二醇降解 PET 塑料瓶得到对苯二甲酸双羟乙酯（BHET）合成了 MIL-53(Al)[79]，Willem 等人将 PET 塑料片在氮气的环境下球磨成碎片与其他原料在微波法下合成出 MIL-53(Al)[80]，Zhou 等人用甲酸和丙酮降解 PET 塑料瓶合成出 UiO-66[78]。

PET 塑料瓶回收的方法包括化学法和物理法，其中物理法则是通过破碎废旧的 PET 制品，净化后重新热塑成新的 PET 制品，该过程中不改变 PET 塑料的化学结构[81]；化学法则是解聚 PET 制品，将其降解成单体，如本研究需要的对苯二甲酸产物，化学解聚方法包括：水解、醇解、糖解等[82]。参考现有研究中常用的水解 PET 塑料降解方法，PET 的水解可以在酸性或碱性条件下实现。与碱性条件下的水解过程相比，酸性条件下的水解过程是缓慢的[83]，在碱性条件下水解 PET 可在酸化步骤之前分离出未反应的 PET 片。

本节研究采用了碱性水解法降解 PET 塑料，探究不同降解条件获得产物的差异，最终利用 PET 塑料降解产物与高铝粉煤灰合成 MIL-53(Al)。由于前期探究发现脱硅产物制备样品 MOFs 含量及性能优于烧结产物，在此只利用高铝粉煤灰脱硅产物进行材料合成。对材料结构与形貌进行表征，并将其应用于水中氟离子的吸附，探究材料对氟离子的吸附特性与影响因素。

5.4.2 材料制备

利用高铝粉煤灰与 PET 塑料制备 MIL-53(Al) 示意图如图 5-41 所示。

图 5-41 利用高铝粉煤灰与 PET 塑料制备 MIL-53(Al) 示意图

PET 塑料降解成 H_2BDC：采用氢氧化钠碱法降解 PET 塑料获得 H_2BDC，具体步骤为：先将回收得到的矿泉水瓶（PET 塑料）洗净烘干，剪成约 2 mm × 2 mm 的小塑料片；配制 2 mol/L 的 NaOH 溶液，按照 1 g PET 塑料片与 50 mL NaOH 溶液的配比放入烧瓶或反应釜中，在一定温度下分别使用加热搅拌与水热的方法反应 24 h。反应后分别进行过滤，收集滤液，滴加浓盐酸生成白色沉淀，收集白色沉淀物洗涤烘干，得到所需对苯二甲酸样品。

MIL-53(Al) 的制备：利用 PET 塑料瓶降解得到的对苯二甲酸作为配体，按照摩尔比 1∶1∶160 的比例与高铝粉煤灰的脱硅产物和去离子水混合搅拌 1 h，放入水热反应釜中，在 220 ℃下水热反应 3 d，得到的产物经过洗涤烘干后在 400 ℃下煅烧，去除材料孔隙中多余的有机配体，这样得到的产物为 HAFA-PET-MIL。

5.4.3　PET 降解结果分析

将不同降解条件的样品进行 XRD 对比（见图 5-42），在不同的降解方法中，样品均在 $2\theta = 17.34°$、25.33°和 28.08°处存在与商售对苯二甲酸相同的特征峰，证明 PET 塑料片均降解出了对苯二甲酸单体，降解产物在 31.96°、45.58°和 56.58°处出现的峰为氯化钠特征峰；这是由于碱法水解使用的氢氧化钠和后续形成对苯二甲酸所用的浓盐酸结合产生了氯化钠副产物，在洗涤过程中未完全除去残留所致。在 120 ℃时，加热搅拌法降解得到的 XRD 峰基线不平，即得到的对苯二甲酸晶型较差，且升高温度至 180 ℃结构不变，而 120 ℃时水热法得到的对苯二甲酸 XRD 峰形好，基线平，证明相同温度和时间的条件下水热法得到的对苯二甲酸比加热搅拌得到的结构更好。因此，采用 120 ℃水热法降解得到的对苯二甲酸进行下一步 MOFs 的合成。

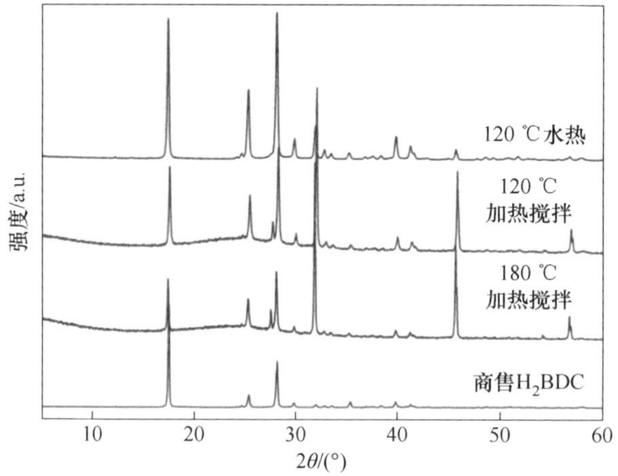

图 5-42　不同 PET 塑料降解方法得到 H_2BDC 的 XRD 结果

5.4.4　材料表征

对高铝粉煤灰与 PET 塑料降解产物制备的 HAFA-PET-MIL 进行 XRD 表征，如图 5-43(a) 可知，合成的样品与标准卡片 MIL-53(Al) 上的特征峰均一一对应，表明材料合成出了 MIL-53(Al) 物相结构，但谱图中仍存在残留粉煤灰结构的衍射峰，说明样品中仍存在未完全反应的粉煤灰结构。

进一步对样品进行 FT-IR 表征，并与 HAFA-DS-MIL-400 样品进行对比，两者的红外光谱在 500 ~ 2000 cm^{-1}范围内的吸收峰位置基本相同，730 ~ 1100 cm^{-1}范围内的峰是 C—H 键拉伸振动产生的吸收峰，表明结构中存在一个苯环，1577 cm^{-1} 处的峰为—C ═O 的不对称拉伸振动。1417 cm^{-1}的峰是—C ═O 的对

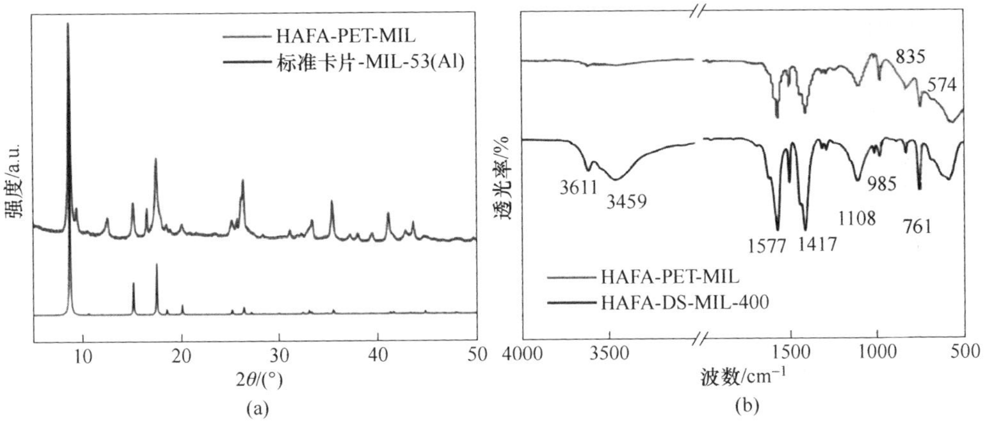

图 5-43 以高铝粉煤灰与 PET 塑料为原料制备 MIL-53(Al) 的 XRD（a）与 FT-IR 结果（b）

称拉伸振动[14]，761 cm^{-1}和 574 cm^{-1}处出现的吸收峰分别是 Al—O 和 Fe—O 键的拉伸振动峰，表明对苯二甲酸的羧基与 Al(Ⅲ) 和 Fe(Ⅲ) 之间形成金属氧键[61,16]。

对 HAFA-PET-MIL 样品进行热重分析，且与 5.2 节中高铝粉煤灰与纯对苯二甲酸试剂合成的 HAFA-DS-MIL-400 进行对比分析，两种样品仅有机配体不同，其余原料及工艺完全相同。实验结果如图 5-44 所示，样品 HAFA-PET-MIL 在 373 K 时出现较少的质量损失，表明材料中自由水较少[62]；随着温度上升至 700 K，样品非常缓慢地存在少量的质量损失，该部分为材料中结合水与孔隙中多余有机配体的质量损失，表明孔隙中残余的有机配体较少。当温度达到 700 K 后发生较大

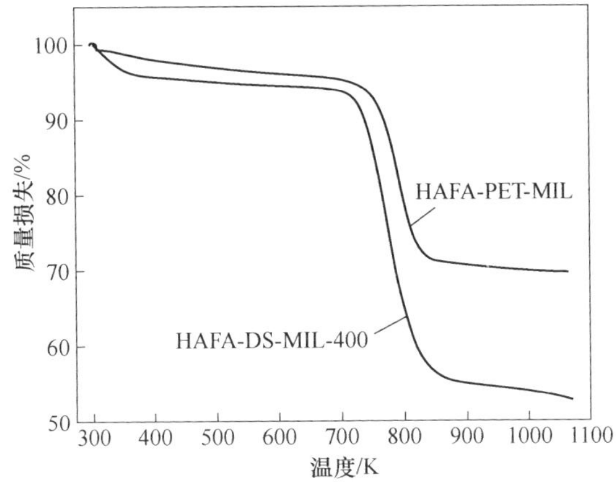

图 5-44 以高铝粉煤灰与 PET 塑料为原料制备 MIL-53(Al) 的 TG 结果

的质量损失，此部分为 MIL-53(Al) 中连接配体的断裂和分解[37]，导致框架的崩溃，MIL-53(Al) 转化为无定形的 Al_2O_3；根据这部分的质量损失粗略计算出样品中 MIL-53(Al) 的含量约为 33%（见表 5-20），低于 HAFA-DS-MIL-400 含量，用 PET 塑料降解物作为合成 MOFs 的有机配体，效果差于纯试剂。Joshi 等人利用可口可乐铝罐与纯有机试剂合成的 MIL-53(Al) 含量相为 38%（质量分数）[10]，与之相比，在原料全为固废的情况下 HAFA-PET-MIL 合成的 MIL-53(Al) 产量依然是可观的。

表 5-20　以高铝粉煤灰与 PET 塑料为原料制备样品中 MIL-53(Al) 的含量

样　品	质量损失/%	MIL-53(Al) 含量/%
HAFA-DS-MIL-400	41. 74	55. 32
HAFA-PET-MIL	26. 42	33. 43

图 5-45 为 HAFA-PET-MIL 样品的扫描电镜照片，样品中同样出现了长柱状的 MIL-53(Al) 晶体，柱状晶体表面可观察到存在裂缝，表明以 PET 塑料降解得到 BDC 有机配体合成的材料结晶性较差。样品中还存在许多 0. 1 μm 左右的立方状颗粒，可能是结晶较差的 MIL-53(Al) 晶体。EDS 能谱（见图 5-46）分析表明，样品的 C、O 和 Al 元素在材料中均匀分布，其质量分数分别高达 48. 1%、37. 8% 和 9. 6%，与 MIL-53(Al) 元素组成相同且比例相近（分子式：$C_8H_5AlO_5$，质量比 C : O : Al = 48 : 40 : 13，C 含量略高可能与导电胶有关），且三者之和占总样品质量的 95. 5%，而其他元素，例如 Si、Fe 和 Na 含量较少，质量分数分别为 4. 33%、0. 11% 和 0. 11%。

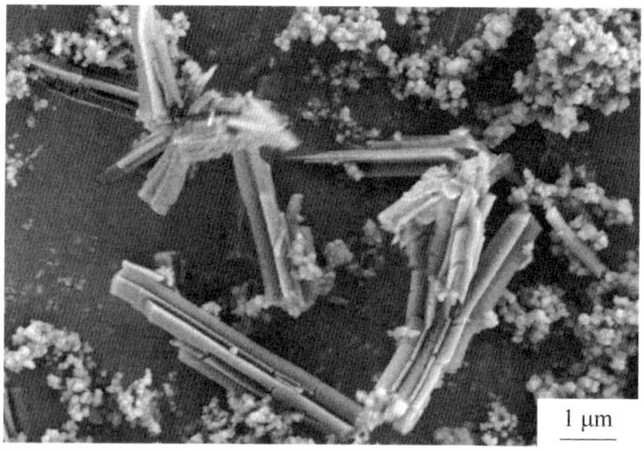

图 5-45　以高铝粉煤灰与 PET 塑料为原料制备 MIL-53(Al) 的 SEM 照片

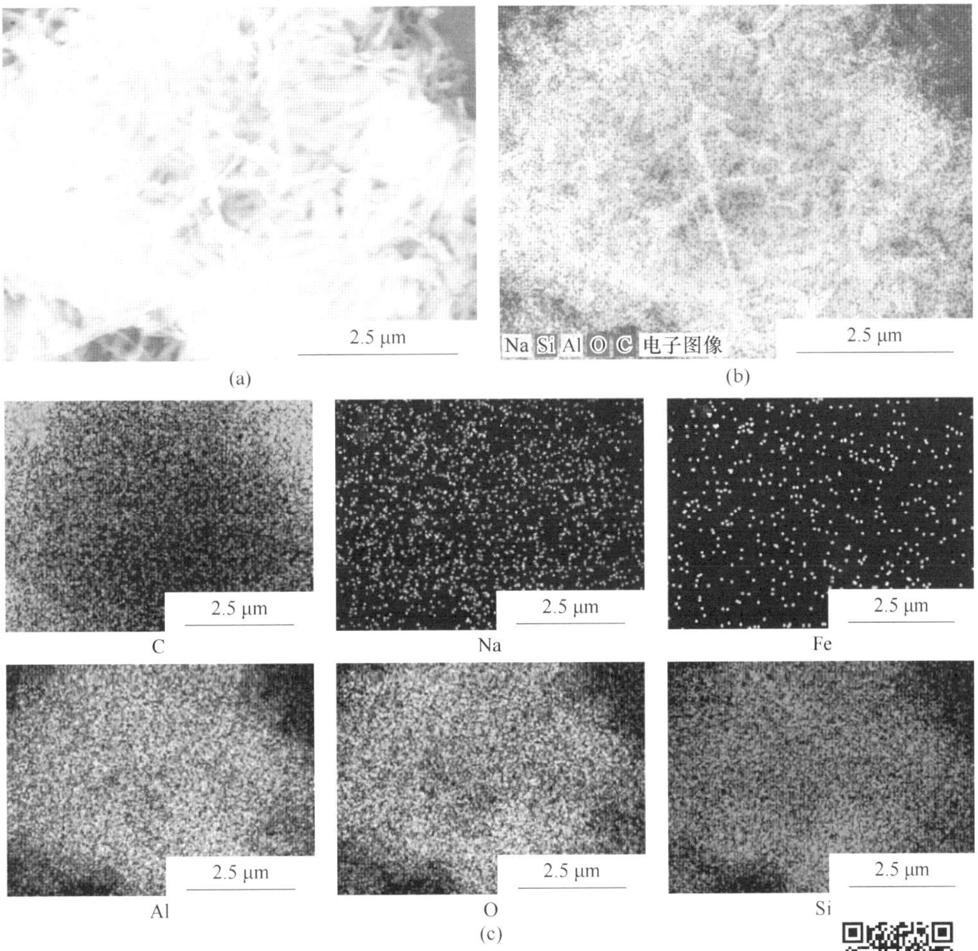

图 5-46 HAFA-PET-MIL 的能量分布面扫描分析

(a) SEM 照片；(b) EDS 分层照片；(c)～(h) Si、Ca、Fe、C、O、Al 元素分布照片

图 5-46 彩图

以 PET 塑料片降解得到的 BDC 分子为有机配体与高铝粉煤灰合成的 MIL-53(Al) 样品 N_2 吸附-脱附测试曲线（见图 5-47）同样符合 I 型等温曲线，随着压力的增加材料对氮气的吸附量迅速增加，且没有出现明显的拐点，此时是氮气与材料发生的单分子层吸附。在中压区域对气体的吸附量增加速度较为平缓，此时是氮气与材料发生的多层吸附。样品 HAFA-PET-MIL 同样出现不闭合的回滞环，表明材料中存在介孔结构，但由于 MIL-53(Al) 框架的呼吸作用，导致气体不能顺利从孔隙中脱附出来[76]。样品详细的孔结构表征数据见表 5-21，其中 HAFA-PET-MIL 样品比表面积为 272 m^2/g，与高铝粉煤灰为原料制备的 HAFA-DS-MIL 比表面积相比较低。

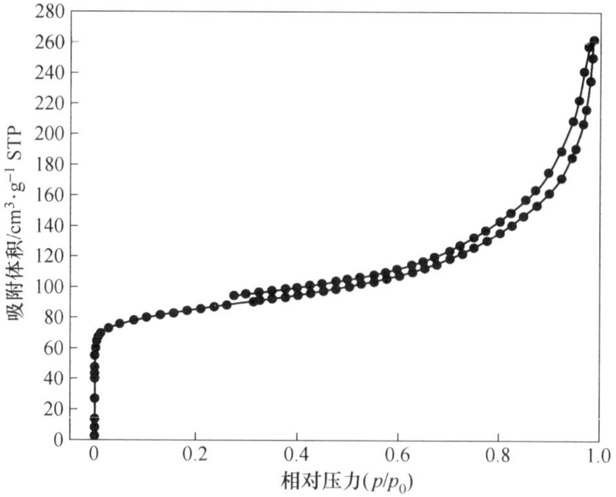

图 5-47　以高铝粉煤灰与 PET 塑料为原料制备 MIL-53(Al) 的 N_2 吸附-脱附等温线

表 5-21　以高铝粉煤灰与 PET 塑料为原料制备 MIL-53(Al) 的孔结构表征结果

样　　品	$S_{BET}/m^2 \cdot g^{-1}$	D_{AVG}/nm	$V_{total}/cm^3 \cdot g^{-1}$
HAFA-DS-MIL-400	353	7.9	0.56
HAFA-PET-MIL	272	7.2	0.40

5.4.5　吸附性能

首先进行材料吸附动力学特性的探究，选取 20 mg/L、50 mg/L、100 mg/L 初始浓度的氟离子水样，在不同时间点取出吸附水样，实验结果如图 5-48 所示，它说明了吸附过程中 HAFA-PET-MIL（0.4 g/L）的吸附容量和去除率的时间演变。根据实验结果，在较低浓度时，吸附量和去除率在前 12 h 内急速上升，在 12～24 h 内速率减慢，约 24 h 后吸附达到平衡，浓度较高时 24 h 后达到平衡，最大吸附容量和去除率分别达到 91 mg/g 和 57.4%。此外，在吸附剂用量（0.4 g/L）不变的情况下，较高的氟化物初始浓度可以促进氟离子与吸附位点的竞争结合，从而得到更高的吸附容量；随着氟化物初始浓度提高，去除率下降，这是因为溶液中氟离子浓度高，材料吸附量提高但整体占比降低，当添加更多的吸附剂时，去除率可以上升并超过低浓度时的去除率。

进一步使用伪一阶和伪二阶动力学模型来拟合和探究 HAFA-PET-MIL 的吸附情况，其结果如图 5-48(c)（d）和表 5-22 所示。不同浓度下伪二阶动力学模型的相关系数 R^2 均大于伪一阶动力学模型的相关系数，表明氟化物吸附过程倾向于遵循伪二阶动力学模型。在这种情况下，氟化物吸附到 HAFA-PET-MIL 上是一种化学吸附[17]。基于伪二阶动力学模型，与之前的研究相比，参数 k_2 相对较大[0.0104～0.0566 g/(mg·min)，见表5-22]，这表明氟化物吸附到样品上的反应速率较高。

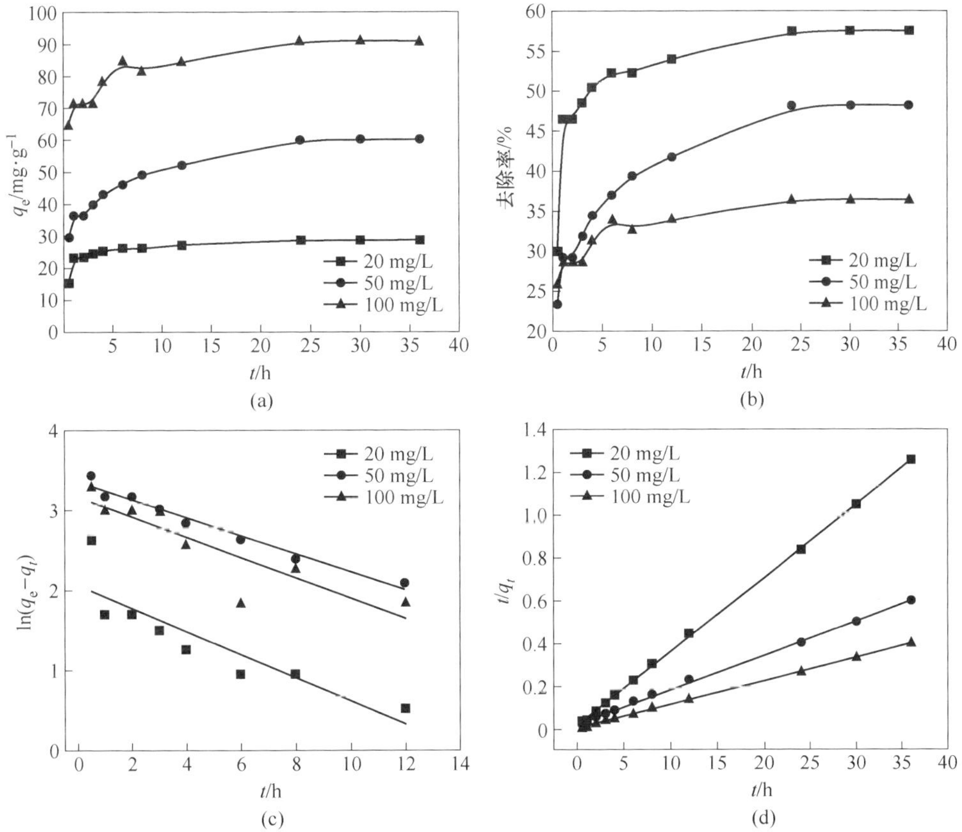

图5-48 HAFA-PET-MIL（0.4 g/L）的吸附性能及其模型拟合结果

（a）吸附容量；（b）去除率；（c）伪一阶动力学模型拟合结果；（d）伪二阶动力学模型拟合结果

表5-22 氟化物在HAFA-PET-MIL上的吸附动力学参数

c_0 /mg·L^{-1}	伪一阶动力学模型			伪二阶动力学模型		
	q_e /mg·g^{-1}	k_1 /min^{-1}	R^2	q_e /mg·g^{-1}	k_2 /g·(mg·min)$^{-1}$	R^2
20	7.87	0.1446	0.74998	29.21	0.0566	0.99968
50	28.63	0.1125	0.96568	62.74	0.0104	0.99744
100	23.76	0.1262	0.7541	92.68	0.0166	0.99939

进一步采用 Langmuir 和 Freundlich 吸附等温模型分析 HAFA-PET-MIL 对氟离子的吸附过程。如图 5-49(a) 所示，随着初始氟化物浓度从 20 mg/L 增加到 200 mg/L，吸附量逐渐增加并趋于饱和；提高温度时，材料的吸附量基本没有发生变化，除在初始低浓度时有略微差异，但基本可以认为温度对材料吸附效果并无影响。将 25 ℃下的实验数据与 Freundlich 和 Langmuir 模型进行拟合，结果如图 5-49(b) 和 (c) 以及表 5-23 所示。Langmuir 模型的相关系数 R^2 均大于 Freundlich 模型（见表 5-23），这表明 HAFA-PET-MIL 的氟化物吸附更符合 Langmuir 模型。在这种情况下，HAFA-PET-MIL 对氟化物吸附符合单分子层吸附[17,64]，计算得出的最大吸附容量为 110.50 mg/g（见表 5-23），且平衡参数 R_L [$R_L = 1/(1 + K_L \times C_0)$] 计算为 $0 < R_L < 1$（表 5-23）；根据 Freundlich 模型，$1/n$ 的值小于 0.5（见表 5-23）。上述结果均表明，氟化物吸附到 HAFA-PET-MIL 上可以很容易地进行[17,64]。

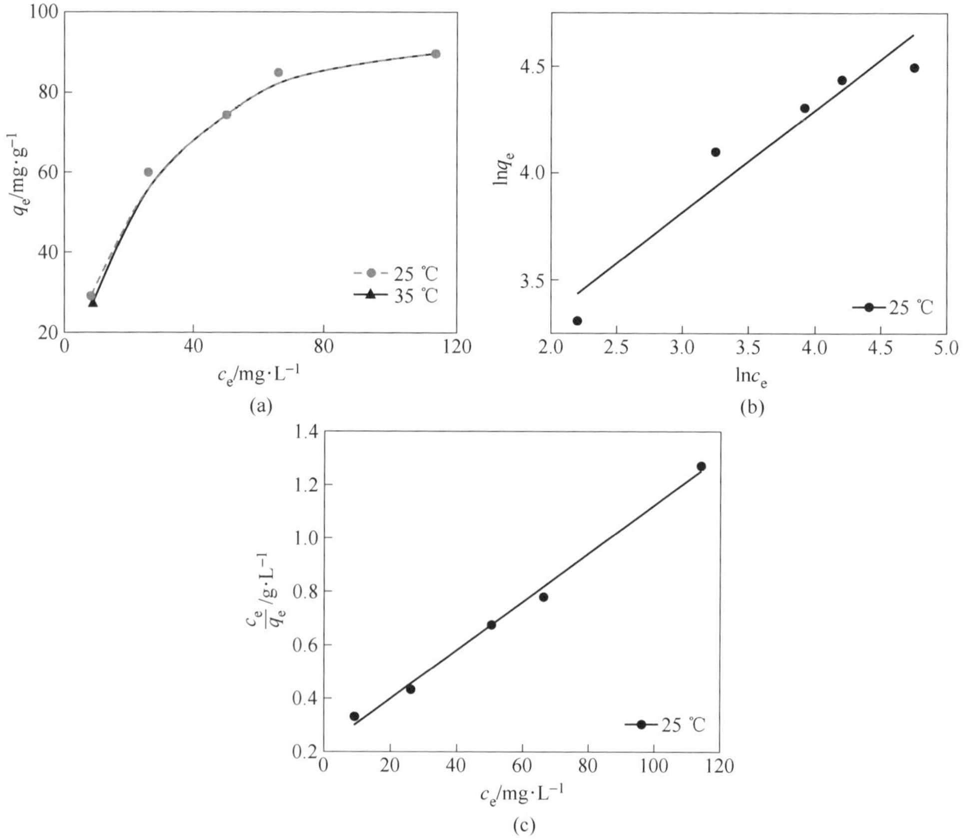

图 5-49　反应温度和浓度对 HAFA-PET-MIL 吸附能力的影响与模型拟合结果

(a) 吸附容量；(b) Freundlich 等温线模型拟合结果；(c) Langmuir 等温线模型拟合结果

表 5-23 HAFA-PET-MIL 对氟离子吸附的等温线模型拟合参数

T/K	Langmuir 模型				Freundlich 模型		
	q_m /mg · g^{-1}	K_L /L · mg^{-1}	R_L	R^2	K_F/(mg/g) · $(mg/L)^{-1/n}$	$1/n$	R^2
298	110.50	0.0415	0.10～0.55	0.9922	10.9036	0.4782	0.90196

最后探究了吸附条件对材料吸附氟化物的影响。由于吸附剂用量是控制除氟效率的重要因素，因此测试了吸附剂用量对氟化物（20 mg/L）吸附的影响，实验结果如图 5-50(a) 所示。当吸附剂用量从 0.2 g/L 增加到 1.2 g/L 时，去除率从 45% 增加到 74%；相应地，吸附能力从 45 mg/g 下降到 12 mg/g。在氟化物浓度不变的情况下，一方面，增加吸附剂的用量可以提供更多的可用吸附位点，从而使去除率提高；另一方面，由于可用吸附位点的不饱和，吸附剂用量的增加会导致吸附能力的下降。

此外，溶液中的 pH 值也是影响吸附效果的重要因素。如图 5-50(b) 所示，随着溶液中 pH 值从 1 增加到 11，氟化物的去除率总体呈下降趋势（从 77% 下降到 24%）。结合静电作用理论[67]与吸附剂的 zeta 电位［见图 5-50(b)］变化，当溶液中的 pH 值小于材料的 PZC 时，材料表面带正电，吸引带负电的氟离子，氟离子被吸附在材料的表面，达到去除水中氟离子的效果；随着溶液 pH 值升高到高于 PZC，材料在溶液中表面带负电，与带负电的氟离子相排斥，使材料对氟离子的吸附性能减小。HAFA-PET-MIL 在酸性至弱碱性溶液环境中带正电，在碱性环境中带负电，且在极酸的环境下（pH 值为 1）材料的吸附性能大大提高，比中性条件下提高 20% 的去除率。

最后，探讨了溶液中共存的阴离子对材料吸附氟离子的影响，图 5-50(c) 显示，共存的阴离子（Cl^-、SO_4^{2-}、CO_3^{2-}、NO_3^- 和 CH_3COO^-）对 HAFA-PET-MIL 吸附的影响较小，几乎可以忽略不计［即使它们的添加浓度比较高(100 mg/L)］。SO_4^{2-} 在其中影响最大，其他阴离子几乎不对氟离子的吸附产生影响，它可能与氟离子竞争活性吸附点，从而导致去除率的小幅下降。尽管如此，其他阴离子对氟离子的吸附几乎可以忽略。这些结果与其他研究报告中关于共存阴离子影响的结论一致[69-70]。

经过上述分析，吸附剂的用量和 pH 值是影响样品对氟化物吸附的主导因素。在此基础上，将获得的 HAFA-PET-MIL 应用于去除真实矿井水样品中的氟化物（氟化物浓度 4.4 mg/L，pH 值为 9）。将水样 pH 值调整到 7 时，吸附样品剂量在 1.2 g/L，矿井水中的氟化物浓度可以降低到 WHO 要求的水平（1.40 mg/L），进一步将剂量提高到 2.0 g/L 时，矿井水中氟离子浓度可降低至 1 mg/L 以下，满足了绝大多数国家饮用水中含氟离子浓度要求。

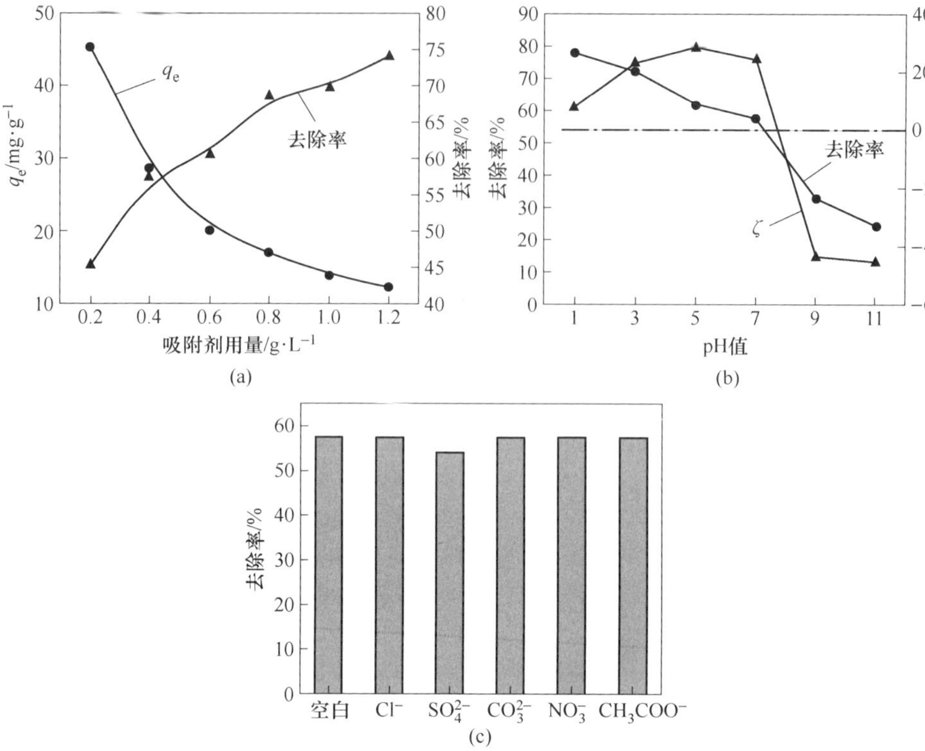

图 5-50　对 HAFA-PET-MIL 的氟化物去除率的影响

（a）吸附剂用量；（b）溶液中的 pH 值以及 zeta 电位；（c）共存阴离子

5.4.6　结论

综上所述，利用 PET 塑料片在氢氧化钠溶液中能降解得到的对苯二甲酸单体和高铝粉煤灰合成出 MIL-53(Al)。研究结果表明，材料形貌与纯试剂合成下相似，比表面积达到 272 m^2/g，样品中 MIL-53(Al) 相含量占样品的 33%。样品吸附氟离子符合 Langmuir 等温吸附模型，遵循伪二阶动力学模型规律，理论最大吸附量为 110.5 mg/g，温度不影响材料的吸附效果，材料吸附效果随溶液 pH 值升高而降低，其他竞争阴离子的存在基本不影响材料对氟离子的吸附。样品可将真实矿井水中氟离子浓度降低至 1.0 mg/L，满足了绝大多数国家饮用水中含氟离子浓度要求。

参 考 文 献

[1] ZHAN L, JIANG L, ZHANG Y, et al. Reduction, detoxification and recycling of solid waste by hydrothermal technology: A review [J]. Chemical Engineering Journal, 2020, 390:

124651.

[2] WEI D, DU C, ZHANG L, et al. Preparation of a composite calcium silicate board with carbide slag and coal-based solid waste activated by different alkali activators [J]. ACS Omega, 2020, 5 (15): 8934-8942.

[3] EL-SAYED E S M, YUAN D. Waste to MOFs: Sustainable linker, metal, and solvent sources for value-added MOF synthesis and applications [J]. Green Chemistry, 2020, 22 (13): 4082-4104.

[4] YI X H, JI H, WANG C C, et al. Photocatalysis-activated SR-AOP over PDINH/MIL-88A (Fe) composites for boosted chloroquine phosphate degradation: Performance, mechanism, pathway and DFT calculations [J]. Applied Catalysis B: Environmental, 2021, 293: 120229.

[5] KUMAR P, KIM K H, KIM Y H, et al. A review of metal organic resins for environmental applications [J]. Journal of Hazardous Materials, 2016, 320: 234-240.

[6] YUAN N, ZHANG X, WANG L. The marriage of metal-organic frameworks and silica materials for advanced applications [J]. Coordination Chemistry Reviews, 2020, 421: 213442.

[7] FARAJMAND B, DALALI N, KESHAVARZ S, et al. Application of MIL-53(Al) prepared from waste materials for solid-phase microextraction of propranolol followed by corona discharge-ion mobility spectrometry (CD-IMS) [J]. Journal of Pharmaceutical and Biomedical Analysis, 2020, 189: 113418.

[8] LIU D, DAI F, TANG Z, et al. The structure-directed effect of Al-based metal-organic frameworks on fabrication of alumina by thermal treatment [J]. Materials Research Bulletin, 2015, 65: 287-292.

[9] MAHDAVI H, KARAMI M, HEIDARI A A, et al. Preparation of mixed matrix membranes made up of polysulfone and MIL-53(Al) nanoparticles as promising membranes for separation of aqueous dye solutions [J]. Separation and Purification Technology, 2021, 274: 119033.

[10] JOSHI J N, MORAN C M, FEININGER H P, et al. Household aluminum products as insoluble precursors for directed growth of metal-organic frameworks [J]. Crystal Growth & Design, 2019, 19 (9): 5097-5104.

[11] ZHAN G, NG W C, LIN W Y, et al. Effective recovery of vanadium from oil refinery waste into vanadium-based metal-organic frameworks [J]. Environmental Science & Technology, 2018, 52 (5): 3008-3015.

[12] VELLINGIRI K, TSANG D C W, KIM K H, et al. The utilization of zinc recovered from alkaline battery waste as metal precursor in the synthesis of metal-organic framework [J]. Journal of Cleaner Production, 2018, 199: 995-1006.

[13] ABID CHAREF S, AFFOUNE A M, CABALLERO A, et al. Simultaneous recovery of Zn and Mn from used batteries in acidic and alkaline mediums: A comparative study [J]. Waste Management, 2017, 68: 518-526.

[14] CHATTERJEE A, JANA A K, BASU J K. A novel synthesis of MIL-53(Al) @ SiO_2: An integrated photocatalyst adsorbent to remove bisphenol a from wastewater [J]. New Journal of Chemistry, 2020, 44 (43): 18892-18905.

[15] HOU S, LU H, GU Y, et al. Conversion of water-insoluble aluminum sources into metal-organic framework MIL-53(Al) and its adsorptive removal of roxarsone [J]. Chinese Journal of Materials Research, 2017, 31 (7): 495-501.

[16] CHATTERJEE A, HU X, LAM F L Y. Catalytic activity of an economically sustainable fly-ash-metal-organic-framework composite towards biomass valorization [J]. Catalysis Today, 2018, 314: 137-146.

[17] WANG X, ZHU H, SUN T, et al. Synthesis of a matériaux institut lavoisier metal-organic framework 96 (MIL-96 (RM)) using red mud and its application to defluorination of water [J]. Materials Today Communications, 2020, 25: 101401.

[18] PENG D, WANG Y, LIU X, et al. Preparation, characterization, and application of an eco-friendly sand-fixing material largely utilizing coal-based solid waste [J]. Journal of Hazardous Materials, 2019, 373: 294-302.

[19] JI H, MI X, TIAN Q, et al. Recycling of mullite from high-alumina coal fly ash by a mechanochemical activation method: Effect of particle size and mechanism research [J]. Science of The Total Environment, 2021, 784: 147100.

[20] MA Z, ZHANG X, GUO Y, et al. Extraction of valuable metals and preparation of mesoporous materials from circulating fluidized bed-derived fly ash via an acid-alkali-based alternate method [J]. ACS Omega, 2020, 5 (48): 31295-31305.

[21] ZHOU B, ZHOU J, ZHANG L, et al. Heating mechanism of high aluminum fly ash activated by Na_2CO_3 in microwave field [J]. JOM, 2019, 71 (9): 2959-2965.

[22] MA Z, ZHANG S, ZHANG H, et al. Novel extraction of valuable metals from circulating fluidized bed-derived high-alumina fly ash by acid-alkali-based alternate method [J]. Journal of Cleaner Production, 2019, 230: 302-313.

[23] GUOZHI L, ZHANG T, CHENG C, et al. Zeolite a preparation from high alumina fly ash of china using alkali fusion and hydrothermal synthesis method [J]. Materials Research Express, 2019, 6 (6): 65049.

[24] LI S, BO P, KANG L, et al. Activation pretreatment and leaching process of high-alumina coal fly ash to extract lithium and aluminum [J]. Metals, 2020, 10 (7): 893.

[25] ZONG Y, LI F, CHEN W, et al. Extraction of alumina from high-alumina coal ash using an alkaline hydrothermal method [J]. SN Applied Sciences, 2019, 1 (7): 783.

[26] BUEMA G, LUPU N, CHIRIAC H, et al. Performance assessment of five adsorbents based on fly ash for removal of cadmium ions [J]. Journal of Molecular Liquids, 2021, 333: 115932.

[27] ASTUTI W, CHAFIDZ A, WAHYUNI E T, et al. Methyl violet dye removal using coal fly ash (CFA) as a dual sites adsorbent [J]. Journal of Environmental Chemical Engineering, 2019, 7 (5): 103262.

[28] TARZANAGH Y J, SEIFZADEH D, RAJABALIZADEH Z, et al. Sol-gel/MOF nanocomposite for effective protection of 2024 aluminum alloy against corrosion [J]. Surface and Coatings Technology, 2019, 380: 125038.

[29] IMANIPOOR J, MOHAMMADI M, DINARI M, et al. Adsorption and desorption of

amoxicillin antibiotic from water matrices using an effective and recyclable MIL-53(Al) metal-organic framework adsorbent [J]. Journal of Chemical & Engineering Data, 2021, 66 (1): 389-403.

[30] MESHRAM A A, SONTAKKE S M. Synthesis of highly stable nanoscale MIL-53 MOF and its application for the treatment of complex mixed dye solutions and real-time dye industry effluent [J]. Separation and Purification Technology, 2021, 274: 119073.

[31] ABDELHAMEED R M, TAHA M, Abdel-Gawad H, et al. Amino-functionalized Al-MIL-53 for dimethoate pesticide removal from wastewater and their intermolecular interactions [J]. Journal of Molecular Liquids, 2021, 327: 114852.

[32] KOU J, SUN L B. Fabrication of metal-organic frameworks inside silica nanopores with significantly enhanced hydrostability and catalytic activity [J]. ACS Applied Materials & Interfaces, 2018, 10 (14): 12051-12059.

[33] BARAKZEHI M, MONTAZER M, SHARIF F, et al. MOF-modified polyester fabric coated with reduced graphene oxide/polypyrrole as electrode for flexible supercapacitors [J]. Electrochimica Acta, 2020, 336: 135743.

[34] DO X D, HOANG V T, KALIAGUINE S. MIL-53(Al) mesostructured metal-organic frameworks [J]. Microporous and Mesoporous Materials, 2011, 141 (1): 135-139.

[35] PATIL D V, RALLAPALLI P B S, DANGI G P, et al. MIL-53(Al): An efficient adsorbent for the removal of nitrobenzene from aqueous solutions [J]. Industrial & Engineering Chemistry Research, 2011, 50 (18): 10516-10524.

[36] TAHERI A, BABAKHANI E G, DARIAN J T, et al. Hybrid MIL-101(Cr)@MIL-53(Al) composite for carbon dioxide capture from biogas [J]. RSC Advances, 2019, 9 (26): 15141-15150.

[37] LOISEAU T, SERRE C, HUGUENARD C, et al. A rationale for the large breathing of the porous aluminum terephthalate (MIL-53) upon hydration [J]. Chemistry-A European Jouranl, 2004, 10 (6): 1373-1382.

[38] SHARMA A, SYED Z, BRIGHU U, et al. Adsorption of textile wastewater on alkali-activated sand [J]. Journal of Cleaner Production, 2019, 220: 23-32.

[39] FAN B, ZHOU H, WANG Y, et al. Surface siloxane-modified silica materials combined with metal-organic frameworks as novel MALDI matrixes for the detection of low-MW compounds [J]. ACS Applied Materials & Interfaces, 2020, 12 (33): 37793-37803.

[40] YUAN N, GONG X R, HAN B H. Hydrophobic fluorous metal-organic framework nanoadsorbent for removal of hazardous wastes from water [J]. ACS Applied Nano Materials, 2021, 4 (2): 1576-1585.

[41] YUAN N, CAI H, LIU T, et al. Adsorptive removal of methylene blue from aqueous solution using coal fly ash-derived mesoporous silica material [J]. Adsorption Science & Technology, 2019, 37 (3/4): 333-348.

[42] DOLIĆ M, KARANAC M, RADOVANOVIĆ D, et al. Closing the loop: As (V) adsorption onto goethite impregnated coal-combustion fly ash as integral building materials [J]. Journal of

Cleaner Production, 2021, 303: 126924.

[43] LIN K Y A, LIU Y T, CHEN S Y. Adsorption of fluoride to UiO-66-NH_2 in water: Stability, kinetic, isotherm and thermodynamic studies [J]. Journal of Colloid and Interface Science, 2016, 461: 79-87.

[44] LI D, HUA T, YUAN J, et al. Methylene blue adsorption from an aqueous solution by a magnetic graphene oxide/humic acid composite [J]. Colloids and Surfaces A: Physicochemical and Engineering Aspects, 2021, 627: 127171.

[45] LI C, XIONG Z, ZHANG J, et al. The strengthening role of the amino group in metal-organic framework MIL-53 (Al) for methylene blue and malachite green dye adsorption [J]. Journal of Chemical & Engineering Data, 2015, 60 (11): 3414-3422.

[46] KAVAK S, DURAK O, KULAK H, et al. Enhanced water purification performance of ionic liquid impregnated metal-organic framework: Dye removal by [BMIM][PF_6]/MIL-53(Al) composite [J]. Frontiers in Chemistry, 2021, 8: 62256.

[47] BAZIAR M, ZAKERI H R, GHALEH ASKARI S, et al. Metal-organic and zeolitic imidazole frameworks as cationic dye adsorbents: Physicochemical optimizations by parametric modeling and kinetic studies [J]. Journal of Molecular Liquids, 2021, 332: 115832.

[48] HAQUE E, LO V, MINETT A I, et al. Dichotomous adsorption behaviour of dyes on an amino-functionalised metal-organic framework, amino-MIL-101(Al)[J]. Journal of Materials Chemistry A, 2013, 2 (1): 193-203.

[49] AL-WASIDI A S, ALZAHRANI I I S, NAGLAH A M, et al. Effective removal of methylene blue from aqueous solution using metal-organic framework; modelling analysis, statistical physics treatment and DFT calculations [J]. Chemistryselect, 2021, 6 (41): 11431-11447.

[50] HUANG X X, QIU L G, ZHANG W, et al. Hierarchically mesostructured MIL-101 metal-organic frameworks: Supramolecular template-directed synthesis and accelerated adsorption kinetics for dye removal [J]. CrystEngComm, 2012, 14 (5): 1613-1617.

[51] YANG J M, YING R J, HAN C X, et al. Adsorptive removal of organic dyes from aqueous solution by a Zr-based metal-organic framework: Effects of Ce(Ⅲ) doping [J]. Dalton Transactions, 2018, 47 (11): 3913-3920.

[52] QIU J, FENG Y, ZHANG X, et al. Acid-promoted synthesis of UiO-66 for highly selective adsorption of anionic dyes: Adsorption performance and mechanisms [J]. Journal of Colloid and Interface Science, 2017, 499: 151-158.

[53] HAQUE E, JUN J W, JHUNG S H. Adsorptive removal of methyl orange and methylene blue from aqueous solution with a metal-organic framework material, iron terephthalate (MOF-235) [J]. Journal of Hazardous Materials, 2011, 185 (1): 507-511.

[54] Van Dat Doan, Thi Long Do, Thi Mong Thu Ho, et al. Utilization of waste plastic pet bottles to prepare copper-1, 4-benzenedicarboxylate metal-organic framework for methylene blue removal [J]. Separation Science and Technology, 2020, 55 (3): 444-455.

[55] SHARMA S, SHARMA G, KUMAR A, et al. Adsorption of cationic dyes onto carrageenan and itaconic acid-based superabsorbent hydrogel: Synthesis, characterization and isotherm

analysis [J]. Journal of Hazardous Materials, 2022, 421: 126729.

[56] GAO B, YU H, WEN J, et al. Super-adsorbent poly (acrylic acid)/laponite hydrogel with ultrahigh mechanical property for adsorption of methylene blue [J]. Journal of Environmental Chemical Engineering, 2021, 9 (6): 106346.

[57] MESHRAM A A, SONTAKKE S M. Rapid reduction of real-time industry effluent using novel CuO/MIL composite [J]. Chemosphere, 2022, 286: 131939.

[58] RAMBAU K M, MUSYOKA N M, PANEK R, et al. Preparation of coal fly ash derived metal organic frameworks and their carbon derivatives [J]. Materials Today Communications, 2021, 27: 102433.

[59] YUAN N, ZHANG X, ZHAO A, et al. High-alumina fly ash as sustainable aluminum sources for the in situ preparation of Al-based eco-MOFs [J]. Colloids and Surfaces A: Physicochemical and Engineering Aspects, 2022, 640: 128421.

[60] 杨再明, 吕中阳, 潘晓林, 等. 低钙石灰烧结法处理粉煤灰高效提取氧化铝研究 [J]. 有色金属 (冶炼部分), 2020 (9): 64-68, 96.

[61] NAEIMI S, FAGHIHIAN H. Application of novel metal organic framework, MIL-53 (Fe) and its magnetic hybrid: For removal of pharmaceutical pollutant, doxycycline from aqueous solutions [J]. Environmental Toxicology and Pharmacology, 2017, 53: 121-132.

[62] LI J, HURLOCK M J, GONCHAROV V G, et al. Solvent-free and phase-selective synthesis of aluminum trimesate metal-organic frameworks [J]. Inorganic Chemistry, 2021, 60 (7): 4623-4632.

[63] 刘正涛, 郁红艳, 邹路易, 等. 高效去除 Cd^{2+} 介孔硅酸钙的制备优化及表征 [J]. 环境科学学报, 2020, 40 (3): 986-994.

[64] WANG X, ZHU H, SUN T, et al. Synthesis and study of an efficient metal-organic framework adsorbent (MIL-96 (Al)) for fluoride removal from water [J]. Journal of Nanomaterials, 2019, 2019 (3): 1-13.

[65] CHEN J, YANG R, ZHANG Z, et al. Removal of fluoride from water using aluminum hydroxide-loaded zeolite synthesized from coal fly ash [J]. Journal of Hazardous Materials, 2022, 421: 126817.

[66] VITHANAGE M, BHATTACHARYA P. Fluoride in the environment: Sources, distribution and defluoridation [J]. Environmental Chemistry Letters, 2015, 13 (2): 131-147.

[67] GAI W Z, DENG Z Y. A comprehensive review of adsorbents for fluoride removal from water: Performance, water quality assessment and mechanism [J]. Environmental Science: Water Research & Technology, 2021, 7 (8): 1362-1386.

[68] KUMARI U, SIDDIQI H, BAL M, et al. Calcium and zirconium modified acid activated alumina for adsorptive removal of fluoride: Performance evaluation, kinetics, isotherm, characterization and industrial wastewater treatment [J]. Advanced Powder Technology, 2020, 31 (5): 2045-2060.

[69] YANG R, CHEN J, ZHANG Z, et al. Performance and mechanism of lanthanum-modified zeolite as a highly efficient adsorbent for fluoride removal from water [J]. Chemosphere, 2022,

307：136063.

[70] 张欣，彭志业．煤矸石处理含氟水试验研究［J］．山东化工，2021，50（24）：269-270，273.

[71] STAVRINOU A，AGGELOPOULOS C A，TSAKIROGLOU C D. Exploring the adsorption mechanisms of cationic and anionic dyes onto agricultural waste peels of banana，cucumber and potato：Adsorption kinetics and equilibrium isotherms as a tool［J］. Journal of Environmental Chemical Engineering，2018，6（6）：6958-6970.

[72] GAO M，WANG W，YANG H，et al. Efficient removal of fluoride from aqueous solutions using 3D flower-like hierarchical zinc-magnesium-aluminum ternary oxide microspheres［J］. Chemical Engineering Journal，2020，380：122459.

[73] CHEN X，LIU X，ZHU L，et al. One-step fabrication of novel MIL-53(Fe,Al) for synergistic adsorption-photocatalytic degradation of tetracycline［J］. Chemosphere，2022，291：133032.

[74] HUANG L，YANG Z，ALHASSAN S I，et al. Highly efficient fluoride removal from water using 2D metal-organic frameworks MIL-53(Al) with rich Al and O adsorptive centers［J］. Environmental Science and Ecotechnology，2021，8：100123.

[75] KAUR A，CHAHAL P，HOGAN T. Selective fabrication of SiC/Si diodes by excimer laser under ambient conditions［J］. IEEE Electron Device Letters，2016，37（2）：142-145.

[76] 侯书亮，卢慧宫，顾逸凡，等．水不溶性铝源合成金属有机骨架 MIL-53(Al) 及其对洛克沙胂的吸附［J］．材料研究学报，2017，31（7）：495-501.

[77] SHANMUGAM M，CHUAICHAM C，AUGUSTIN A，et al. Upcycling hazardous metals and PET waste-derived metal-organic frameworks：a review on recent progresses and prospects［J］. New Journal of Chemistry，2022，46（33）：15776-15794.

[78] ZHOU L，WANG S，CHEN Y，et al. Direct synthesis of robust hcp UiO-66（Zr）MOF using poly（ethylene terephthalate）waste as ligand source［J］. Microporous and Mesoporous Materials，2019，290：109674.

[79] CABRERA-MUNGUIA D A，LEON-CAMPOS M I，CLAUDIO-RIZO J A，et al. Potential biomedical application of a new MOF based on a derived PET：synthesis and characterization［J］. Bulletin of Materials Science，2021，44（4）：1-9.

[80] DELEU W P R，STASSEN I，JONCKHEERE D，et al. Waste PET（bottles）as a resource or substrate for MOF synthesis［J］. Journal of Materials Chemistry A，2016，4（24）：9519-9525.

[81] 谭亦武．瓶到瓶（BTB）技术和市场研究（一）［J］．合成纤维，2009，38（10）：10-14，18.

[82] 李强，刘朴真，段敏，等．食品用 PET 瓶回收技术及监管现状［J］．食品工业科技，2022，43（19）：487-493.

[83] AL-BUSAFI S. Green preparation of aluminum-based metal-organic framework（Al-MOF）from waste plastic bottles and waste aluminum scraps［J］. Sultan Qaboos University Journal for Science，2021，26（2）：98-106.

6　煤气化渣基纳米多孔材料的制备及其在废水处理中的应用

煤气化渣（CGS）是煤气化过程中产生的固体废弃物，包括粗渣和细渣。随着城市化和工业化的推进，水资源的负担不断增加，多孔材料作为吸附剂在水处理等领域具有广泛的应用前景。然而，目前对CGS基多孔材料的研究较少，主要原因包括煤气化过程的多样性、CGS物理化学性质的差异以及CGS排放量的相对较低。本章将重点介绍CGS衍生多孔材料的制备和应用，为CGS的综合利用提供参考。

6.1　概　　述

煤气化渣（CGS）是煤在气化反应过程中产生的一种固体废弃物。煤气化是将煤与气化剂（氢气、空气、氧气和水蒸气）在一定温度和压力下反应，将煤的可燃部分转化为可燃气体的过程，而煤中的灰分则以废渣的形式排出[1]。根据气化炉中煤和气化剂的接触方式，煤气化过程可分为固定床气化、流化床气化、气流床气化技术等[2-4]。煤气化细渣和粗渣的形成示意图如图6-1所示。

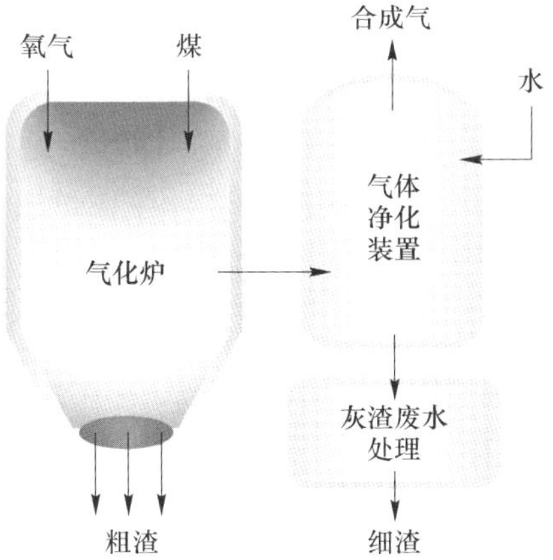

图6-1　煤气化过程中炉渣形成示意图

CGS包括粗渣和细渣，是煤气化过程中产生的残渣[5]。粗渣是一种高含水量矿渣，来源于煤粉颗粒。在气化炉内的高温高压条件下，煤粉经过气化、激冷和破碎过程，然后粗渣从气化炉底部的排渣闭锁料斗排出。经过初步净化和沉淀后，粗煤气的气流通过气化炉顶部产生细渣。细渣中残碳含量较高，甚至占到细渣质量的50%。

在全球能源转型的背景下，煤气化技术具有巨大的应用前景，仅在中国该行业每年排放3000万吨CGS[6]。目前，CGS主要通过堆放和填埋的方式进行处理。除此之外，CGS通常还有两种典型的应用。一种是根据其固有特性直接应用，例如，粗渣可用作混凝土掺和料或水泥混合材[7]。另一种是通过提取有价值的元素、水热晶化或高温煅烧来重新排列CGS的材料结构，制备附加值更高的产品，如沸石和赛隆（SiAlON）粉体[8-9]。如果这些废弃物未经适当处理就排放，其中的有害物质将在环境中造成潜在的生物毒性和环境危害。

无论是粗渣还是细渣，CGS都具有火山灰活性，并含有大量的二氧化硅、氧化铝和氧化铁，这些特性为从CGS制备多孔材料提供了前景。多孔材料具有丰富的孔结构和高比表面积，可以作为一种良好的吸附剂。随着城市化和工业化的推进，不断增加的人类活动仍然是水资源的巨大负担[10]。在各种水处理方法中，吸附法依靠多孔吸附剂与水污染物之间的相互作用，具有简单、高效、可靠等优点[11-12]。多孔材料是一种具有互穿或封闭孔隙组成的网状结构的重要材料，根据国际纯粹与应用化学联合会（IUPAC）的定义，按照孔径的大小，多孔材料可分为微孔（孔径小于2 nm）、中孔（孔径2～50 nm）和大孔（孔径大于50 nm）材料[13]。在过去的40年里出现了各种各样的多孔材料，由于其丰富的孔结构，多孔材料不仅是很有前途的水处理剂，而且被广泛应用于医学、生物、化工、环境、建筑等各个领域[14-18]。

利用CGS制备多孔材料具有良好的应用前景。但目前对CGS基多孔材料的研究较少，其原因可能是：（1）煤气化过程多样，各地CGS的物理化学性质不同，难以找到通用的利用方法。（2）煤气化行业在过去几十年才刚刚起步，企业的重点更多地放在工艺优化和设备运行的稳定性上。（3）CGS的排放量远低于粉煤灰等其他煤基固体废弃物，其对生态环境和人体健康的危害在现阶段尚未引起足够重视。

目前已经有一些关于从粉煤灰制备多孔材料的优秀论文，并且已经对这些材料在降解大气污染物、去除有毒金属等领域的应用进行了深入研究[19-23]。然而，对于近几年来越来越受欢迎的新兴研究领域CGS的应用却缺乏全面的综述。本章重点介绍了CGS衍生多孔材料的制备和应用，主要内容将分为四个部分：CGS的物理和化学性质，各种CGS基多孔材料的制备和表征，以及它们对水污染物的吸附性能（见图6-2），最后是结论以及未来的研究展望。

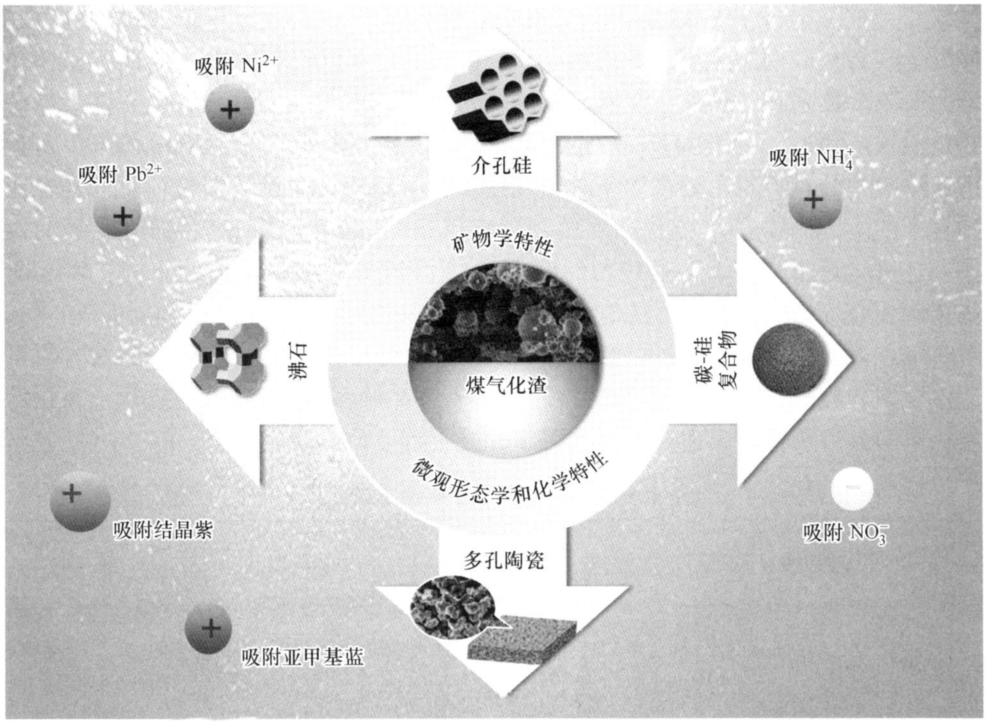

图 6-2 煤气化渣基多孔材料及其环境应用

6.2 CGS 的特性

在使用 CGS 制备和应用多孔材料之前，应了解其化学、矿物学和微观形貌特征。考虑到 CGS 的组成与原煤产地、进料方式和气化炉类型有很大的关系，因此应谨慎采用先前报道的数据。如上所述，CGS 大致可分为粗渣和细渣，均由残碳和无机组分组成，但两者在矿物组成、微观形貌和化学特性等方面存在一定的差异。

6.2.1 CGS 的矿物学性质

由于 CGS 中非晶相和残碳的含量较高，在粗渣和细渣中都发现了高度无序的结构，在剩余含量中也是如此。在高温还原环境下，原煤组分分解并相互反应，熔融矿物形成非晶态结构，使得 XRD 谱图中在 12°~50°之间出现 1~2 个宽衍射峰[24]。气化渣的化学成分和矿物成分受原煤种类、气化条件和加料方式的影响。CGS 相是无定形玻璃态的硅铝酸盐，与石英、方解石、莫来石和其他矿物成分混合，CGS 的不同化学和矿物组成为其回收利用提供了基础[25]。表 6-1 总结了 CGS 的矿物学特性和残碳。从表中数据可以看出，CGS 的矿物组成包括玻璃质、残碳和矿物晶体，其中玻璃质和残碳远高于矿物晶体。CGS 的典型晶体成分为石英、莫来石、钙长石以及微量的钠长石、方石英、透辉石、硬石膏、赤铁矿、磁铁矿等[25]。在细渣中，石英相的含量较高，矿物组成与原煤相当。实际上，CGS 中的石英相主要来源于参与气化反应时间不足的石英颗粒，而不是冷却过程中产生的晶体[24]。汽化温度显著影响粗渣的矿物成分，但对细渣的影响很小，这可能是由于在炉中的停留时间不同[26]。此外，根据矿物的不同，CGS 的筛选和密度分离可以产生具有各种潜在应用的副产品。例如，Matjie 和 Van Alphen[27]研究了 Sasol 气化炉产生粗渣的矿物学特征，发现一定粒径范围内的粗渣富含铝硅酸盐和氧化钙/氧化钙镁，分别来自高岭石和方解石/白云石，因此具有较高的火山灰活性，适合作为水泥和混凝土行业的材料。

表 6-1　CGS 的典型矿物学成分

炉型	渣类型	矿　物　成　分	残碳含量（质量分数）/%	参考文献
Lurgi	气化渣	主要以非晶态玻璃团块形式存在，含莫来石、石英、海长石、磁铁矿、方英石、硬石膏和赤铁矿	5	[28，29]
Sasol	粗渣	主要为玻璃相铝硅酸盐，含黑色基质岩石碎块、钙长石和莫来石针状物	—	[27，30]
Texaco	粗渣	主要呈玻璃状结构，含石英晶体和有机物	6.09	[31]
	细渣	主要呈玻璃状结构，含石英晶体和少量 Fe_2O_3 柱状以及有机质	14.44	[32]
GSP	粗渣	主要以玻璃状结构为主，包括一些石英晶体、钙铝长石和有机物	7.4	[31]
	细渣	主要以玻璃状结构为主，包括一些石英晶体和有机物	27.33	[32]
Shell	粗渣	以玻璃质组分为主，含微量莫来石、石英和铁相	1.2	[32，33]
	飞灰	以玻璃质组分为主，含微量莫来石、石英和铁相	1.36	
对置式四喷嘴气化炉	粗渣	主要为无定形玻璃态，含石英、莫来石和方解石	13.4	[24，32]
气流床气化炉（ECUST）	粗渣	含石英、二硫化亚铁、莫来石、橄榄石、钙长石和海长石	2.13～5.38	[34]
	细渣	主要为石英、二硫化亚铁和莫来石	27.46～53.29	

6.2.2　CGS 的微观形貌和化学性质

虽然气化炉的类型对 CGS 的形态有影响，但细渣通常是一种灰色的细颗粒物质，呈深灰色或灰黑色，而粗渣是一种粗糙的颗粒物质，呈棕色、黄褐色、灰白色和灰色。在煤气化过程中，气化剂（水蒸气和烟气）在氧化还原反应中与原煤反应，侵蚀原煤的表面并除去焦油和未碳化的物质，原煤的细孔结构形成。通过气化反应，封闭的孔隙被打开并扩大；随着反应的进行，孔壁坍塌，这些结构被选择性地激活以产生新的孔[25]。Wu 等人[35]研究了中国产出的 CGS（见图 6-3）的 SEM 和 EDS 图，发现细渣显示出与粗渣不同的微观形态。CGS 的无机组分主要以完全和部分熔融状态存在于玻璃相中。完全熔融部分的表面光滑，而部分熔融表面粗糙。粗渣中的熔融组分以重叠的团簇形式出现，而细渣中的球形颗粒和块状组分则各自分散，这些形貌上的差异可能归因于不同的气化炉渣生产工艺。粗渣在急冷塔中被冷却和破碎，因此完全熔融和部分熔融的组分连续分

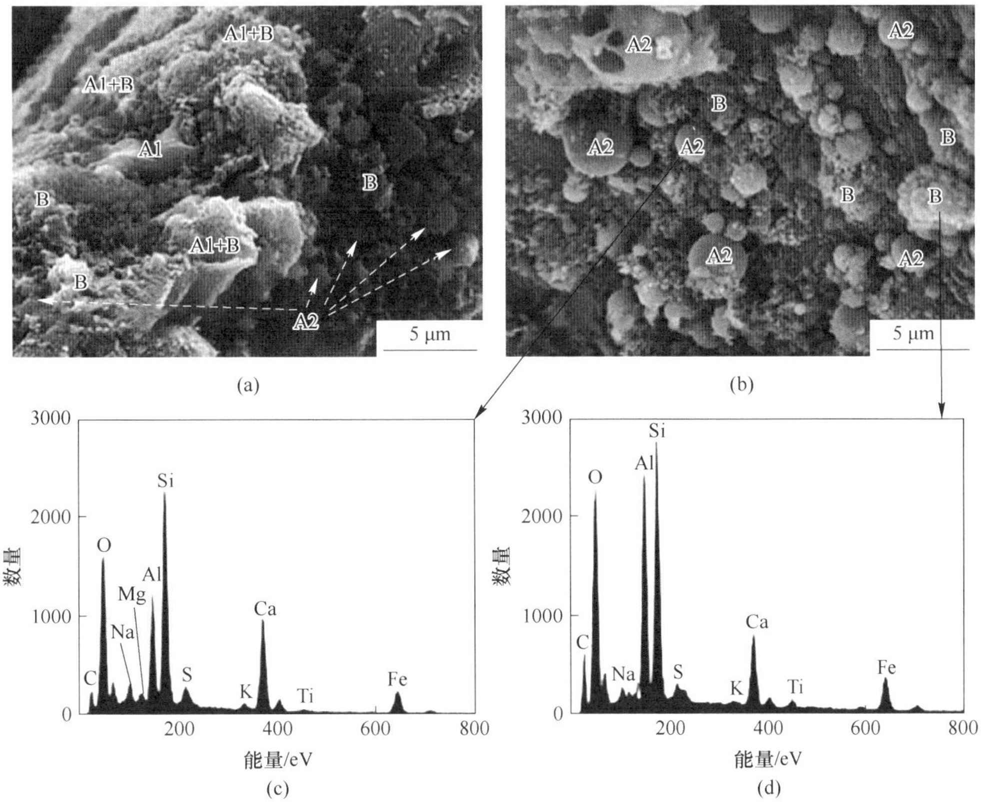

图 6-3　粗渣（CS）和细渣（FS）无机组分的 SEM 和 EDS 图

（a）粗渣 SEM 图；（b）细渣 SEM 图；（c）A2 球形粒子的 EDS 谱图；（d）B 团聚体的 EDS 谱图

布[7,34]。相比之下，细渣来自合成气中夹杂的飞灰，因此以微小球体的形式呈现完全熔融状态[36-37]。此外，煤的内比表面积主要是由微孔造成的，这些微孔在气化过程中可能会被熔体堵塞或破坏。虽然粗、细渣表面出现新的大孔隙，但内部孔隙结构退化。因此，比表面积总体呈下降趋势，粗渣气化时间越长比表面积越小[38]。

表 6-2 为中国不同地区 CGS 的主要化学成分，SiO_2、Al_2O_3、CaO、Fe_2O_3 和残碳是其主要成分。其中，酸性氧化物（SiO_2、Al_2O_3、Fe_2O_3 等）通常占 CGS 无机成分的 70% 以上，而碱性氧化物（CaO、MgO、Na_2O、K_2O 等）所占比例不超过 30%。根据 Wu 等人[35]的总结，在 CGS 的无机元素中，8 种成灰元素 Si、Al、Fe、Ca、Mg、K、Na 和 S 的含量普遍较高（5 ~ 132 mg/g），14 种元素（Ti、Ba、Sr、Mn、Cr、Zn、Zr、Co、Pb、Ni、Cu、As、Y 和 Rb）以微量形式存在（37 ~ 4063 μg/g）。Pb、As、Zn 等挥发性较强的元素更容易在细渣中富集，非挥发性元素（Ti、Sr、Y、Cu、Ba、Zr、Mn、Co、Cr）含量在粗渣中较高[35,39-40]。CGS 中的成分一方面来源于原煤中的灰分，另一方面也与气化过程有关。例如，添加方解石作为助熔剂可能会导致 CaO 含量较高[41]。此外，由于 CGS 化学成分的复杂性，在处理和回收 CGS 时存在许多困难和限制。CGS 富含植物生长所需的营养物质（如 Ca、Mg、Fe 等），但同时，CGS 可能含有超过安全限值的有毒元素（As、Cu、Cr、Pb、Zn 和 Ni），应仔细考虑使用 CGS 作为土壤改良剂或肥料[35]。因此，在纳入建筑材料或用于其他应用时，应严格评估 CGS 的环境危害，以确保符合相关法规[35,42]。

表 6-2　中国典型 CGS 的主要化学成分

产地	无机成分(质量分数)/%								烧失量(质量分数)/%	参考文献
	SiO_2	Al_2O_3	Fe_2O_3	CaO	MgO	Na_2O	K_2O	TiO_2		
细渣										
山西	39.84	22.42	5.91	6.12	—	—	1.47	—	15.2	[43]
上海	17.71	8.75	4.46	10.52	—	—	—	—	54.27	[44]
宁夏	43.09	19.23	6.39	8.2	0.84	2.72	1.75	0.95	15.18	[45]
山西	26.3	14.54	2.59	4.66	0.49	0.91	1.03	0.67	47.98	[46]
内蒙古	34.21	14.45	4.59	6.95	—	—	—	—	33.12	[47]
粗渣										
宁夏	53.44	17.21	11.23	10.12	1.92	1.33	2.27	—	12.55	[9]
山西	51.34	26.66	4.24	12.28	1.18	0.94	1.59	1.1	0.37	[46]
山西	41.12	12.72	4.98	12.88	1.23	1.49	1.94	0.61	18.89	[48]
内蒙古	27.33	14.43	23.9	19.04	0.94	2.13	—	—	6.99	[49]
贵州	48.12	30.63	10.47	7.15	0.74	0.46	0.62	0.32	1.2	[33]

除无机成分外，CGS 还含有相对较高的残碳含量。例如，表 6-2 总结了不同气化炉渣的残碳量，表明由于炉型和工艺条件的不同，炉渣中的残碳质量分数差异很大。细渣中的总残碳质量分数高于粗渣，这主要是因为粗渣沿着炉壁向下熔化进入冷却室，并且反应更充分，停留时间更长，温度较高。相比之下，细渣由未燃烧的碳颗粒和细矿物颗粒组成。在高温煤气化过程中，碳转化率通常低于 100%。大部分损失存在于残碳中。不同工艺生产的 CGS 中残碳含量差异较大。一些细渣样品含有占其质量一半的残碳，而其他粗渣样品几乎不含碳成分。细渣中碳的活性低于粗渣中碳的活性，这可能是因为细渣中的碳以碳烟等稳定的形式存在[5]。Wu 等人[7]对 Texaco 气化炉渣的研究表明，细渣中的大部分残碳往往大于 150 μm，而玻璃颗粒的直径都小于 150 μm，因此，细渣中的大部分残碳（75.6%，质量分数）可以通过筛分法保留。Wagner 等人[30]详细讨论了气化粗渣中存在的离散未燃烧碳颗粒，并将未燃烧碳颗粒分为四种类型：残煤颗粒、固体碳、层状碳和多孔碳。

从 CGS 合成多孔材料，残碳的存在是不可低估的。残碳中的层状碳颗粒和多孔碳颗粒具有较大的比表面积和较低的挥发性含量，因此可以作为活性炭的前驱体[30]。从另一个角度来看，对于 CGS 中无机元素的提取，残碳是一种可能影响化学反应过程效率的杂质[30,50]。在实际工艺流程中，是否保存残碳也值得考虑。目前，制备 CGS 基多孔材料的研究还很少。关于煤基固体废弃物中残碳的处理，常用的方法是将硅和铝元素分离提纯，然后丢弃残渣[50-51]；或者在有氧的情况下高温煅烧以烧掉残碳[43,45]，从而减少杂质的影响，再制备纯相物质。另一种方法是保留并充分利用 CGS 中的残碳作为反应能量的来源[52]或在惰性气氛中高温活化后制备碳-硅复合材料[44]。CGS 中残碳的处置基本遵循这些思路，现有研究的典型处理路线如图 6-4 所示。

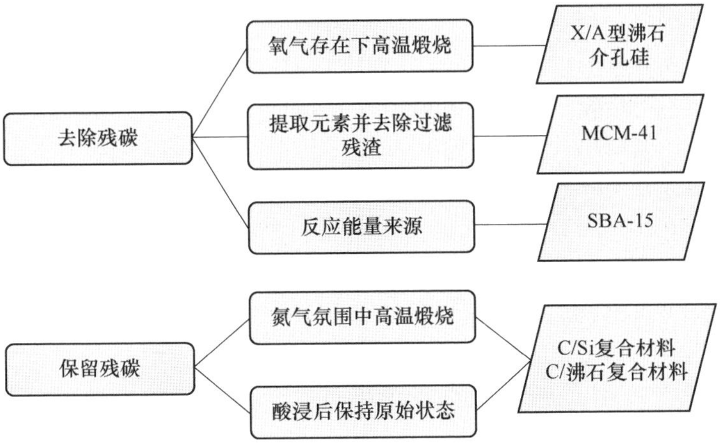

图 6-4　现有研究中 CGS 残碳的典型处理路线

6.3 CGS 基多孔材料

考虑到 CGS 与铝硅酸盐多孔材料化学成分的相似性，制备硅基多孔材料的研究正在蓬勃发展。以下对已有的相关工作进行了综述，并根据 CGS 基多孔材料的类型，即沸石、介孔二氧化硅、碳硅复合材料和其他材料进行了分类。这一部分重点介绍了这些材料的合成过程，包括合成机理，下一部分将介绍它们的应用。

6.3.1 CGS 基沸石

最初，瑞典矿物学家阿克塞尔·克朗斯泰特（Axel Cronstedt）发现，一些天然的铝硅酸盐矿物在受热时会沸腾，因此将它们命名为沸石（zeolite）。后来，科学家们模拟了天然沸石可能形成的条件，对铝硅酸盐和碱的混合物施加高温高压合成了人工沸石。沸石分子筛是一种具有规则、均匀孔隙结构的结晶固体材料。它由共享顶点的 TO_4 四面体连接形成骨架，骨架的 T 通常指硅、铝和磷原子[53]。不同类别的沸石具有独特的结构单元，可以产生不同的性能，如离子交换、吸附和催化活性[54-56]。

沸石的合成方法有很多种，包括水热合成法、碱熔辅助水热法、晶种定向法等。通常，沸石化机理可以描述为 Si 和 Al 的溶解、可溶性铝硅酸盐物种的出现、地质聚合物的形成、晶体结构的成核和沸石晶体的生长。到目前为止，已经通过 CGS 的转化成功地构建了 X 和 P 型沸石。Ji 等人[9]将粗渣与 NaOH 混合，利用 CGS 中的无定形二氧化硅和氧化铝作为硅铝源，在不添加任何模板剂的情况下合成 P 型沸石。如图 6-5(a) 所示，将粒径小于 75 μm 的粗渣与适量的 NaOH 和去离子水混合以调节各组分的摩尔比，进行结晶反应。Na^+ 的存在稳定了沸石骨架的次级结构单元，并在沸石的晶化过程中发挥了积极作用[57]。随着 SiO_2/Na_2O 摩尔比的增加，NaP 沸石的结晶度也相应增加。此外，适量的羟基可以促进无定形凝胶的溶解，缩短诱导时间，加速晶体生长[58]。根据图 6-5(b) 中的 TG-DSC 曲线，制备的沸石耐热温度为 386 ℃。所制备的 NaP 沸石具有矩形棱柱晶面的特征结构［见图 6-5(c)］，这与其他文献中报道的晶体形态一致[59]。所得沸石中微孔和介孔共存。根据 SEM 形貌分析，介孔的存在可能是由晶体中的空隙和介孔引起的，合成 NaP 沸石的比表面积计算为 161.06 m^2/g。

由于 CGS 中存在反应活性低的组分，有时需要高温碱熔处理将结构稳定的石英和莫来石相转化为活性高的硅酸盐和铝酸盐，最常用的熔剂是 NaOH 和 Na_2CO_3、K_2CO_3 等。例如，对于 Na_2CO_3 作为助熔剂，系统中可能发生以下反应：

$$3Al_2O_3 \cdot 2SiO_2 + 3Na_2CO_3 \xrightarrow{\text{熔融}} 2NaAlSiO_4 + 4NaAlO_2 + 3CO_2 \uparrow \tag{6-1}$$

使用 NaOH 作为助熔剂，可能的反应如下：

$$2NaOH + SiO_2 \xrightarrow{\text{熔解}} Na_2SiO_3 + H_2O \tag{6-2}$$

$$10NaOH + 3Al_2O_3 \cdot 2SiO_2 \xrightarrow{\text{熔解}} 2Na_2SiO_3 + 6NaAlO_2 + 5H_2O \tag{6-3}$$

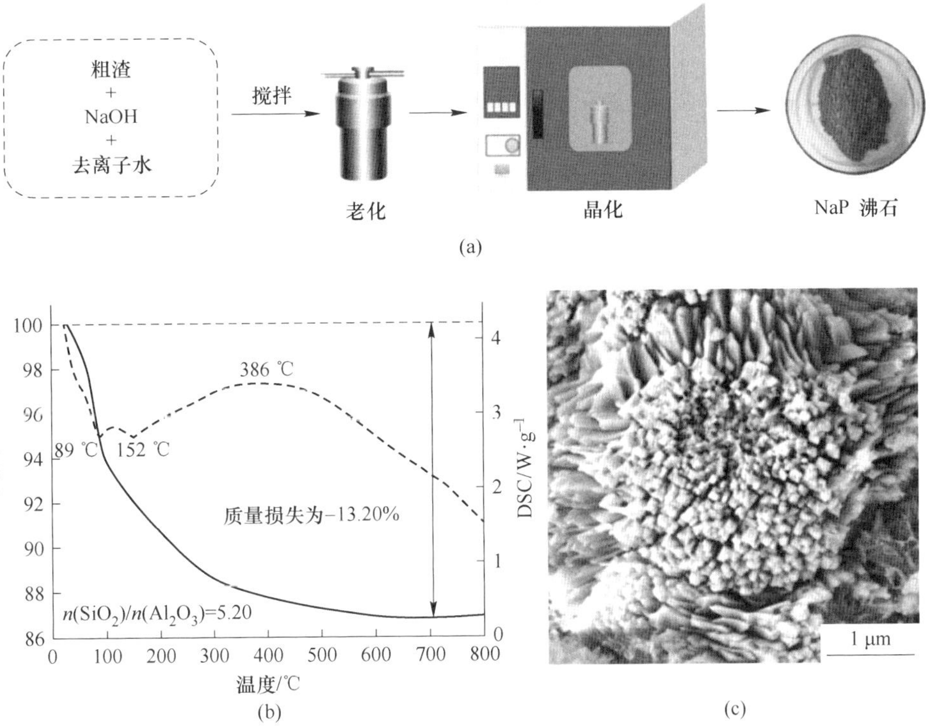

图 6-5 CGS 基 NaP 沸石的制备过程和表征结果示意图[9]

（a）制备过程示意图；（b）TG-DSC 曲线；（c）沸石的 SEM 图像

经过碱熔步骤后，水热处理可以更有效地进行，从而可以提高合成沸石的纯度和产率。在合成 CGS 基沸石时，经常使用 NaOH 作为助熔剂，因为 NaOH 能够有效地分解 CGS 中的莫来石、石英等物质，并为沸石的生长提供较高的碱度，避免了碱的二次加入。Zhang 等人[43]采用碱熔水热法将煤气化细渣转化为 X 型沸石（与 A 型沸石混合），然后测定合成沸石的阳离子交换容量和比表面积，作为沸石性能的指标。研究发现，氢氧化钠的存在与沸石的阳离子交换容量有关，随着 NaOH/灰分质量比从 1.0 增加到 1.2，制得沸石的阳离子交换容量逐渐增大，在 1.2 左右达到最大值。但是，如果 NaOH/灰分质量比继续增加，则阳离子交换容量会降低，结果与 Molina 和 Poole[60]报道的结论相似。过去的研究发现，当

NaOH/灰分的质量比为 1.2 时，X 型沸石的产率最高。随着 NaOH/灰分质量比进一步增加，额外的 NaOH 与可溶性硅酸盐和铝酸盐反应，导致在碱熔和水热处理期间形成羟基方钠石。由于 X 型沸石的孔径和比表面积均大于羟基方钠石，因此 X 型沸石含量高的产品在阳离子交换容量测试中性能更好。

6.3.2　CGS 基介孔二氧化硅

自 20 世纪 90 年代开发 M41S 系列材料以来，已经合成了一系列周期性介孔二氧化硅材料，例如 MCM、SBA 和 KIT 系列[61-63]。在合成 M41S 系列分子筛时，研究人员用表面活性剂形成的有序超分子胶束作为模板，取代了以往沸石合成中单一的溶剂化分子或离子。多孔二氧化硅骨架的典型合成过程涉及无机/有机二氧化硅前驱体、模板和溶剂，采用溶胶-凝胶法并遵循协同形成机制[64]。

利用 CGS 作为硅源和铝源，而非使用商业试剂作为前驱体，可以大大降低多孔材料的合成成本。CGS 的主要晶相为莫来石和石英，非晶相为铝硅酸盐玻璃。一般来说，无定形二氧化硅具有很高的反应活性，在温和的条件下可以与酸和碱溶液反应。莫来石相在室温下相对稳定，通常需要活化才能将其转化为易溶于酸的霞石相[65]。因此，类似于沸石的合成，气化炉渣通常需要在提取元素之前进行预处理，常用的方法有高温煅烧法、酸浸法和碱熔法。经过预处理的气化炉渣可以更有效地提取硅铝元素，并在合适的条件下用于合成介孔材料。Li 等人[51]采用非水热溶胶-凝胶法，以 CGS 的酸性浸出渣为原料合成了高度有序的 MCM-41 介孔分子筛，其平均孔径为 3.98 nm、比表面积为 1347 m^2/g。CGS 酸浸渣对 NaOH 具有较高的化学反应活性，因为 CGS 中的二氧化硅主要存在于非晶相中。小角度 XRD 衍射实验结果证实制备的 MCM-41 具有六方均匀孔隙，如图 6-6 所示。此外，采用 Wu 等人[50]提出的分级合成工艺对煤气化细渣进行处理，通过改变酸化方法，不仅从碱浸液中合成了不同孔结构参数的 MCM-41，还从碱处理残渣中直接获得了碳/P 型沸石复合材料，实现了 CGS 的高效转化和利用。MCM-41 的比表面积为 1013 ~ 1073 m^2/g，孔体积为 0.82 ~ 1.01 cm^3/g。碳/沸石复合材料中的沸石具有典型的 P 型沸石特征，碳的石墨化度较低。碳/沸石复合材料的总比表面积为 189.27 m^2/g。此外，酸洗后收集的酸性滤液也可以重复使用至少 3 次，这些优化策略最大限度地减少了整个过程中的废液和残渣。

残碳可以保存下来以提供能量并降低反应的外部温度，从而缩短反应时间。温龙英[52]将煤气化细渣中的残碳用于低温固相烧结并得到熟料，然后对熟料进行酸浸，得到铝硅溶液，最后在酸性条件下加入 P123 模板制备了 Fe-Al-Ti-SBA-15。当 pH 值为 1.5、2.1 和 3 时，四面体配位的铝掺入框架中；当 pH 值为 1.5 时，四面体配位的铁和钛也掺入框架中。随着体系 pH 值的升高，位于框架外铝和铁的含量增加，过高的 pH 值会导致铁的掺入，从而难以获得有序的介孔结

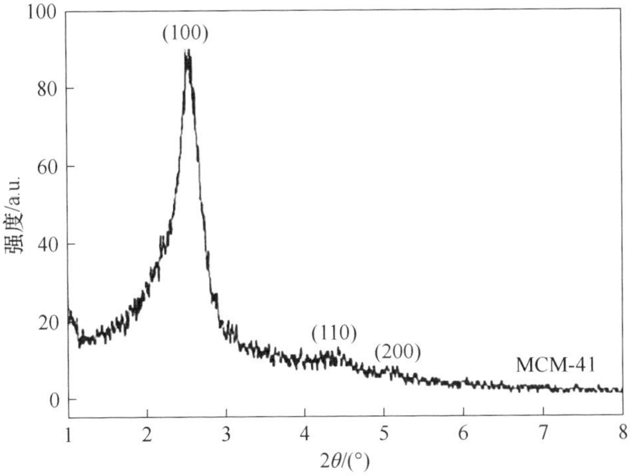

图 6-6 从 CGS 制备 MCM-41 的小角 X 射线衍射图[51]

构。合成 SBA-15 的比表面积在 345 ~ 704 m^2/g 之间。通过控制 pH 值、样品的活性离子类型和数量，可以进行定向调节，CGS 也可以被视为多种金属离子的来源。

CGS 除了可以合成硅或铝基有序介孔材料，还可以直接加工成介孔材料。Liu 等人[45]将细渣与盐酸混合，然后在高温下煅烧酸浸渣以去除其中的碳成分，制备出介孔二氧化硅材料（细渣基介孔玻璃微球，在文献中简称 FS-MGS）。通过 TEM 清楚地观察到细渣和介孔玻璃微球的形貌差异，细渣呈现具有光滑表面的无孔球体［见图 6-7(a)］，玻璃微球呈现高度多孔的表面［见图 6-7(b)］。影响孔结构的主要参数是酸浓度和细渣颗粒的尺寸，孔形成的机理被解释为各种金属氧化物从熔融微球中浸出。对所制备材料表面的硅羟基进行了分析，非晶二氧化硅网格中的各种缺陷使其表面容易与氢结合形成表面硅醇基团，FS-MGS 表面的硅醇基团根据之前的结论被鉴定为孤立型和成对型［见图 6-7(c)］[66]。

6.3.3 CGS 基碳-硅复合材料

在 CGS 的利用中需要考虑残碳，在上述两种类型的多孔材料中，研究人员去除了残碳或将其用作反应物。简而言之，最终产品中的碳成分非常少或不存在。然而，除碳使整个过程变得更加复杂。同时，如前所述，CGS 中一些碳的孔结构本身也很优异，以 CGS 为原料制备二氧化硅/活性炭复合材料也是当前研究的热点。

活性炭是通过高温碳化和活化工艺从原材料（木屑、种子壳、煤等）中提取的多孔材料[67-69]。活性炭中存在层间排列不规则的类石墨微晶碳，以及大量非

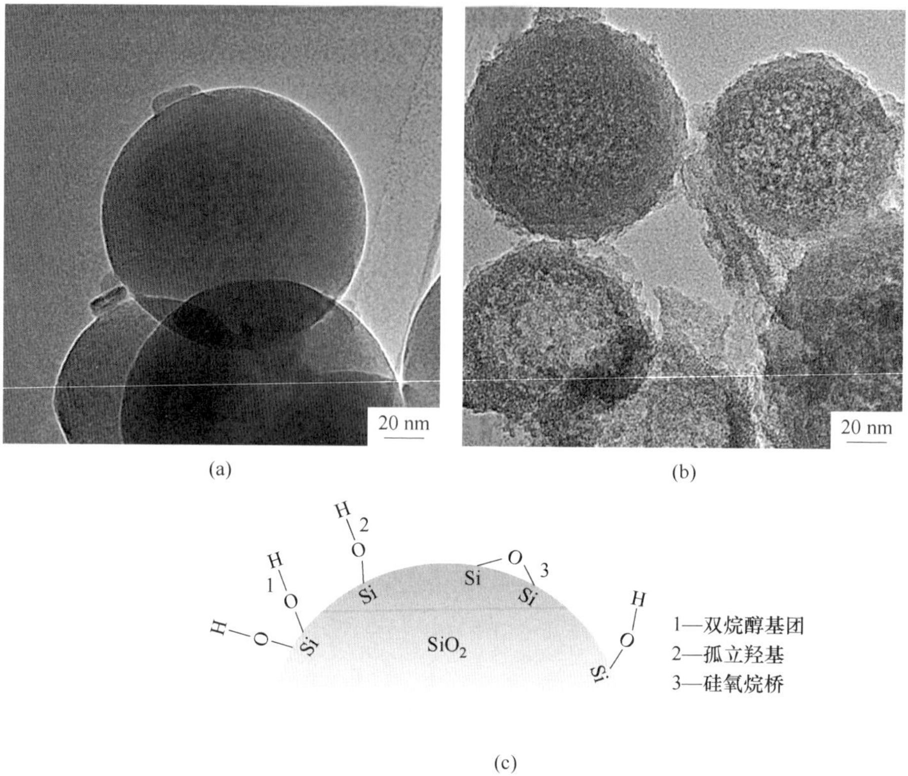

图 6-7　CGS 基介孔二氧化硅的 TEM 图像和结果分析[45]
（a）细渣 TEM 图像；（b）介孔玻璃微球（MGS）的 TEM 图像；（c）FS-MGS 表面硅醇基团示意图

结晶无定形碳[70]。活性炭中不同大小的孔隙起着不同的作用。微孔是吸附的主力，中孔可作为通道或直接吸附较大分子，大孔主要作为通道[71]。活性炭具有高度的孔隙率和良好的水稳定性，广泛用于水和气体净化[72]。碳/二氧化硅复合材料表现出更好的水热和化学稳定性，因此，在吸附剂、催化剂、多药物传递和超级电容器电极材料方面具有更广阔的应用前景[73-78]。Xu 和 Chai[78] 混合 KOH 和 CGS 进行碱活化以制备多孔碳。图 6-8(a)～(f) 显示了 CGS 和基于 CGS 的多孔碳的 SEM 图像。碱浓度、活化时间和活化温度都会影响孔隙的形成过程。孔隙发展分为三个阶段，即孔隙网络的生成、孔隙度的发展和已有孔隙的扩张。从根本上说，狭窄和收缩中孔的出现伴随着气体和挥发性化合物的释放。活化后多孔碳的 N_2 吸附-脱附等温线和孔径分布揭示了孔在不同活化温度下的演变，如图 6-8(g) 和(h) 所示。在 750 ℃（活化时间为 60 min，KOH/CGS 质量比为 3.0）时，BET 表面积和总孔体积均达到最大值，分别为 2323 m^2/g 和 1.43 cm^3/g。当反应温度低于 700 ℃时，KOH 脱水并转化为 K_2CO_3。在 700～750 ℃ K_2CO_3 分

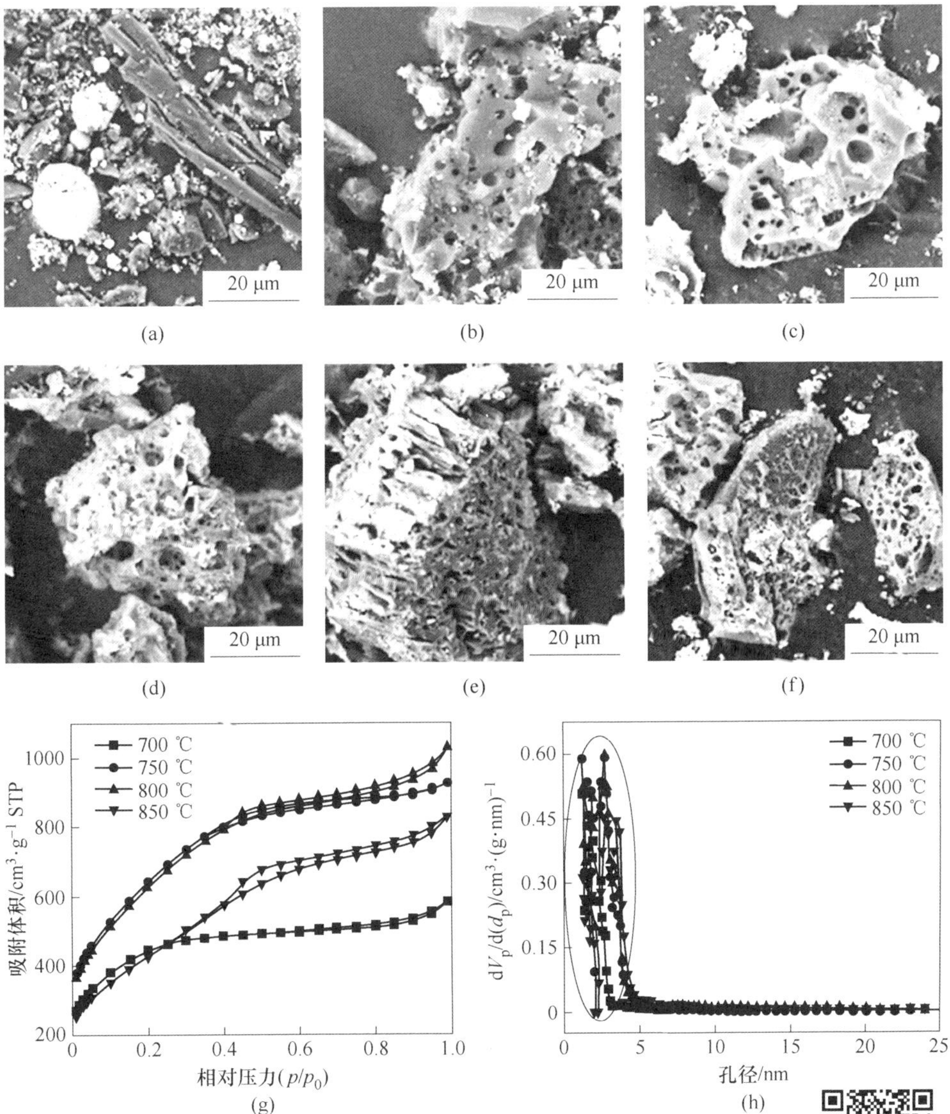

图 6-8　基于 CGS 多孔碳的表面形貌和 N_2 吸附-脱附曲线与孔径分布[78]

（a）R1.5T700t60；（b）R3.0T700t40；（c）R4.0T750t60；（d）R3.0T750t80；（e）（f）R3.0T750t100；（g）在不同活化温度下制备的基于 CGS 的活化样品的 N_2 吸附-脱附等温线；（h）在不同活化温度下制备的 CGS 基活化样品的孔径分布

图 6-8 彩图

解为 CO_2 和 K_2O，然后 K_2O 和 K_2CO_3 扩散到碳网络中，被 C 还原为金属 K。金属 K 进入碳晶格并在随后的酸洗中被除去，导致碳晶格网络的不可逆膨胀和高孔隙率。微孔结构在此阶段显著形成，在 750 ~ 800 ℃ 微孔生成与孔隙合并共存[79]。最佳样品的 BET 比表面积为 2481 m^2/g，且富碳材料具有高度的疏水性，所制得活性炭对 Pb^{2+} 的最大吸附容量为 141 mg/g。

同样，Gu 和 Qiao[44]使用 KOH 处理气化细渣来制备碳-硅复合材料。在碱熔融过程中，KOH 与煤中的 C 反应生成 K_2CO_3、K_2O、H_2 和 CO。当温度升高到 K 的沸点（1047 K）时，分布在煤中的金属 K 挥发，K_2CO_3 和 K_2O 同时与 C 反应。这两种反应都形成了微孔，CGS 中的残碳被转化为石墨 C[80-81]。在下一步的酸浸过程中，SiO_2 与石墨 C 形成狭缝状中孔，盐酸去除 $KAlO_2$、Al 和 Fe 并形成中孔，导致孔隙率增加。

此外，CGS 也可以直接采用酸浸法处理，在这个过程中，CGS 中随机分布的金属氧化物从表面开始溶解，形成楔形孔道，并逐渐向内部扩展，生成树枝状介孔通道[46]。Zhu 等人[82]通过对煤气化细渣进行简单的盐酸浸取，原位制备了碳-硅介孔复合材料。图 6-9(a) 显示了无定形二氧化硅玻璃微球中孔隙的形成过程。盐酸溶液与细渣内部氧化物的接触是由于外部的楔形通道所致，因为这些金属氧化物是随机分布的，它们的缺失会导致通道的不规则连接。此外，在延伸过程中，一些通道将与其他通道串联，并且合并到较大直径的通道以扩大孔隙。将 CGFS 和二氧化硅玻璃微球的 EDS 能谱与最佳参数（CGFS-O）进行比较，结果表明 CGFS 中含有大量的 Al 和 Ca，而 CGFS-O 中几乎没有观察到 Al 和 Ca 的存在，证实酸浸处理可以完全去除金属氧化物。HCl 使金属氧化物中离子浸出的反应方程式如下：

$$Al_2O_3 \cdot SiO_2 + 6H^+ = 2Al^{3+} + 3H_2O + SiO_2 \tag{6-4}$$

$$Ca_2SiO_4 + 4H^+ = 2Ca^{2+} + H_4SiO_4 \tag{6-5}$$

在 TEM 图像［见图 6-9(b)］中清晰地观察到 CGFS-O 的楔形孔结构，直径分布为 2 ~ 6 nm。CGFS-O 的拉曼光谱如图 6-9(c) 所示，与 CGFS 相比，CGFS-O 的峰位和峰高比没有明显变化。CGFS 和 CGFS-O 的 D 带（1337 cm^{-1}）和 G 带（1602 cm^{-1}）的 I_D/I_G 比值分别为 1.28 和 1.25，这证明两者中的残碳都具有无序结构。CGFS-O 的比表面积为 337.51 m^2/g，孔体积为 0.341 cm^3/g。

6.3.4　其他 CGS 基多孔材料

除了上述经典的微孔和介孔材料外，以 CGS 为原料还可以制备其他高附加值的多孔产品，如 SiAlON 和多孔陶瓷。SiAlON 是由日本的 Oyama 和 Kamigaito[83]以及英国的 Jack 和 Wilson[84]于 20 世纪 70 年代早期发现的，它是 Si_3N_4 中 Al 或 O 取代 Si 和 N 而形成固溶体的总称。根据晶体结构和形貌的不同，SiAlON 可分为 α、β、O 型和 X 型。SiAlON 材料具有优异的机械稳定性、热稳定性、电绝缘性和化学稳定性，因此可用作耐火材料，如高炉内衬[85]。为了降低制造成本，可

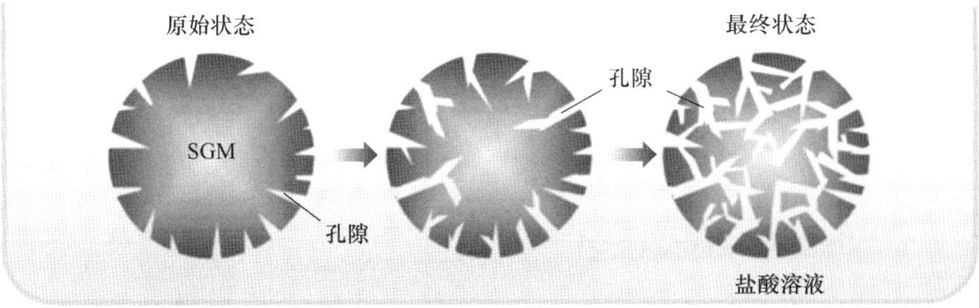

(a)

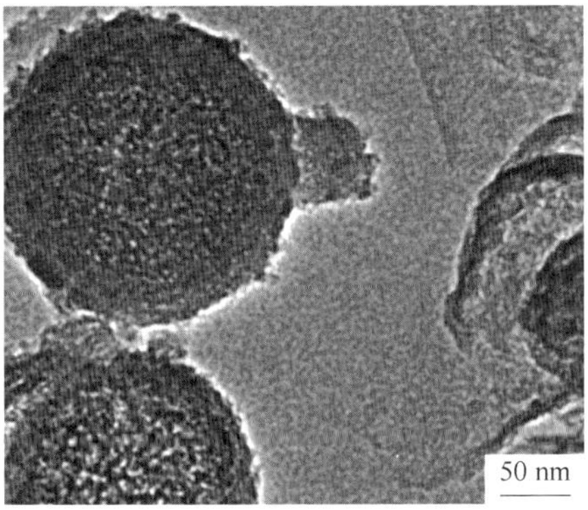

(b)

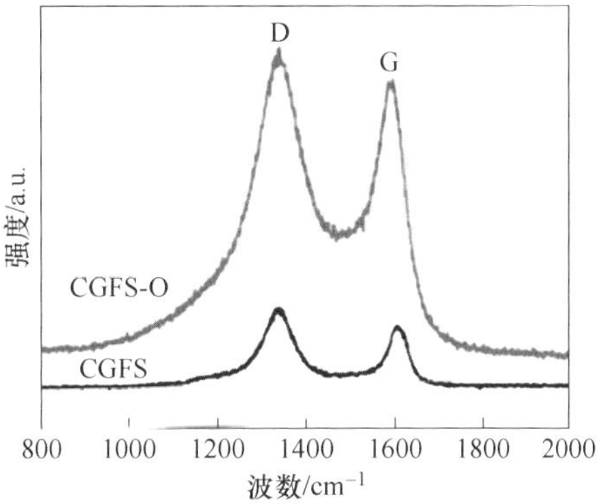

(c)

图 6-9 CGS 基硅玻璃微球（SGM）孔隙形成过程和表征结果示意图[82]
（a）酸浸过程中 SGM 的孔隙形成过程示意图；（b）最佳 SGM（CGFS-O）的 TEM 图像；（c）CGFS、CGFS-O 的拉曼光谱

以利用固体废弃物或天然矿物合成 SiAlON 粉体，因为这些原料含有 Al_2O_3 和 SiO_2。

例如，Tang 等人[8]在 2016 年将 CGS 转化为 SiAlON 粉末。首先，将 CGS 湿磨、干燥并过筛。然后将矿渣粉置于刚玉坩埚中，在不同温度的高纯氮气气氛中加热 2 h，最后经研磨、加热和酸洗处理对样品进行纯化。在卧式炉中进行了碳热还原氮化（CRN）合成过程。CRN 主要是在一定温度下流动的 N_2 气氛下，以碳为还原剂的还原反应。CGS 中丰富的残碳为 CRN 反应提供了反应物，非晶态矿渣是由 SiO_4 四面体和 AlO_4 四面体组成的骨架网络钙铝硅酸盐玻璃，Ca-Si-Al-O 玻璃的氮化主要发生在 CRN 过程中。随着温度的升高，O-SiAlON 首先在表面形成，然后转变为富氮的 SiAlON，最后转变为 Ca-α-SiAlON。如图 6-10 所示，每个时期都有明显的相变和转变阶段。反应后可以观察到表面粗糙、颗粒细小的球体，这与液体 Ca-Si-Al-O 在 1170 ℃以上的高表面张力有关[86]。随后，分别通过热处理和酸洗工艺去除残碳和 $FeSi_x$ 杂质，并通过纯化氮化样品获得高质量的 Ca-α-SiAlON 粉末，矿渣向 Ca-α-SiAlON 的总转化率为 45%。

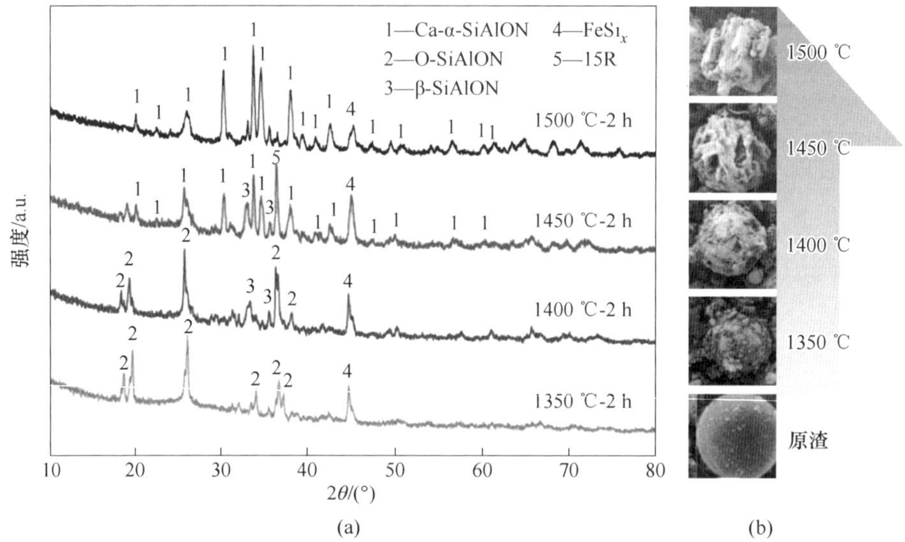

图 6-10　基于 CGS 的氮化样品的 XRD 谱图（a）和 SEM 图像（b）[8]

大孔材料的孔径大于 50 nm，已经失去了筛选分子的能力。然而，大孔材料由于其优异的渗透性，可以快速完成吸附和脱附过程，因此在气液高效吸附和分离、催化和光学器件领域具有独特的优势[87]。作为一种新型分离介质，多孔陶瓷具有耐高温、机械强度好、抗菌能力强、渗透通量大、清洁性好、孔径分布窄、使用寿命长等特点，可以有效弥补有机聚合物过滤材料的不足[88]。赵永彬等人[89]以煤气化粗渣为原料，采用成型技术，通过低温烧结制备多孔陶瓷。由于 CGS 含有残碳，烧结过程中内部残碳和其他可燃物质的分解一方面导致基体材料上出现孔隙，另一方面液态二氧化硅填充了基体颗粒之间的孔隙，导致一些孔隙消失。样品中的部分孔隙逐渐消失，孔隙率降低，但抗弯强度也显著提高。所制备的 CGS 基多孔陶瓷主要由莫来石和石英相组成，其最佳气孔率为 49.2%，平均孔径为 5.96 μm，在 0.01 MPa 下平均 N_2 通量达到 2452.6 $m^3/(m^2 \cdot h)$，抗弯强度达到 8.96 MPa。

6.3.5　CGS 基多孔材料的对比分析

目前，由 CGS 制备的多孔材料中，微/介孔材料占大多数。表 6-3 简要概述了 CGS 基中孔和微孔材料、其他研究人员合成的一些固废基多孔材料以及商业多孔材料，可以看出，CGS 基微/介孔材料的孔结构参数与粉煤灰或煤矸石基多孔材料和商用多孔材料的孔结构参数基本相同。由于 CGS 中的多孔碳结构，一些 CGS 基材料具有较高的比表面积，因此表明 CGS 是一种很有前途的制备多孔材料的原料。

总体而言，在 CGS 基多孔材料的制备方面已经进行了若干项出色的工作，所获得的大多数产品是硅基分子筛，而由于残碳的保留，少数产品属于碳-硅复合材料。根据 CGS 的特性，采用不同的工艺方法获得的多孔材料具有微孔、中孔和大孔的孔结构，这预示着本研究具有更多可能性。然而，铁和钙等含量较低的元素需要注意和利用。此外，对于多组分系统，尚未开发出气化炉渣和其他固体废弃物的协同制造工艺，还有许多类型的 CGS 基多孔材料亟待研究。然而，从经济的角度看，由于制备技术不成熟，目前将 CGS 转化为多孔材料是不经济的，基于 CGS 多孔材料的成本已经接近商业产品的市场价格，这使得该工艺很难直接商业化。如果工艺中使用的酸和碱可以回收和再循环，制备成本可以大大降低[90]。

表 6-3 CGS 基中孔、微孔材料、其他研究者合成的一些固废基多孔材料和商业多孔材料的合成和表征

材料	比表面积 $/m^2 \cdot g^{-1}$	孔体积 $/cm^3 \cdot g^{-1}$	孔径 /nm	吸附质	吸附容量 $/mg \cdot g^{-1}$	参考文献
CGS 基						
P 型沸石	161.06	0.0021	5.57	NH_4^+	4.63	[9]
X/A 型沸石	—	—	—	Ni^{2+}	15.936	[43]
MCM-41	1347	0.83	3.98	—	—	[51]
MCM-41	1013～1073	0.82～1.01	3.5	结晶紫	316	[50]
碳/沸石复合材料	189.27	0.23	5.13	结晶紫	635	[50]
Fe-Al-Ti-SBA-15	350～763	0.42～0.97	5.3～7.7	—	—	[52]
介孔二氧化硅	364	0.339	4.73	亚甲基蓝	140.57	[45]
多孔碳	2481	1.71	1.2～4	Pb^{2+}	141	[78]
碳-硅复合材料	1347	0.69	3.44	—	—	[44]
碳-硅复合材料	337.51	0.341	5～6	NO_3^-	11.45	[82]
碳-硅复合材料	500	0.54	2～5	亚甲基蓝	182.48	[91]
碳-硅复合材料	327	0.186	3.3	—	—	[46]
碳/沸石 P 复合材料	189.3	0.24	—	结晶紫	625	[92]
粉煤灰基						
MCM-41	1020	0.98	2.2～2.5	磷酸盐	31.1	[11]
X 型沸石	990.3	—	1.6	VOCs	117～141	[55]
P 型沸石	43.82	0.12	11.26	磷酸盐	84.4	[93]
介孔二氧化硅	497	0.49	3.9	亚甲基蓝	316.8	[94]

续表 6-3

材　料	比表面积 /$m^2 \cdot g^{-1}$	孔体积 /$cm^3 \cdot g^{-1}$	孔径 /nm	吸附质	吸附容量 /$mg \cdot g^{-1}$	参考文献
煤矸石基						
沸石	162.29	—	0.41	Cu^{2+}	167	[95]
				罗丹明 B	9.5	
介孔二氧化硅	156.64	0.29	7.35	CO_2	82.8	[96]
SBA-15	552	0.54	7	—	—	[97]
商用						
MCM-41	1000	0.98	2.1～2.7	—	—	Sigma-Aldrich®
SBA-15	700～1100	0.6～1.3	6～11	—	—	J&K®
ZSM-5	330～400	—	0.53～0.58	—	—	XFNANO®
5A 沸石	407	—	0.5	—	—	XFNANO®
13X 沸石	456	—	0.9	—	—	XFNANO®
Beta 分子筛	500	—	0.55～0.70	—	—	XFNANO®
CMK-3	800	1.0～1.5	5～7	—	—	XFNANO®
多孔碳	950～1100	0.85～1.00	—	—	—	Zhiguang®

6.4　CGS 基多孔材料的应用

社会经济发展与生态平衡之间日益加剧的矛盾导致人们意识到环境保护的重要性，全球经济发展逐渐受到碳中和、循环经济、可持续发展和环境友好等理念和政策的指导。因此，人们一直在坚持不懈地回收各种废弃物，努力减少排放，最大限度地利用。然而，研究人员不仅关注 CGS 的加工，还关注制造产品的实际前景。毕竟产品的综合效益能够促进工业发展。目前，CGS 基多孔材料的应用研究主要集中在对水中污染物的吸附。表 6-3 列出了以往研究中选用的吸附剂和吸附容量，本节将根据吸附质的类型进行讨论。所选产品如图 6-11 所示。研究表明，目前对 CGS 衍生多孔材料在废水处理中的应用研究还处于早期阶段，报道的水净化方法仅限于吸附去除，吸附质主要包括重金属离子、有机染料、铵根离子和硝酸根离子。

6.4.1　重金属离子吸附

重金属离子的环境治理一直是研究的热点，因为镉、铜、镍和铅等重金属可能对人类健康构成重大威胁[98]。沸石晶格上的负电荷对阳离子具有静电吸附作用，框架中自由移动的阳离子也可以与水中的阳离子进行离子交换，两者都可以

(a) (b) (c)

图6-11 CGS衍生多孔材料列举

(a) NaP沸石[9]；(b) MCM-41；(c) 碳/沸石复合材料[50]

实现水中重金属阳离子的去除[99-100]。Zhang等人[43]合成的CGS基X/A型沸石可以有效去除水中的Ni^{2+}，去除率超过90%，最大吸附量为15.936 mg/g。Langmuir模型适用于解释沸石的吸附行为[43]。在低pH值条件下，溶液中的高浓度H^+与Ni^{2+}竞争[101]。同时，镍盐在低pH值溶液中的溶解度和离子化显著增强[102]。上述两个因素导致沸石表面的大部分活化位点被H^+占据，这阻碍了沸石在Ni^{2+}上的吸附。沸石的吸附量在前5 min内迅速增加，30 min后达到平衡，这与Rao等人[103]的结果相似；当吸附剂用量小于2.5 g/L时，Ni^{2+}去除率随着吸附剂用量的增加而迅速增加；随后，吸附剂用量越高导致吸附容量的降低[103]。这种先增加后减少的趋势是由于当吸附剂浓度适当提高时，吸附剂表面的可交换位点增加，当浓度超过极限时，吸附颗粒的过度拥挤将使可交换位点重叠[102,104]。CGS基多孔碳是在水中吸附Pb^{2+}的理想材料[78]，该材料的最大吸附容量为141 mg/g，实验数据与Freundlich方程和伪二阶动力学模型非常吻合。

6.4.2 染料吸附

由于纺织、印刷、皮革和其他工业的发展，染料污染是一个全球性问题。染料在水体中非常明显且难以降解，因此会对水生生态系统造成严重危害[105]。亚甲基蓝（MB）是一种常见的阳离子染料，Liu等人[45]将MB用作吸附介质，以测试基于CGS介孔二氧化硅的吸附性能。MB在该材料上的最大吸附量为140.57 mg/g，MB吸附前后介孔二氧化硅的傅里叶变换红外光谱显示，$[SiO]^-$和MB^+之间可能形成静电吸引。样品的平衡吸附等温线［见图6-12(a)］表明，样品对MB的吸附符合伪二阶动力学模型，表明吸附机制是材料表面电荷与MB^+之间的化学吸附和静电相互作用[106]。此外，MB与介孔二氧化硅之间也有氢键连接。MB溶液的pH值对吸附剂的吸附行为有很大影响。$[SiO]^-$的形成源于

H^+从介孔二氧化硅的表面硅烷醇基团解离，$[SiO]^-$将与阳离子 MB^+产生静电吸引。在酸性溶液中，H^+阻碍了吸附剂对 MB^+的吸附，这通常表明溶液的 pH 值越高，材料的吸附能力越大。然而，这种材料在酸性条件下的吸附能力仍然非常可观，这可能得益于吸附剂表面的硅烷醇基团与 MB 中的氮原子之间形成氢键[107]。因此，如图 6-12(b) 和(c) 所示，MB 在 CGS 基介孔二氧化硅上的吸附机制更可能是静电相互作用和氢键作用。通过改变前期实验条件，Liu 等人[45]合成的介孔材料对亚甲基蓝的最大吸附量达到 182.48 mg/g。

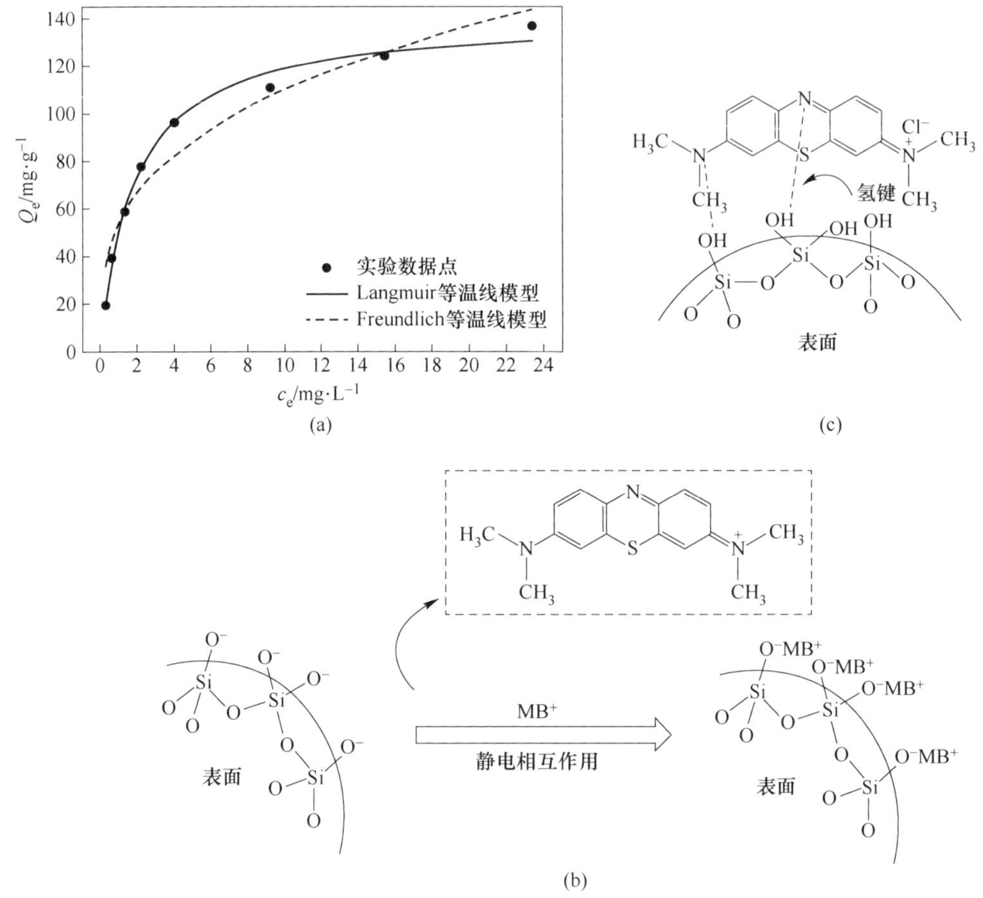

图 6-12　CGS 基介孔二氧化硅的 MB 吸附试验结果[45]

(a) MB 在介孔二氧化硅上的平衡吸附等温线；(b) 静电相互作用；(c) 氢键作用

此外，Wu 等人[50]选择阳离子染料结晶紫作为目标污染物，以评估制备的 MCM-41 和碳/沸石复合材料在 30 ℃下的吸附性能。MCM-41 和碳/沸石复合材料分别吸附浓度为 50 ~ 400 mg/L 和 50 ~ 1000 mg/L 的结晶紫溶液，当吸附时间达到120 min 时，去除率均高于 99%。结晶紫在 MCM-41 上的最大吸附量为 316 mg/g。上述两种材料的吸附遵循二阶动力学，其中电子在吸附质和吸附剂之间共享或转移。Wu 等人[92]制备的 P 型沸石/碳复合材料对结晶紫的吸附容量为 625.00 mg/g，远高于原料气化细渣的吸附容量（17.79 mg/g），这是由于复合材料具有较大的比表面积，复合材料表面官能团与结晶紫阳离子之间存在较强的静电相互作用，以及复合材料中的水溶性碱金属或碱土金属离子与染料离子之间存在离子交换作用。

6.4.3 铵根离子和硝酸根离子吸附

水中氨氮污染主要来源于生活污水和工业废水，过量的氨氮会扰乱生态环境的平衡[108]。Ji 等人[9]合成的 NaP 沸石对工业废水中氨氮具有良好的去除效果，溶液呈中性时去除效果最好，最大去除率为 92.67%，吸附容量为 4.63 mg/g。离子交换是 NH_4^+ 吸附的主要机制。Si 和 Al 在矿物结构中的同构取代在沸石孔隙中产生负电荷，并通过与钠、钙、镁等离子的交换来补偿，高浓度氨氮溶液可促进沸石中阳离子与 NH_4^+ 的交换[109-110]。Zhu 等人[82]发现，对于制备的 CGS 基碳硅复合介孔材料，其对 NO_3^- 的吸附行为主要是由单分子表面吸附引起的，这种吸附形式很大程度上受吸附剂比表面积的影响。酸处理后，细渣具有更高的比表面积和丰富的孔结构，可以提供更多的吸附位点，从而增加其吸附容量。此外，酸处理可以使二氧化硅微球和碳表面的羟基质子化，从而提高 NO_3^- 的静电吸附能力[111]。在低 pH 值下吸附剂通过静电吸附力吸附 NO_3^-，而在高 pH 值下吸附剂表面带负电荷，仍具有较好的吸附效果，这可能归因于吸附剂和 NO_3^- 之间的范德华力。样品吸附 NO_3^- 后不易脱附，可安全用于废水处理。通过使用 Langmuir 模型，可以计算出样品对 NO_3^- 的最大吸附容量为 11.45 mg/g。

到目前为止，尽管如前述工作中所述，已经研究了 CGS 衍生多孔材料对废水的净化，但该领域的研究仍处于早期阶段。在使用 CGS 衍生的多孔材料作为吸附剂时，目前的研究主要是间歇式吸附实验，而不是动态吸附和柱吸附，来自间歇式吸附实验过程的数据不能代表柱吸附工艺的真实吸附过程[112]。此外，所研究的吸附质仅限于有机染料、重金属、氨氮和硝酸根离子，实验中的水污染物为单一组分。然而，实际废水中的污染物是复杂的、多组分的，正在进行的废水净化研究主要集中在吸附去除上。目前将 CGS 转化为多孔材料的技术还处于实验室阶段，并非工业规模。因此，未来对该课题的研究可以集中在接近实际过程的连续柱吸附上。研究人员还可以致力于多组分废水和催化等替代净化方法，在未来的研究中应开发新环保和更经济的制备工艺，以保证良好的可持续性发展。

此外，对水中污染物的吸附仍然是目前 CGS 基多孔材料的研究热点，其突出的吸附效果已经得到实验验证。然而，需要进行更多的研究来探索吸附机理。

与其他煤基固体废弃物（如粉煤灰或煤矸石）制备的多孔材料相比[21,55,113-114]，CGS 衍生的多孔材料在气相吸附、催化等应用领域尚待深入研究。例如，从粉煤灰中提取的多孔材料在吸附去除 CO_2、SO_2、H_2S、NO、NO_2、N_2O、VOCs、汞蒸气等气体污染物方面表现出了优异的性能[21,115-116]。

6.5 结 论

随着煤气化技术推广，对煤气化固体废弃物 CGS 的研究日渐活跃。CGS 富含铝硅酸盐和残碳等，是制备多孔材料的理想原料，但因性质差异大、重视程度不足，其制备技术和应用存在空白。所制多孔材料分为沸石、介孔二氧化硅、碳硅复合材料和其他材料（如多孔陶瓷）四类，质量与其他固体废弃物所制多孔材料类似，主要用于吸附水中污染物，且经济优势不足。以往的研究让人认识到 CGS 利用有更多可能，如制备更多类型孔材料或复合材料，利用更多杂质特性，扩大应用领域，如催化等。尽管面临诸多挑战，相信未来会研发更优异的 CGS 基多孔材料，既可避免环境危害又能带来经济效益。

参 考 文 献

[1] VAN DYK J C, KEYSER M J, COERTZEN A. Syngas production from South African coal sources using Sasol-Lurgi gasifiers [J]. International Journal of Coal Geology, 2006, 65 (3/4): 243-253.

[2] VAN DYK J C, MELZER S, SOBIECKI A. Mineral matter transformation during Sasol-Lurgi fixed bed dry bottom gasification-utilization of HT-XRD and FactSage modelling [J]. Minerals Engineering, 2006, 19 (10): 1126-1135.

[3] WATANABE H, OTAKA M. Numerical simulation of coal gasification in entrained flow coal gasifier [J]. Fuel, 2006, 85 (12/13): 1935-1943.

[4] WANG X, JIN B, ZHONG W. Three-dimensional simulation of fluidized bed coal gasification [J]. Chemical Engineering and Processing: Process Intensification, 2009, 48 (2): 695-705.

[5] ZHAO X, ZENG C, MAO Y, et al. The surface characteristics and reactivity of residual carbon in coal gasification slag [J]. Energy & Fuels, 2010, 24 (1): 91-94.

[6] 曲江山，张建波，孙志刚，等. 煤气化渣综合利用研究进展 [J]. 洁净煤技术，2020，26 (1): 184-193.

[7] WU T, GONG M, LESTER E, et al. Characterisation of residual carbon from entrained-bed coal water slurry gasifiers [J]. Fuel, 2007, 86 (7/8): 972-982.

[8] TANG Y, YIN H, YUAN H, et al. Phase and morphological transformation stages during carbothermal reduction nitridation process: From coal gasification slag wastes to Ca-alpha-SiAlON powders [J]. Advanced Powder Technology, 2016, 27 (5): 2232-2237.

[9] JI W X, ZHANG S Y, ZHAO P D, et al. Green synthesis method and application of NaP

zeolite prepared by coal gasification coarse slag from Ningdong, China [J]. Applied Sciences-Basel, 2020, 10 (8): 2694.

[10] JUN B M, AL-HAMADANI Y A J, SON A, et al. Applications of metal-organic framework based membranes in water purification: A review [J]. Separation and Purification Technology, 2020, 247: 116947.

[11] LI D D, MIN H Y, JIANG X, et al. One-pot synthesis of aluminum-containing ordered mesoporous silica MCM-41 using coal fly ash for phosphate adsorption [J]. Journal of Colloid and Interface Science, 2013, 404: 42-48.

[12] XIA K, GUO Y F, SHAO Q J, et al. Removal ofmercury (Ⅱ) by EDTA-functionalized magnetic $CoFe_2O_4$@SiO_2 nanomaterial with core-shell structure [J]. Nanomaterials, 2019, 9 (11): 1532.

[13] LI J, GAO Y, HAN K, et al. High performance hierarchical porous carbon derived from distinctive plant tissue for supercapacitor [J]. Scientific Reports, 2019, 9 (1): 17270.

[14] ARIZA-AVIDAD M, NIETO A, SALINAS-CASTILLO A, et al. Monitoring of degradation of porous silicon photonic crystals using digital photography [J]. Nanoscale Research Letters, 2014, 9: 1-11.

[15] NG K C, BURHAN M, SHAHZAD M W, et al. A universal isotherm model to capture adsorption uptake and energy distribution of porous heterogeneous surface [J]. Scientific Reports, 2017, 7 (1): 10634.

[16] YANG Y, WANG A, WEI Q, et al. Hyperbranched polyglycerol-induced porous silica nanoparticles as drug carriers for cancer therapy in vitro and in vivo [J]. ChemistryOpen, 2017, 6 (1): 158-164.

[17] KAMIUCHI N, SUN K, ASO R, et al. Self-activated surface dynamics in gold catalysts under reaction environments [J]. Nature Communications, 2018, 9 (1): 2060.

[18] OKOLO C, RAFIQUE R, IQBAL S S, et al. Customizable ceramic nanocomposites using carbon nanotubes [J]. Molecules, 2019, 24 (17): 3176.

[19] AHMARUZZAMAN M. A review on the utilization of fly ash [J]. Progress in Energy and Combustion Science, 2010, 36 (3): 327-363.

[20] LAM C H K, IP A W M, BARFORD J P, et al. Use of incineration MSW ash: A review [J]. Sustainability, 2010, 2 (7): 1943-1968.

[21] HOSSEINI ASL S M, JAVADIAN H, KHAVARPOUR M, et al. Porous adsorbents derived from coal fly ash as cost-effective and environmentally-friendly sources of aluminosilicate for sequestration of aqueous and gaseous pollutants: A review [J]. Journal of Cleaner Production, 2019, 208: 1131-1147.

[22] BOYCHEVA S, ZGUREVA D, LAZAROVA H, et al. Processing of high-grade zeolite nanocomposites from solid fuel combustion by-products as critical raw materials substitutes [J]. Manufacturing Review, 2020, 7: 22.

[23] MIRICIOIU M G, NICULESCU V C. Fly ash, from recycling to potential raw material for mesoporous silica synthesis [J]. Nanomaterials, 2020, 10 (3): 474.

[24] 赵永彬，吴辉，蔡晓亮，等. 煤气化残渣的基本特性研究 [J]. 洁净煤技术，2015，21 (3)：110-113，74.

[25] 商晓甫，马建立，张剑，等. 煤气化炉渣研究现状及利用技术展望 [J]. 环境工程技术学报，2017，7 (6)：712-717.

[26] 高旭霞，郭晓镭，龚欣. 气流床煤气化渣的特征 [J]. 华东理工大学学报（自然科学版)，2009，35 (5)：677-683.

[27] MATJIE R H，VAN ALPHEN C. Mineralogical features of size and density fractions in Sasol coal gasification ash，South Africa and potential by-products [J]. Fuel，2008，87 (8/9)：1439-1445.

[28] 李小亮，车永芳，张进华. 两种加压固定床煤气化方式的对比 [J]. 煤质技术，2016，1：39-42.

[29] WANG Y，TANG Y，LIU S，et al. Behavior of trace elements and mineral transformations in the super-high organic sulfur Ganhe coal during gasification [J]. Fuel Processing Technology，2018，177：140-151.

[30] WAGNER N J，MATJIE R H，SLAGHUIS J H，et al. Characterization of unburned carbon present in coarse gasification ash [J]. Fuel，2008，87 (6)：683-691.

[31] 吴阳，赵世永，李博. 宁东煤气流床气化残渣特性研究 [J]. 煤炭工程，2017，49 (3)：115-118.

[32] 宋瑞领，蓝天. 气流床煤气化炉渣特性及综合利用研究进展 [J]. 煤炭科学技术，2021，49 (4)：227-236.

[33] 郭丹，李华，汪飞. 壳牌煤气化粉煤灰的特性研究 [J]. 粉煤灰，2012，24 (5)：5-7，10.

[34] XU S，ZHOU Z，GAO X，et al. The gasification reactivity of unburned carbon present in gasification slag from entrained-flow gasifier [J]. Fuel Processing Technology，2009，90 (9)：1062-1070.

[35] WU S，HUANG S，WU Y，et al. Characteristics and catalytic actions of inorganic constituents from entrained-flow coal gasification slag [J]. Journal of the Energy Institute，2015，88 (1)：93-103.

[36] KUTCHKO B G，KIM A G. Fly ash characterization by SEM-EDS [J]. Fuel，2006，85 (17/18)：2537-2544.

[37] ZHAO Y C，ZHANG J Y，TIAN C，et al. Mineralogy and chemical composition of high-calcium fly ashes and density fractions from a coal-fired power plant in China [J]. Energy & Fuels，2010，24 (2)：834-843.

[38] HUO W，ZHOU Z，GUO Q，et al. Gasification reactivities and pore structure characteristics of feed coal and residues in an industrial gasification plant [J]. Energy & Fuels，2015，29 (6)：3525-3531.

[39] LIAO C P，WU C Z，YAN Y J. The characteristics of inorganic elements in ashes from a 1 MW CFB biomass gasification power generation plant [J]. Fuel Processing Technology，2007，88 (2)：149-156.

[40] DAHL O, NURMESNIEMI H, POYKIO R, et al. Comparison of the characteristics of bottom ash and fly ash from a medium-size (32 MW) municipal district heating plant incinerating forest residues and peat in a fluidized-bed boiler [J]. Fuel Processing Technology, 2009, 90 (7/8): 871-878.
[41] TANG Y, YIN R F, REN Y, et al. Preparation of sialon powder from coal gasification slag [J]. Journal of Wuhan University of Technology-Materials Science Edition, 2010, 25 (6): 1044-1046.
[42] GB/T 30810—2014, 水泥胶砂中可浸出重金属的测定方法 [S].
[43] ZHANG Y X, DONG J X, GUO F H, et al. Zeolite synthesized from coal fly ash produced by a gasification process for Ni^{2+} removal from Water [J]. Minerals, 2018, 8 (3): 116.
[44] GU Y Y, QIAO X C. A carbon silica composite prepared from water slurry coal gasification slag [J]. Microporous and Mesoporous Materials, 2019, 276: 303-307.
[45] LIU S, CHEN X, AI W, et al. A new method to prepare mesoporous silica from coal gasification fine slag and its application in methylene blue adsorption [J]. Journal of Cleaner Production, 2019, 212: 1062-1071.
[46] ZHANG J Y, ZUO J, JIANG Y S, et al. Kinetic analysis on the mesoporous formation of coal gasification slag by acid leaching and its thermal stability [J]. Solid State Sciences, 2020, 100: 106084.
[47] ZHU D D, CHENG Y, XUE B, et al. Coal gasification fine slag as a low-cost adsorbent for adsorption and desorption of humic acid [J]. Silicon, 2020, 12 (7): 1547-1556.
[48] YIN H, TANG Y, REN Y, et al. Study on the characteristic and application of gasification slag from Texaco gasifier [J]. Coal Conversion, 2009, 32 (4): 30-33.
[49] 崔克清. 安全工程大辞典 [M]. 北京: 化学工业出版社, 1995.
[50] WU Y H, MA Y L. SUN Y G, et al. Graded synthesis of highly ordered MCM-41 and carbon/zeolite composite from coal gasification fine residue for crystal violet removal [J]. Journal of Cleaner Production, 2020, 277: 123186.
[51] LI C, QIAO X, YU J. Large surface area MCM-41 prepared from acid leaching residue of coal gasification slag [J]. Materials Letters, 2016, 167: 246-249.
[52] 温龙英. 低温固相法活化煤气化细渣及其综合利用制备二氧化硅介孔材料 [D]. 呼和浩特: 内蒙古大学, 2015.
[53] WDOWIN M, FRANUS M, PANEK R, et al. The conversion technology of fly ash into zeolites [J]. Clean Technologies and Environmental Policy, 2014, 16 (6): 1217-1223.
[54] ASGHARI A, KHORRAMI M K, KAZEMI S H. Hierarchical H-ZSM5 zeolites based on natural kaolinite as a high-performance catalyst for methanol to aromatic hydrocarbons conversion [J]. Scientific Reports, 2019, 9 (1): 1-9.
[55] ZHU T, ZHANG X, HAN Y, et al. Preparation of zeolite X by the aluminum residue from coal fly ash for the adsorption of volatile organic compounds [J]. Frontiers in Chemistry, 2019, 7: 341.
[56] SMOLIŁO M, SAMSON K, ZHOU T, et al. Oxidative dehydrogenation of propane over

vanadium-containing faujasite zeolite [J]. Molecules, 2020, 25 (8): 1961.

[57] OJHA K, PRADHAN N C, SAMANTA A N. Zeolite from fly ash: synthesis and characterization [J]. Bulletin of Materials Science, 2004, 27 (6): 555-564.

[58] OTHMAN ALI I, HASSAN A M, SHAABAN S M, et al. Synthesis and characterization of ZSM-5 zeolite from rice husk ash and their adsorption of Pb^{2+} onto unmodified and surfactant-modified zeolite [J]. Separation and Purification Technology, 2011, 83 (1): 38-44.

[59] CARDOSO A M, PAPROCKI A, FERRET L S, et al. Synthesis of zeolite Na-P1 under mild conditions using Brazilian coal fly ash and its application in wastewater treatment [J]. Fuel, 2015, 139: 59-67.

[60] MOLINA A, POOLE C. A comparative study using two methods to produce zeolites from fly ash [J]. Minerals Engineering, 2004, 17 (2): 167-173.

[61] ZHAO D Y, FENG J L, HUO Q S, et al. Triblock copolymer syntheses of mesoporous silica with periodic 50 to 300 angstrom pores [J]. Science, 1998, 279 (5350): 548-552.

[62] LIU Y, ZHANG W Z, PINNAVAIA T J. Steam-stable MSU-S aluminosilicate mesostructures assembled from zeolite ZSM-5 and zeolite beta seeds [J]. Angewandte Chemie-International Edition, 2001, 40 (7): 1255-1298.

[63] SON W J, CHOI J S, AHN W S. Adsorptive removal of carbon dioxide using polyethyleneimineloaded mesoporous silica materials [J]. Microporous and Mesoporous Materials, 2008, 113 (1/2/3): 31-40.

[64] FIROUZI A, KUMAR D, BULL L M, et al. Cooperative organization of inorganic-surfactant and biomimetic assemblies [J]. Science, 1995, 267 (5201): 1138-1143.

[65] STJERNBERG J, OLIVAS-OGAZ M A, ANTTI M L, et al. Laboratory scale study of the degradation of mullite/corundum refractories by reaction with alkali-doped deposit materials [J]. Ceramics International, 2013, 39 (1): 791-800.

[66] ZHURAVLEV L T. The surface chemistry of amorphous silica. Zhuravlev model [J]. Colloids and Surfaces A: Physicochemical and Engineering Aspects, 2000, 173 (1/2/3): 1-38.

[67] CHINGOMBE P, SAHA B, WAKEMAN R J. Surface modification and characterisation of a coal-based activated carbon [J]. Carbon, 2005, 43 (15): 3132-3143.

[68] NISHIKAWA N, MURAYAMA M, KAMIYA K. Adsorption and photocatalytic characteristics of activated carbon made from TiO_2-coated woody waste [J]. Mokuzai Gakkaishi, 2006, 52 (1): 50-54.

[69] OKOYE A I, EJIKEME P M, ONUKWULI O D. Lead removal from wastewater using fluted pumpkin seed shell activated carbon: Adsorption modeling and kinetics [J]. International Journal of Environmental Science and Technology, 2010, 7 (4): 793-800.

[70] GAO X, ZHAN C, YU X, et al. A high performance lithium-ion capacitor with both electrodes prepared from Sri Lanka graphite ore [J]. Materials, 2017, 10 (4): 414.

[71] ZHANG Z, FENG J, JIANG Y, et al. Self-sacrificial salt templating: simple auxiliary control over the nanoporous structure of porous carbon monoliths prepared through the solvothermal route [J]. Nanomaterials, 2018, 8 (4): 255.

[72] AHMARUZZAMAN M, MOHANTA D, NATH A. Environmentally benign fabrication of SnO_2-CNT nanohybrids and their multifunctional efficiency as an adsorbent, catalyst and antimicrobial agent for water decontamination [J]. Scientific Reports, 2019, 9 (1): 1-19.

[73] NANDAN D, SREENIVASULU P, SIVAKUMAR KONATHALA L N, et al. Acid functionalized carbon-silica composite and its application for solketal production [J]. Microporous and Mesoporous Materials, 2013, 179: 182-190.

[74] FANG Y, ZHENG G, YANG J, et al. Dual-pore mesoporous carbon@ silica composite core-shell nanospheres for multidrug delivery [J]. Angewandte Chemie-International Edition, 2014, 53 (21): 5366-5370.

[75] TIAN H, SAUNDERS M, DODD A, et al. Triconstituent co-assembly synthesis of N, S-doped carbon-silica nanospheres with smooth and rough surfaces [J]. Journal of Materials Chemistry A, 2016, 4 (10): 3721-3727.

[76] BARPAGA D, LEVAN M D. Functionalization of carbon silica composites via in-pore synthesis of active sites for NH_3 and SO_2 adsorption [J]. Adsorption-Journal of the International Adsorption Society, 2017, 23 (6): 779-787.

[77] YANG H, YANG W H, LV K L, et al. Effect of the structure of CN/Silica composite support on the catalytic performances of Co_3O_4 for CO oxidation [J]. Microporous and Mesoporous Materials, 2018, 255: 36-43.

[78] XU Y T, CHAI X L. Characterization of coal gasification slag-based activated carbon and its potential application in lead removal [J]. Environmental Technology, 2018, 39 (3): 382-391.

[79] SRENSCEK-NAZZAL J, KAMINSKA W, MICHALKIEWICZ B, et al. Production, characterization and methane storage potential of KOH-activated carbon from sugarcane molasses [J]. Industrial Crops and Products, 2013, 47: 153-159.

[80] LEI Z B, XIAO Y, DANG L Q, et al. Graphitized carbon with hierarchical mesoporous structure templated from colloidal silica particles [J]. Microporous and Mesoporous Materials, 2008, 109 (1/2/3): 109-117.

[81] HORIKAWA T, TAN S L, DO D D, et al. Temperature dependence of water adsorption on highly graphitized carbon black and highly ordered mesoporous carbon [J]. Carbon, 2017, 124: 271-280.

[82] ZHU D, ZUO J, JIANG Y, et al. Carbon-silica mesoporous composite in situ prepared from coal gasification fine slag by acid leaching method and its application in nitrate removing [J]. Science of the Total Environment, 2020, 707: 136102.

[83] OYAMA Y, KAMIGAITO O. Solid solution in the system Si_3N_4-Ga_2O_3-Al_2O_3 [J]. Japanese Journal of Applied Physics, 1973, 12 (4): 500-508.

[84] JACK K, WILSON W. Ceramics based on the Si-Al-ON and related systems [J]. Nature Physical Science, 1972, 238 (80): 28-29.

[85] SHUBAW R, CHEN I W. Refractory alpha-SiAlON containing La_2O_3 [J]. Journal of the American Ceramic Society, 2006, 89 (9): 2860-2868.

[86] HOTTA M, TATAMI J, ZHANG C, et al. Ca-alpha SiAlON hollow spheres prepared by carbothermal reduction-nitridation from different SiO_2 powders [J]. Ceramics International, 2010, 36 (5): 1553-1559.

[87] WANG F, ZHU Y T, XU H, et al. Preparation of carboxymethyl cellulose-based macroporous adsorbent by eco-friendly Pickering-MIPEs template for fast removal of Pb^{2+} and Cd^{2+} [J]. Frontiers in Chemistry, 2019, 7: 603.

[88] OKADA K, ISOBE T, KATSUMATA K, et al. Porous ceramics mimicking nature-preparation and properties of microstructures with unidirectionally oriented pores [J]. Science and Technology of Advanced Materials, 2011, 12 (6): 064701.

[89] 赵永彬, 吴海骏, 张学斌, 等. 煤气化残渣基多孔陶瓷的制备研究 [J]. 洁净煤技术, 2016, 22 (5): 7-11.

[90] PANEK R, MADEJ J, BANDURA L, et al. Recycling of waste solution after hydrothermal conversion of fly ash on a semi-technical scale for zeolite synthesis [J]. Materials, 2021, 14 (6): 1413.

[91] LIU S, WEI J L, CHEN X T, et al. Low-cost route for preparing carbon-silica composite mesoporous material from coal gasification slag: Synthesis, characterization and application in purifying dye wastewater [J]. Arabian Journal for Science and Engineering, 2020, 45 (6): 4647-4657.

[92] WU Y H, XUE K, MA Q L, et al. Removal of hazardous crystal violet dye by low-cost P-type zeolite/carbon composite obtained from in situ conversion of coal gasification fine slag [J]. Microporous and Mesoporous Materials, 2021, 312: 110742.

[93] ZHANG K C, VAN DYK L, HE D S, et al. Synthesis of zeolite from fly ash and its adsorption of phosphorus in wastewater [J]. Green Processing and Synthesis, 2021, 10 (1): 349-360.

[94] YUAN N, CAI H, LIU T, et al. Adsorptive removal of methylene blue from aqueous solution using coal fly ash-derived mesoporous silica material [J]. Adsorption Science & Technology, 2019, 37 (3/4): 333-348.

[95] ZHOU J, ZHENG F, LI H, et al. Optimization of post-treatment variables to produce hierarchical porous zeolites from coal gangue to enhance adsorption performance [J]. Chemical Engineering Journal, 2020, 381: 122698.

[96] DU H, MA L, LIU X Y, et al. A novel mesoporous SiO_2 material with MCM-41 structure from coal gangue: Preparation, ethylenediamine modification, and adsorption properties for CO_2 capture [J]. Energy & Fuels, 2018, 32 (4): 5374-5385.

[97] WANG J, FANG L, CHENG F, et al. Hydrothermal synthesis of SBA-15 using sodium silicate derived from coal gangue [J]. Journal of Nanomaterials, 2013, 2013 (1): 352157.

[98] LUO J S, HUANG J, ZENG D L, et al. A defensin-like protein drives cadmium efflux and allocation in rice [J]. Nature Communications, 2018, 9 (1): 645.

[99] PURNOMO C W, LENORA B, BUDHIJANTO W, et al. Sorption and ion exchange behaviour of natural zeolite packing [J]. Makara Journal of Technology, 2017, 21 (1): 33-36.

[100] PAHLAVANZADEH H, MOTAMEDI M. Adsorption of Nickel, Ni (Ⅱ), in aqueous

solution by modified zeolite as a cation-exchange adsorbent [J]. Journal of Chemical and Engineering Data, 2020, 65 (1): 185-197.

[101] KALYANI S, RAO P S, KRISHNAIAH A. Removal of nickel (Ⅱ) from aqueous solutions using marine macroalgae as the sorbing biomass [J]. Chemosphere, 2004, 57 (9): 1225-1229.

[102] ONUNDI Y B, MAMUN A A, AL KHATIB M F, et al. Adsorption of copper, nickel and lead ions from synthetic semiconductor industrial wastewater by palm shell activated carbon [J]. International Journal of Environmental Science and Technology, 2010, 7 (4): 751-758.

[103] RAO M, PARWATE A V, BHOLE A G. Removal of Cr^{6+} and Ni^{2+} from aqueous solution using bagasse and fly ash [J]. Waste Management, 2002, 22 (7): 821-830.

[104] KOCAOBA S, ORHAN Y, AKYÜZ T. Kinetics and equilibrium studies of heavy metal ions removalby use of natural zeolite [J]. Desalination, 2007, 214 (1/2/3): 1-10.

[105] YU K, WANG D, WANG Q. Tough and self-healable nanocomposite hydrogels for repeatable water treatment [J]. Polymers, 2018, 10 (8): 880.

[106] ELWAKEEL K Z, AL-BOGAMI A S. Influence of Mo(Ⅵ) immobilization and temperature on As (Ⅴ) sorption onto magnetic separable poly p-phenylenediamine-thiourea-formaldehyde polymer [J]. Journal of Hazardous Materials, 2018, 342: 335-346.

[107] AL-GHOUTI M A, KHRAISHEH M A M, ALLEN S J, et al. The removal of dyes from textile wastewater: A study of the physical characteristics and adsorption mechanisms of diatomaceous earth [J]. Journal of Environmental Management, 2003, 69 (3): 229-238.

[108] MARTIN-JEZEQUEL V, CALU G, CANDELA L, et al. Effects of organic and inorganic nitrogen on the growth and production of domoic acid by Pseudo-nitzschia multiseries and P. australis (Bacillariophyceae) in culture [J]. Marine Drugs, 2015, 13 (12): 7067-7086.

[109] HUO H X, LIN H, DONG Y B, et al. Ammonia-nitrogen and phosphates sorption from simulated reclaimed waters by modified clinoptilolite [J]. Journal of Hazardous Materials, 2012, 229: 292-297.

[110] KIZITO S, WU S B, KIRUI W K, et al. Evaluation of slow pyrolyzed wood and rice husks biochar for adsorption of ammonium nitrogen from piggery manure anaerobic digestate slurry [J]. Science of the Total Environment, 2015, 505: 102-112.

[111] BHATNAGAR A, SILLANPAA M. A review of emerging adsorbents for nitrate removal from water [J]. Chemical Engineering Journal, 2011, 168 (2): 493-504.

[112] RASHIDI N A, YUSUP S. Overview on the potential of coal-based bottom ash as low-cost adsorbents [J]. ACS Sustainable Chemistry & Engineering, 2016, 4 (4): 1870-1884.

[113] COCCHI M, DE ANGELIS D, MAZZEO L, et al. Catalytic pyrolysis of a residual plastic waste using zeolites produced by coal fly ash [J]. Catalysts, 2020, 10 (10): 1113.

[114] POPOVA M, BOYCHEVA S, LAZAROVA H, et al. VOC oxidation and CO_2 adsorption on dual adsorption/catalytic system based on fly ash zeolites [J]. Catalysis Today, 2020, 357: 518-525.

[115] GE J C, YOON S K, CHOI N J. Application of fly ash as an adsorbent for removal of air and water pollutants [J]. Applied Sciences, 2018, 8 (7): 1116.

[116] REN X Y, QU R Y, LIU S J, et al. Synthesis of zeolites from coal fly ash for the removal of harmful gaseous pollutants: A review [J]. Aerosol and Air Quality Research, 2020, 20 (5): 1127-1144.